21 世纪全国高职高专机电系列技能型规划教材

电工电子技术项目教程
(第 2 版)

主　编　杨德明

副主编　赵　丽　曲晓文

北京大学出版社

PEKING UNIVERSITY PRESS

内容简介

本书为了配合以电工电子技术实际应用能力培养为目标的教学需要，采用"任务驱动"思路编写而成。按照学生学习规律，遵循由浅入深、循序渐进的原则，全书分为电气基础知识、模拟电子技术、数字电子技术和综合应用4个模块。

各模块从教与学的角度出发，以应用为主线，注重任务导入点的实用性，经过层层分析后引入相关知识点，同时配以大量实例图片，接近工作、生活。各项目内容编排充分利用专业EDA仿真新技术，合理进行设计。此外，还精选习题，组织相知知识点，达到巩固所学，举一反三，学为所用的目的。

本书可作为机械制造及自动化、机电一体化、数控及模具专业的教材，也可作为相关专业岗位培训和自学用书。

图书在版编目(CIP)数据

电工电子技术项目教程/杨德明主编. —2版. —北京：北京大学出版社，2016.1
（21世纪全国高职高专机电系列技能型规划教材）
ISBN 978-7-301-25670-1

Ⅰ.①电…　Ⅱ.①杨…　Ⅲ.①电工技术—高等职业教育—教材②电子技术—高等职业教育—教材　Ⅳ.①TM②TN

中国版本图书馆CIP数据核字（2015）第075857号

书　　　　名	电工电子技术项目教程（第2版）	
	Diangong Dianzi Jishu Xiangmu Jiaocheng	
著作责任者	杨德明　主编	
策划编辑	刘晓东	
责任编辑	邢　琛　刘晓东	
标准书号	ISBN 978-7-301-25670-1	
出版发行	北京大学出版社	
地　　　址	北京市海淀区成府路205号　100871	
网　　　址	http://www.pup.cn　新浪微博：@北京大学出版社	
电子信箱	pup_6@163.com	
电　　　话	邮购部62752015　发行部62750672　编辑部62750667	
印刷者	北京溢漾印刷有限公司	
经销者	新华书店	
	787毫米×1092毫米　16开本　23.75印张　563千字	
	2010年8月第1版	
	2016年1月第2版　2016年1月第1次印刷	
定　　　价	49.00元	

第 2 版前言

本书是为适应 21 世纪科技飞速发展、竞争异常激烈的时代需要，根据国家教育部面向 21 世纪课程改革要求，结合我们多年教学实践经验，本着更新内容、侧重应用、培养能力的原则编写而成。

本书具有以下特点。

(1) 为适应工程实际需要，在保持电工与电子技术理论完整、够用的前提下，舍去了复杂的理论分析，注重理论分析结果的应用。

(2) 采用模块化结构，结合实际应用安排教学内容。通过来源于生产生活的循序渐进的任务案例，为学生的入门学习和有关内容导入铺平道路，逐步培养学生分析问题、解决问题的能力。

(3) 从人性化出发，与实际应用同步，尽量采用以图代文形式，降低学习难度，从而达到易教、易学的目的。

(4) 本书所涉全部电路原理图采用国际最新专业 EDA 工具软件绘制，并适当引入了新的技术成果。考虑到目前电子行业知识更新快和教学内容更新相对缓慢的矛盾，电路符号采用国际通行 ANSI 标准。

(5) 本着宁缺毋滥的原则，精选习题。数据来自专业电子元器件生产厂网站或相关技术手册，避免闭门造车。

(6) 适时补充拓展阅读资料，使理论与实践更好结合。

(7) 融入维修电工国家标准，充分体现工学结合的特色。在附录中附有维修电工取证试题，可为学生在学完本课程后考取维修电工证书做参考。

(8) 学习借鉴同行先进教学经验与教学方式，将行业、企业专家所积累的经验有机地融入相关模块、项目中，突出先进性和可操作性。

本书共有 4 个模块 12 个项目，主要内容包括电路基础、交流电路、电路暂态、半导体器件、晶体管放大电路、集成运算放大器、数字电路基础、组合逻辑电路、时序逻辑电路、555 定时器及应用、D/A 与 A/D 转换电路、直流稳压电源。每个项目分任务引入、任务分析、相关知识及任务实施 4 个层次展开，便于老师安排教学及学生自学。

本课程的教学课时数为 60～120 课时，各项目参考学时见下表。

	内　容	课时		内　容	课时
模块一 电气基础知识	项目 1　电路基础	6～12	模块三 数字电子技术	项目 7　数字电路基础	4～8
	项目 2　交流电路	8～16		项目 8　组合逻辑电路	6～12
	项目 3　电路暂态	2～4		项目 9　时序逻辑电路	8～16
模块二 模拟电子技术	项目 4　半导体器件	6～12	模块四 综合应用	项目 10　555 定时器及应用	4～8
	项目 5　晶体管放大电路	4～8		项目 11　D/A 与 A/D 转换电路	2～4
	项目 6　集成运算放大器	4～8		项目 12　直流稳压电源	2～4

⊙ 附录部分可根据各专业具体情况穿插于项目中或独立进行。

全书由山西工程技术学院杨德明编写模块 1、模块 3、模块 4，赵丽编写模块 2 部分，抚顺职业技术学院曲晓文编写附录部分，全书由杨德明统稿。另外还有许多同仁为本书的编写提出了许多指导性意见，在此表示感谢。

　　由于编者水平限制，加之电工电子技术的日新月异，书中可能存在不当之处，敬请批评指正！我们期待您与我们联系（Email：yqydm@163.com），多提宝贵意见，以便修订时加以完善，在此表示衷心的感谢！

编　者

2015 年 6 月

目　　录

模块一

电气基础知识

在我们生活的现代社会中，电能的使用和人们的工作生活密不可分。如果由于自然灾害或人为事故遭遇停电的话，人们就能更加深刻感受到对电的依赖。发电厂把电发出来，将电能输送到工厂、公司和家庭使用的电网可以说是最重要的基础设施之一。为了更有效、合理地利用电能，使之服务于人们的生产生活，这里开始学习有关电的传输和应用的基础知识。

项目 1

电路基础

引言

　　电路是电流的流通路径，它是由一些电气设备和元器件按一定方式连接而成的。复杂的电路呈网状，又称网络。电路和网络这两个术语是通用的。电路的作用大体上分为两类。在电力系统中，电路可以实现电能的传输、分配和转换(如电力工程，它包括发电、输电、配电、电力拖动、电热、电气照明以及交直流电之间的整流和逆变等)；在电子技术中，电路可以实现电信号的传递、存储和处理(如信息工程，它包括语言、文字、音乐、图像的广播和接收、生产过程中的自动调节、各种输入数据的数值处理、信号的存储等)。电路的作用不同，对其提出的技术要求也不同。

任务 1.1 认识电路的组成

教学目标

(1) 认识电路的基本组成元件,把握电路的基本特征。

(2) 了解电路的基本组成要素,认识理想电路元件和电路的理论模型组成。

(3) 掌握描述电路的基本物理量及含义。

任务引入

我们知道,电工电子技术应用领域非常广泛,适用于我们日常生活的许多方面,像收音机、摄像机、数码相机、DVD 播放机、微波炉、电烤箱、烤面包机等。除了这些设备之外,就连一些简单的设备,也仍然具有电的性质。例如,最近发展起来的激光指示器,本质上讲就是一个专门的手电筒,而这些都是相当基本的电子设备。

不仅是这些新型的越来越多的产品属于电子设备,像成熟稳定的电话系统也是由简单的电子元件构成的。尽管随着技术的进步,电话表现方式(例如移动电话)有所不同,但其系统的基本性质仍然是大同小异的。

由于各种电路功能不同,其组成形式千差万别,因此研究方法也不尽相同。图 1.1 所示是日常生活中最简单的照明电路,我们将通过该电路找出电路的共同规律。

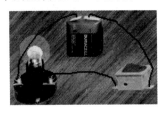 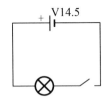

(a)实物接线仿真   (b)电路原理图

图 1.1 照明电路的工作原理

 **任务分析**

从图 1.1(a)可以看出,电源用的是普通干电池(根据需要当然可以用蓄电池或其他形式电源替代),负荷是一个微型灯泡,用开关控制电路的开和闭。由于不同的元器件有各自独特的外观,形状千奇百怪,为便于进行科学研究,不宜直接用它们的外观表示其存在,通常采用像图 1.1(b)那样与实体电路相对应的电路图来描述图 1.1(a)中的电路行为,称为实体电路的电路模型。

电路模型中的所有元件均为理想电路元件。实际电路元件的电特性是多元的、复杂的,而理想电路元件的电特性是精确的、唯一的。每个理想元件用一个符号来表示,该符号指示该元件(或组件)的行为。例如,按照惯例,在电池符号中较长线代表了每个单元的正极,电池的电压通常指定在旁边。

特别提示

　　各种元器件的名称、外观、电路符号有待于我们在继续学习的过程中多次接触来强化记忆。各种符号有着固定的字母或字母组合，代表了元器件的种类。电路符号的引脚与实际元器件对应，图1.1(b)所示电池符号左右两端各有一个线段，代表了实际电池器件的两个引脚接线端。

　　电路图(Dchematic Diagram)用图纸的形式表达了电子元器件和它们之间的连接规则。它传递两种信息：一是用电路符号表示的实际元器件，如电阻、电容、变压器等；二是元器件之间的电气连接，即电路图中电路符号之间的连线。

　　根据电路图采购实际元器件，并根据电路图设计、制作好印制电路板(Printed Circuit Board，PCB，参见附录1)，把元器件焊装到印制电路板后就完成了一个成品电路板，如图1.2所示。

图1.2　印制电路板成品

　　学习电路，设计电路，最终的目标是把电路图付诸实践，形成电路板，产生实际的功能。

相关知识

一、描述电路的基本物理量

　　电路中看得见的是各种电子元器件、电路板，看不见的是电流和电压。电流在电路中流动，电压在节点处显现，共同描述着电路所执行的功能。

1. 电流(Current)及方向

　　电流是电荷定向移动形成的。物理上规定："电流的方向是电子定向流动的反方向或者正电荷的流动方向"。电流强度等于单位时间内通过导体横截面的电荷量，用 I 表示，其标准单位是安培，简称安，用大写的字母"A"来表示。除了安(A)以外，常用的单位还有

MA、kA、mA、μA、nA 等。它们之间的换算关系为

$$1A=10^3mA=10^6\mu A=10^9nA，\quad 1MA=10^3kA=10^6A$$

要指出的是金属导体中的电流实际上是"电子"定向运动产生的。可见，"规定的电流方向"与实际电子运动的方向是相反的。产生这样的认识错误，是由于美国的本杰明·富兰克林的误解。1897 年英国汤姆生发现电子的时候，这个观念已经渗入到全世界。不过，由于没有根据这个认识产生计算错误的情况，所以，今天"电子在正的方向流动、那个相反的流动作为电流"成为约定的认识。

要获得电路中某支路的电流，可用万用表电流挡或电流表串联于被测电路中，如图 1.3 所示。

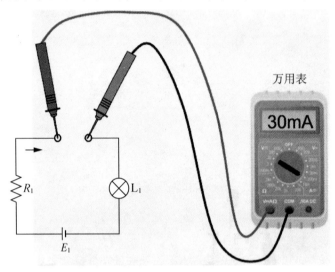

图 1.3　电流的测量

在电路分析计算时，对电流可以人为规定方向，称为参考方向。因为在复杂电路中很难事先判断定出元件中物理量的实际方向，在实际分析计算时可以采用以下方法确定电流的实际方向。

(1) 在电路分析前先任意设定一个正方向(用箭头)，作为参考方向。

(2) 根据电路的定律、定理，列出物理量间相互关系的代数表达式。

(3) 根据计算结果确定实际方向。

若计算结果为正，则实际方向与假设的参考方向一致；若计算结果为负，则实际方向与参考方向相反；若未标参考方向，则结果的正、负无意义！

1) 直流电流

像普通干电池电源那样：电压一定，电流流动方向不变的电流就称为直流，用符号"DC"表示。直流是用直流发电机(交流电动机驱动)产生的。交流电通过硅整流器整流也可以产生直流，但这不是完全的直流电，其中或多或少有交流脉动成分。与之相区别，像电池电源这样发出的直流电称之为稳恒直流电，如图 1.4 所示。

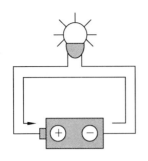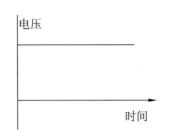

图 1.4　直流电流

图中用箭头标出的是电子的流动方向，电流的方向与之相反。

2）交流电流

电压大小和电流流动方向随时间变化的电流为交变电流，简称"交流"，用符号"AC"表示。其中，按正弦曲线波形变化的交流电称为正弦交流电，如图 1.5 所示。

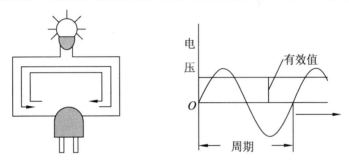

图 1.5　交流电流

除正弦交流电外，还有按方波、三角波等变化的交流信号。

特别提示

交流电的优点是利用变压器可以很容易地对交流电压大小进行变换，其原理后边分析。

2. 电压与电位

1）电压

就像水从高的位置往低的位置流动一样，电流从高电位节点向低电位节点流动，如图 1.6 所示。

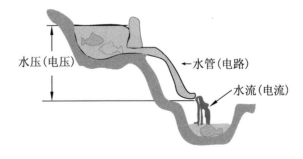

图 1.6　水流和电流的对比

和水位类似，为了让电子流动必须要有电压。电位的差称为电位差。为使电子能流动，作为推动的力量——电位差一般被称作电压，用 U 表示。电压的标准单位是伏特，简称伏，用大写字母"V"来表示。除了伏(V)以外，常用的单位还有千伏(kV)、毫伏(mV)、微伏(μV)等。各单位之间的换算关系为

$$1V=10^3mV=10^{-3}kV=10^6μV$$

特别提示

要获知电路中两点间的电压，可用万用表电压挡或电压表并联于被测两点处。

和用箭头表示电流的参考方向类似：在电路分析计算前可以在电路图上标示电压的方向，称为参考方向。电压参考方向的表示方式可用极性"+""−"表示外，还可用双下标或箭头表示。

2) 电位

电路中某点至参考点的电压，称为电位。通常设参考点的电位为零。某点电位为正，说明该点电位比参考点高；某点电位为负，说明该点电位比参考点低。电压常用双下标表示，而电位则用单下标表示，电位的单位也是伏特(V)。

设置参考电位的另一个原因是为了简化电路图(当电路中只有两三个元器件时问题较简单，但可以想象对于一个现代的电视接收机甚至是一个无线电接收器的最终完成图是相当复杂的，所以必须需要一种方法来减少显示电路中连接线路的数量)。具体做法就是设置一个电路连接的共同点作为参考点来供所有的电气进行测量，这个公共的电气连接点被称为"接地参考"(Ground Reference)或简称为"接地"(Ground)，用符号"⏚"表示。电路图中标有接地符号的部分被认定为在电气上相互连接，尽管大多并没有明确的连接显示。

有时，电路常常是在金属底盘上安放的，在这种情况下，机箱除提供电路的机械支撑外，本身就可以作为常用的电气接地面。

3. 功率与电功

1) 功率

功率用 P 表示，由电压与电流的乘积得到，即

$$P=UI$$

如果电压的单位是 V，电流的单位是 A，则功率的单位为瓦特，简称瓦，用大写字母"W"来表示。除了瓦(W)以外，常用的单位还有千瓦(kW)、毫伏(mW)等。各单位之间的换算关系为

$$1W=10^3mW=10^{-3}kW$$

灯泡上一般有 220V 60W 等的表示，其中 220V 表示该灯泡使用 220V 的电压，60W 表示该灯泡在正常情况下消耗的功率。

2) 电功

功率和时间的乘积称为电功。时间单位为秒时，电功的单位是焦耳。在日常生产和生活中，用电设备消耗的电能(电功)也常用度作为量纲：1 度=1kW•h=1kV•A•h。

二、负荷和电源

在电路中，吸收电能或输出信号的器件，称为负荷或负载(Load)；提供电能或信号的器件，称为电源(Source)；在电源和负载之间起引导和控制电流的导线和开关等是传输控制器件(又称中间环节)。

1. 电阻

电流流动的时候，有一种阻碍这个流动的作用，这种阻碍作用的大小叫电阻，用 R(英语 Resistance 的第一个字母)表示，单位是欧姆(Ω)。电阻的电路符号国内一般采用 DIN 标准，用"—▭—"表示，国际上大多采用 ANSI 标准，用"—Ⅷ—"表示。本书全部采用 ANSI 标准符号。

1) 电阻的性质与形式

不同材料的物体对电流的阻碍作用，即电阻是不同的。此外，电阻 R 还与物体的长度 l 成正比，而与其横截面积 S 成反比，这种关系用公式表述为

$$R = \rho \frac{l}{S}$$

其中，ρ 表示电阻率，与物体材料的性质有关，在数值上等于单位长度、单位截面积的物体在 20℃时所具有的电阻值。

此外，导体的电阻大小还与温度有关系。对金属，其阻值随着温度的升高而增大；对石墨和碳，其阻值随温度的升高而减小。

特别提示

电阻的阻值是电阻最基本的参数，即使没有电流流过电阻，阻值依然存在。

并不是只有电阻才拥有阻值，任何物体都有阻值。比如木材、橡胶等都可以像导线那样让电流流过，只不过它们的阻值太大了，因而常认为它们不导通，是绝缘体(Insulator)。

电阻的倒数称为电导，用 G 表示，即 $G = 1/R$，单位是西门子，符号为 S。

实际电路中使用的电阻上一般标有两个参数或值。第一个参数是"阻值"，大小用欧姆表示；第二个参数是"功率"，表示没有过热及燃烧时消耗电源能量的数量。在大多数应用中，电阻功率的典型值是 1/4W 和 1/2W，更高功率的应用中还有 1W、2W、5W 或 10W，甚至更高，如图 1.7 所示。

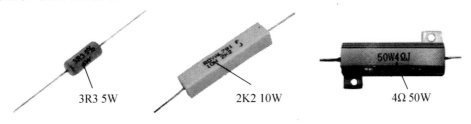

3R3 5W   2K2 10W   4Ω 50W

图 1.7　功率电阻

电阻按结构可分为固定电阻和可调电阻两大类。固定电阻的种类很多，常用的有线绕式、薄膜(碳膜、金属膜、金属氧化膜)式和金属玻璃铀电阻器(贴片式)等，如图1.8所示。

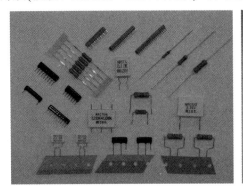

图1.8　各种各样的电阻

传统普通低功率电阻的结构一般是一个碳合成材料圆柱体，如图1.9所示。高功率电阻器通常采用电阻丝(镍铬合金或某种类似材料制成)，这样就可以通过大电流，并能承受高温。

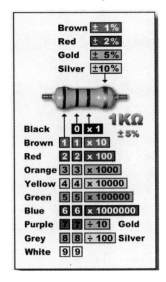

图1.9　电阻色环标识识别

2) 电阻数值标识方法

电阻数值有两种标识方法：一种是直接用数字标出；另一种是用不同的色环标出。各种颜色的含义如图1.9所示。

靠近电阻端的是第一色环，顺次是二、三、四色环。前二环代表电阻有效值，第三环代表乘上10的次方数(倍数)，第四个色环表示误差。例如：有一个碳质电阻，它有四道色环，顺序是红、紫、黄、银。这个电阻的阻值就是270 000Ω，即270kΩ，误差是±10%。

现在的电阻色环法还有用5色环的(一般是金属膜电阻)，这种标识是为了更好地表示精度。它用4个色环表示阻值，另一个色环表示误差。方法一样，就是第一、第二、第三环表示位数，第四环是乘10的次方数(倍数)，第五环表示误差值。

贴片电阻器的阻值和一般电阻器一样，在电阻体上标明，但标识含义与一般电阻器不完全一样。它的第一位和第二位为有效数字，第三位表示在有效数字后面所加"0"的个数。例如："472"表示"4700Ω"，"151"表示"150Ω"。如果是小数，则用"R"表示"小数点"，并占用一位有效数字，其余两位是有效数字。例如："2R4"表示"2.4Ω"；"R15"表示"0.15Ω"。

还有一种是数字代码与字母混合标识法，也是采用三位符号标明电阻阻值，即"两位数字加一位字母"，其中两位数字表示的是 E96 系列电阻代码，具体可查阅相关资料，第三位是用字母代码表示的倍率。

 特别提示

在电路设计选择电阻时应注意阻值是不能任意选定的，美国电子工业联盟(ELA)规定了若干标准，其中 E12 和 E24 最为常用。

E12(允许误差±10%)基准中，电阻阻值为 1.0、1.2、1.5、1.8、2.2、2.7、3.3、3.9、4.7、5.6、6.8、7.5、8.2 乘以 10^n(n 为整数)所得的数值。

E24(允许误差±5%)基准包含 E12 基准，比 E12 基准更为精确。在 E24 中，电阻阻值为 1.0、1.1、1.2、1.3、1.5、1.6、1.8、2.0、2.2、2.4、2.7、3.0、3.3、3.6、3.9、4.3、4.7、5.1、5.6、6.2、6.8、7.5、8.2、9.1 乘以 10^n(n 为整数)所得的数值。

四色环和五色环的区别就在于有效位数不同。

由于电阻本身不区分极性，但色环标识具有唯一性，因此关于色环的读数方向也是唯一的，也就是说拿到手中的电阻是从左至右读还是从右至左读，需要事先明确。对于四色环电阻，第三道色环和第四道色环之间的间距比前几道色环的间距大一些，可以为确定读数方向提供依据。

四色环电阻目前普遍采用浅土黄色作为底色，在其上面印制色环，各颜色的色差明显，识别起来比较容易，但对于五色环电阻的识别可能会存在一定的歧义：因为市面销售的五色环电阻，普遍使用浅蓝色作为底色，再在上面印制色环，在暖的光线下，较深颜色的色环其色差不明显，较难分辨，特别是小功率电阻，体积小，上面印制了 5 道色环，间距又密颜色又接近，对准确读数来说更加困难，尽管第四色环和第五色环的间距大于前几道色环的间距。对于这种情况，最好的办法还是用万用表的电阻挡实际测定一下，从而避免阻值读数错误。

3) 电阻在电路中的连接

电阻可以串联、并联、串并混合连接在一起共同发挥作用。

(1) 电阻的串联。串联连接(流过同一电流)后合成的电阻，如图 1.10 所示。其总阻值是各自阻值之和，即

$$R=R_1+R_2$$

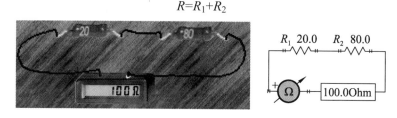

图 1.10　电阻的串联

在图 1.10 中，一个 20Ω 和一个 80Ω 的电阻串联后得到的总阻值是 100Ω。

串联的主要目的是用来分压，如图 1.11 所示，其作用如下。

$$U_1 = \frac{R_1}{R_1 + R_2}U, \quad U_2 = \frac{R_2}{R_1 + R_2}U$$

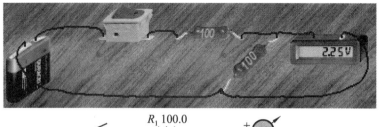

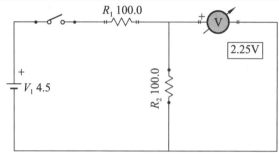

图 1.11　串联分压作用

(2) 电阻的并联。并联连接(电阻两端为同一电压)后合成的电阻，如图 1.12 所示。其总阻值的倒数是各自电阻值倒数之和，即

$$\frac{1}{R} = \frac{1}{R_1} + \frac{1}{R_2}$$

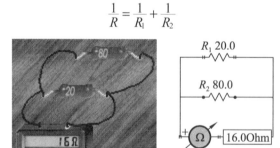

图 1.12　电阻的并联

在图 1.12 中，一个 20Ω 的电阻和一个 80Ω 的电阻并联后得到的总阻值为 16Ω。

并联的主要目的是用来分流，如图 1.13 所示。

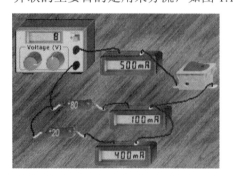

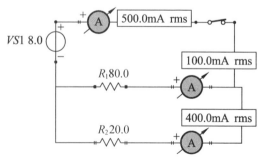

图 1.13　并联分流作用

在图 1.13 所示的电路中，有

$$I_1 = \frac{R_2}{R_1 + R_2} I, \quad I_2 = \frac{R_1}{R_1 + R_2} I$$

4) 电位器

电位器(Potentiometer)是一种阻值可变的电阻器，如图 1.14 所示，电路符号是〰。

图 1.14　电位器

电位器的标称阻值是其两个固定引脚之间的阻值，取值范围选取没有固定电阻多，通常在这些数值内选取：100Ω、200Ω、500Ω、1kΩ、2kΩ、5kΩ、10kΩ、20kΩ、50kΩ、100kΩ、200kΩ、500kΩ、1MΩ等。

普通碳膜电位器的功率一般不会超过 1W，线绕电位器可以承受较大电流，可用在大于 1W 的大功率场合。

拓展阅读

特殊电阻

在实际电路中，电阻根据使用场合的不同，有多种形式。

(1) 水泥电阻。水泥电阻器是一种采用陶瓷绝缘的功率型线绕电阻器(例如彩色电视机中的大功率电阻)，其优点是功率大，缺点是有电感、体积大，不宜作阻值较大的电阻，如图 1.15 所示。

(2) 保险电阻。保险电阻是一种具有保险丝(熔断丝)和电阻双功能的元件，它经常使用在电源电路和电机驱动电路中，如图 1.16 所示。保险电阻外形和普通电阻相似，在正常情况下，具有普通电阻的功能。一旦电路出现故障，该电阻可在规定的时间内熔断使电路开路，从而起到保护其他电路元器件的功能。

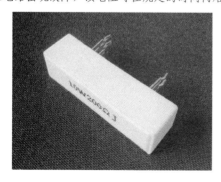

图 1.15　水泥电阻

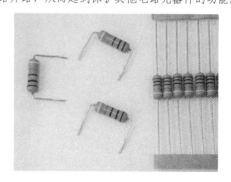

图 1.16　保险电阻

(3) 热敏电阻。热敏电阻是阻值随温度变化而变化的电阻,其常见外形如图 1.17 所示。右边是 CPU 插槽下的热敏电阻,这里,热敏电阻的作用是探测 CPU 的温度,和控制电路配合防止 CPU 温度过高而损坏。

图 1.17 热敏电阻

热敏电阻应用广泛,例如电视机中的消磁电阻,当温度增加时其电阻值迅速增加,使消磁电流迅速减小。这类随温度升高而阻值增加的热敏电阻称为正温度系数电阻器(PTC),另外还有一种电阻值随温度增加而变小的热敏电阻,称为负温度系数电阻(NTC),如图 1.18 所示。

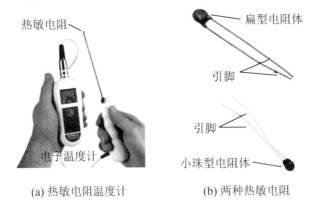 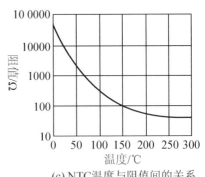

(a) 热敏电阻温度计   (b) 两种热敏电阻   (c) NTC温度与阻值间的关系

图 1.18 NTC 热敏电阻

(4) 湿敏电阻。湿敏电阻常作为传感器,用于检测湿度。例如在 DV 的磁鼓旁设置一个湿敏电阻,就可以用来保护精密的磁鼓不被磨损(湿度过大时磁鼓会结露水)。

湿敏电阻的特点是其阻值随湿度的变化而变化,如图 1.19 所示。

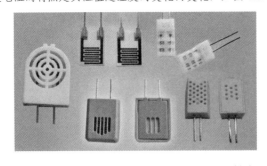 

图 1.19 湿敏电阻

(5) 光敏电阻。光敏电阻大多是由半导体材料(其特性在后边模块 3 中详细介绍)制成的,当入射光线增强时,其阻值会明显减小,光线减弱时,它的阻值会显著增大,如图 1.20 所示。

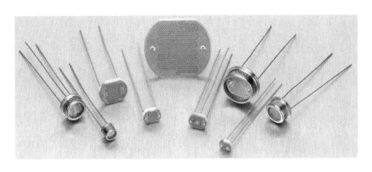

图 1.20　光敏电阻

光敏元件的用处非常大，例如打印机、复印机的进纸检测、光控开关等等。

根据光敏电阻的光谱特性，光敏电阻又可分为红外光光敏电阻器、可见光光敏电阻器及紫外光光敏电阻器等。

光敏电阻有两个引脚，且不区分极性。电路符号用 RG 表示，其中 R 表示电阻，G 表示阻值与光相关。光敏电阻的主要参数是暗电阻与亮电阻。暗电阻是指在标准室温和全暗条件下，呈现的稳定电阻值。亮电阻是指在标准室温下和一定光照条件下测得的稳定的电阻值。一般来说，光敏电阻的暗电阻越大越好，亮电阻越小越好，这样的光敏电阻灵敏度高。

单只的光敏电阻本身一般没有做任何标注，其型号和参数一般仅在大包装盒上标示，如常用的 MG45 光敏电阻，其中"MG"表示为光敏电阻，"4"表示为可见光，"5"表示相应的外形尺寸和性能指标。

(6) 磁敏电阻。磁敏电阻的阻值随穿过它的磁通密度变化而变化，具有很高的灵敏度。其中最具代表性的是霍尔器件，可在各种与磁场有关的场合中使用，如图 1.21 所示。

(7) 气敏电阻。气敏电阻是利用金属氧化物半导体表面吸收某种气体分子时会发生氧化或还原反应而使电阻值改变的特性而制成的电阻器。例如，煤气检测、酒精检测等场合使用的传感器就是气敏电阻，如图 1.22 所示。

图 1.21　霍尔器件

图 1.22　气敏电阻

2. 电源

电源的作用是把其他形式的能量转变成电能，向用电设备提供能量驱动支持的装置。目前在电子产品中使用最多的是化学能电源(电池为代表)和电力系统(电源适配器)提供的电源。

作为电流能够流动的动力源泉，电源分直流电源和交流电源两种。

在实践中，电源一般有 3 种形式：它可以是一个电池，一个发电机，或一些电子电源的组合。图 1.23 所示是常见个人计算机中的电源，它可以提供 3.3V(CPU、南北桥芯片、DDR 内存、PCI 接口)、5V(TTL 接口、USB、软驱)、12V(CMOS 器件、散热风扇、硬盘、光驱、RS232 接口)等多种电压、为电脑的正常工作提供动力。

图 1.23 个人计算机电源

电源的选择

电源的电气参数主要有电压、容量(Capacity，对于电池来说)和额定功率(Power Rating，对于电源适配器来说)，如图 1.24 所示。

图 1.24 常用电源

对于一次性电池(原电池，Primary Battery)来说，其额定电压多为 1.5V、3V、6V、9V、12V(1.5 的整数倍)等；对于充电电池来说，其额定电压多为 1.2V、3.6V、12V(1.2 的整数倍)等；电源适配器可选择范围为 5V、6V、9V、12V、18V、24V 等。

(1) 原电池。包括碳锌电池、氯化锌电池、碱性锰电池、氯化银电池和锂电池。

碳锌电池是最为常用的电池，价格便宜，适用于低电流或偶尔使用场合，如手电筒、遥控器等。

氯化锌电池在电流变大时的表现性能优于碳锌电池，在收音机和电子钟中常用。

碱性锰电池放电过程中电压不会下降太多，适用于较大电流，寿命较长，价格适中，电子玩具和数码相机中常用。

氯化银电池就是电子表、计算器等便携产品中常用的纽扣电池，通常用在功耗很小的电路中。

锂电池放电平稳(放电过程中输出电压变化不大), 容量大, 但使用过程中要避免过度放电(考虑增加电显或保护装置)。部分锂电池可循环充电使用。

(2) 充电电池。包括铅酸蓄电池、镍镉电池、镍氢电池和锂离子电池, 如图 1.25 所示。

图 1.25　充电电池

铅酸蓄电池价格便宜, 多用于应急灯、电瓶车等。镍镉电池和镍氢电池每个单元的额定电压是 1.2V, 可以串联使用。

(3) 电源适配器。电源适配器(Power Supply Adaptor)与电池利用化学能不同, 它把电力系统中的电能进行变换后提供给用电器使用(详见后文模块 4 综合应用部分内容), 可提供更为稳定和更大功率的电源。

电源适配器由于接在市电插座上, 只要不停电就可持续给电器供电, 可以不考虑容量问题, 但是需要研究它的额定功率。图 1.26 所示是一个输出电压+12V、输出电流 5A 的适配器外观, 其额定输出功率为: $P=U \cdot I=12V \times 5A=60W$。

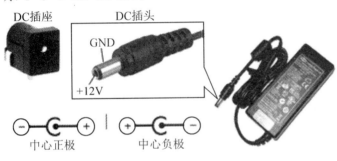

- AC Input Voltage:100~240V AC
- AC Input Ftequency:50~60Hz
- DC Output Volage:5A
- DC Output Current
- Output Power:60W
- Output qty:Single output
- Loadregubtion:+/-5%
- Operating Temperature Range:0~40℃
- Output:2.1mm DC plug,Centre Positive

图 1.26　电源适配器的参数

(4) 电源的选择。如果电路经常需要持续工作在较大的电流下可以考虑充电电池, 如手机、电动自行车等; 如果电路持续工作电流小, 如电子表、计算器、计算机的 CMOS 存储器等可选择图 1.27 所示的氧化银(1.5V)或锂锰(3V)电池。

图 1.27　纽扣电池

电池的容量单位为安时(Ah)或毫安时(mAh, 1Ah=1 000mAh), 容量的单位"安时"可以理解为放电电流(安)与放电时间(小时)的乘积。可见, 对于一个电池来说, 向负载提供的电流越大, 它的放电时间越短。如图 1.28 中的铅酸蓄电池("①"), 假设容量为 $C=1.3Ah$, 在向负载输出 0.13A 的电流时, 放电时间为

$$1.3Ah \div 0.13A=10h$$

以 0.3A 向负载放电时, 放电时间为

$$1.3Ah \div 0.3A \approx 4.3h$$

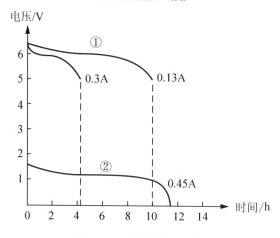

图 1.28　电池的放电曲线

图 1.28 中 "②" 为镍镉蓄电池(nicKel-Cadmium)放电曲线。

选择电源适配器时要注意额定电压(包括输入与输出两部分)、额定电流与接口。

(5) 绿色电池。无论是原电池还是充电电池，在制造和报废时都会对环境造成或多或少的污染。近年来，使用清洁能源的，可无害循环利用的绿色电池渐渐普及，图 1.29 所示为太阳能电池(Solar cell)和燃料电池(Fuel cell)。

(a) 太阳能电池　　　　　　　　　　(b) 燃料电池

图 1.29　绿色电池

燃料电池目前应用最广泛的是氢燃料电池(hydrogen fuel cell)，它利用氢气和氧气混合反应后产生电能。由于氢气和氧气反应得到的是水，所以它在使用过程中对环境没有任何污染。

在电路分析计算中，我们常把实际电路元件理想化，把常见的电源分为电压源和电流源两种。

1) 电压源

电压源是向负载提供一个确定电压的装置。我们通常接触到的电源大多是电压源或者是可以转换为电压源模型而进行运算的电源，其电路模型如图 1.30 所示。

在图 1.30 中，电压源的端电压 $U = E - IR_0$，开路电压 $U = E$，短路电流 $I_S = E/R_0$。

在电路理论中，为便于分析，常常采用理想电压源模型，即：认为电源的内阻 R_0 为 0(或 $R_0 \ll$ 负荷电阻 R_L)。其特点是：输出电压不变，其值等于电动势(EMF)，电压源中流过电流的大小由外电路负荷决定。

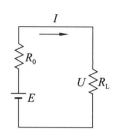
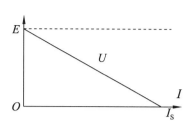

图 1.30 电压源及伏安特性

特别提示

欧标理想电压源的电路符号是 "①"。

2) 电流源

电流源是向负载提供一个确定电流的装置，可以从电压源变化而来，如图 1.31 所示。

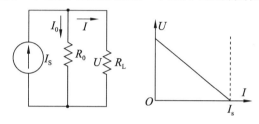

图 1.31　电流源及伏安特性

从图中可以看出：电流源的输出电流 $I = I_S - I_0$。

和电压源一样，在电路理论分析中，常采用理想电流源模型(恒流源，图 1.31 中虚线所示)，即：电流源内阻 $R_0 = \infty$ 或 $R_0 \gg$ 负荷电阻 R_L。对于理想电流源其输出电流不变，电流值大小恒等于电流源电流 I_S，其输出电压由外电路决定。

特别提示

欧标理想电流源的电路符号是 "⊖"。

3) 电压源与电流源的等效变换

电压源、电流源都是电路模型，在相同外接负载电阻的情况下，只要保持其对负载的输出电压、电流相等，两种电源可以等效变换，如图 1.32 所示。

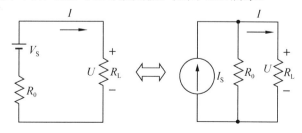

图 1.32　电压源和电流源的等效变换

其中，$I_S = \dfrac{V_S}{R_0}$ 或 $V_S = I_S R_0$。

在进行电源变换时应注意极性，I_S 的流出端要对应 V_S 的"+"极。一般不限于内阻 R_0，只要是一个电压为 V_S 的恒压源和一个电阻 R 串联的电路，都可以转换为一个电流为 I_S 的恒流源和这个电阻 R 并联的电路。

特别提示

两种电源的等效关系是仅对外电路而言的，至于电源内部，一般是不等效的(两种电源内阻的电压降及功率损耗一般不相等)。恒压源和恒流源之间没有等效关系，因为二者内阻不相等。

采用两种电源等效变换的方法，可将复杂电路简化为简单电路，给电路分析带来方便。

任务实施

从上边的分析我们可以看出，电路的形式是多种多样的，但从电路的本质来说，都是由电源、负载(或负荷)、中间环节 3 个最基本的部分组成的。

在图 1.1 所示的照明电路中，电源可以用交流电代替——这就是实际生活中的照明电路；如果用充电电池代替——这就是应急灯或安全通道指示器。

负荷可以用发光二极管替换发光(在大街上或繁华商业区经常可以看见的大屏幕显示屏大多用的就是发光二极管，其特点后文介绍)；用电热器替换发热(各种各样的电炉、电暖气)；用扬声器替换发出声音(日常生活中的收音机、电视伴音、立体声音响、随身听、手机的听筒)；用电动机代替实现转动(洗衣机、电钻、汽车等各种运输工具)。

中间起控制作用部分可以是普通开关，也可以是光控开关(路灯、各种小夜灯、打印机传真机进纸控制等)，热释开关(防盗报警器、自动感应门铃等)，还可以是力敏器件(电子秤、握力器等)，气敏元件(煤矿瓦斯检测、家庭煤气泄漏报警、驾驶员饮酒测试)，热敏元件(温度监测)等等。

总之，在生产实践和日常生活中为满足人们的需求，电路在形式上是多样的，工作时发生的物理现象也是千差万别的，但它们是有普遍规律的，我们的任务就是从发现其普遍规律出发，学会电路的一般分析计算办法，使电能更好地为人们服务。

思考与练习

1．电路由哪几部分组成？试述电路的功能。

2．电路元件与实体电路器件有何不同？何谓电路模型？

3．在图 1.33 所示电路中，电流表的读数是多少？

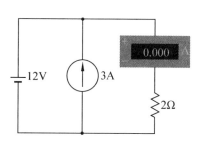

图 1.33   思考与练习 3 题

4. 假设图 1.34 所示电吹风的额定功率为 600W，其中电机的额定功率为 100W，请计算加热芯(固定电阻)的阻值和功率各为多少？

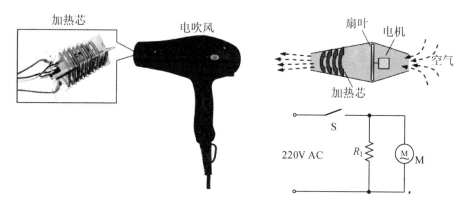

加热芯　　　电吹风　　　扇叶　电机　空气　加热芯

图 1.34   思考与练习 4 题

任务 1.2   认识电流的基本作用与电路的工作状态

教学目标

(1) 认识电流的基本作用。
(2) 掌握电路的基本定律。
(3) 了解电路的基本工作状态。

任务引入

图 1.35 所示是一个复式楼房的用电情况示意图。下面将分析电在这里各起什么作用和如何选择合适的配电线与相应的控制电器。

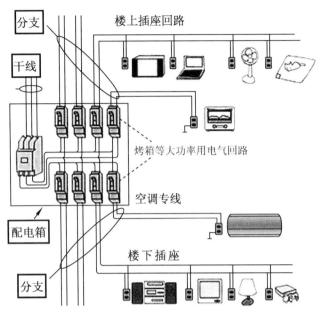

图 1.35　家庭布线

任务分析

电能的应用是非常广泛的，一个家庭就涉及多种多样的电器，需要各种各样的控制方式，只有从电流的基本作用入手，了解最基本的电路定律，才能在宏观上了解电路工作情况，掌握电路工作状态，从而获得一个良好的开端。

相关知识

一、电流的基本作用

电流的基本作用主要有 3 种，即电流的化学作用(如充电电池充电、电镀)，电磁作用(如各种继电器、接触器)和电热作用(如电炉)。

1. 化学作用

电流通过导电的液体会使液体性质发生化学变化，产生新的物质。电流的这种作用也叫作电流的化学效应。如电解、电镀、电离等就属于电流化学作用的例子，如图 1.36 所示。

2. 电磁作用

电磁作用，是利用通有电流的导线在其周围会产生磁场的原理实现的。其应用非常广泛，也称为电流的磁效应。图 1.37(a)所示的用来对地下金属器物进行探查的金属探测仪利用的就是电磁作用。

项目 1 电 路 基 础

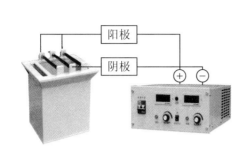

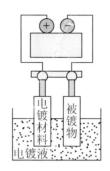

图 1.36 电流的化学作用

(a)

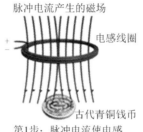

(b)

图 1.37 地下金属探测仪

如果贴近地面移动探测头，当有地下的金属器物靠近时，探测仪就会发出提示，表明地下有可疑金属物品。其工作过程是在探测时，电路先向探测头中的电感线圈输出脉冲电流从而产生磁场，如果电感下有金属器物，这个磁场会使金属器物产生涡电流，涡电流又能反过来产生磁场，这个磁场切割电感线圈，并在电感中产生反向电流，配套电路检测到这个反向电流后驱动显示和发声部分电路。

此外，显像管中电子的聚焦、电磁炉、电话(使用磁场中的通电导线驱动发音膜发出声音)、手机(将电能转化为电磁信号进行发射和接收)等利用的也是电磁作用。

1) 安培环路定理(或称全电流定理)

只要导体中有电流流过，就会在导体周围产生磁场，这就是电流的磁效应(图 1.37(b))，即所谓"电生磁"。磁场的分布用磁力线来表示。磁场的方向由右手螺旋定则来判断，如图 1.38 所示。

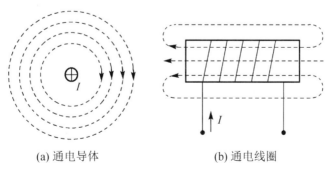

(a) 通电导体　　　　　　　　(b) 通电线圈

图 1.38 电流方向与磁力线方向的关系

23

(1) 磁感应强度 B。

磁感应强度 B 用来表示磁场的大小和方向。将磁力线上每点的切线方向规定为磁感应强度的方向，用磁力线的疏密程度表示磁感应强度的大小。

(2) 磁通量 Φ。

穿过磁场中某一截面 S 的磁力线数称为通过该截面的磁通量，简称磁通(Φ)。

$$\Phi = \int_S B\cos\theta \, \mathrm{d}S$$

若磁场均匀，且磁场与截面垂直，则 $\Phi = BS$。

$$B = \frac{\Phi}{S}$$

因此，磁感应强度又称磁通密度。

(3) 磁场强度 H。

表征磁场强弱和方向的物理量称为磁场强度 H，单位是：A/m。表征磁场中介侦导磁能力的物理量称为磁导率 μ，单位 H/m。磁场强度与磁感应强度的关系是

$$H = \frac{B}{\mu} \quad \text{或} \quad B = \mu H$$

要说明的是，H 代表电流本身产生磁场的强弱，反应了电流的励磁能力，与介质性质无关，即 $H \propto I$。

B 代表电流产生的以及介质被磁化后产生的总磁场强弱，其大小不仅与电流的大小有关，还与介质的性质有关。

(4) 全电流定律。

磁场中沿任一闭合回路 l 对磁场强度 H 的线积分等于该闭合回路所包围的所有导体电流的代数和。

$$\oint_l H \cdot \mathrm{d}l = \sum_{k=1}^{n} I_k$$

若闭合回路沿线长度为 L，磁场强度 H 处处相等，且闭合回路所包围的总电流由通过电流 i 的 N 匝线圈提供，则 $HL = Ni$。

2) 磁路的欧姆定律

$$\Phi = \frac{F}{R_{m_1} + R_{m_2} + \cdots + R_{m_n}} = \frac{F}{R_m}$$

式中，F 为磁动势，R_{mi} ($i=1, 2, \cdots n$) 为磁阻

特别提示

磁路的欧姆定律与电路的欧姆定律不同之处如下。

① 电路中有电流就有功率损耗，而在磁路中的恒定磁通下没有功率损耗。

② 电流全部在导体中流动，而在磁路中没有绝对的磁绝缘体，除在铁芯的磁通外，空气中也有漏磁通。

③ 电阻为常数，磁阻为变量。

④ 对于线性电路可应用叠加原理，而当磁路饱和时为非线性电路，不能应用叠加原理。

3) 电磁感应定律

在载流线圈中，载流线圈激发的磁场与其电流 I 成正比，通过线圈的磁通匝链数 ψ(当线圈为多匝时，通过各匝线圈的磁通量之和称为磁通匝链数 ψ，若通过每匝线圈的磁通量

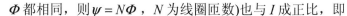
Φ 都相同，则 $\psi = N\Phi$，N 为线圈匝数)也与 I 成正比，即

$$\psi = LI = N\Phi$$

式中，比例系数 L 与电流无关，取决于线圈的大小、形状、匝数以及周围(特别是线圈内部)磁介质的磁导率(若为铁磁质，则 L 还与电流 I 有关)。对于相同的电流变化率，L 越大，自感电动势越大，即自感作用越强。L 称为自感系数，简称自感或电感，单位是亨利(H)。

磁场变化会在线圈中产生感应电动势，感应电动势的大小与线圈的匝数 N 和线圈所交链的磁通对时间的变比率成正比，这是电磁感应定律。

通常，感应电动势根据其产生原因的不同，可以分为以下 3 种。

(1) 自感电动势 e_L。

当线圈中流过交变电流 i 时，由 i 产生的与线圈自身交链的磁链随时间发生变化，由此在线圈中产生的感应电动势称为自感电动势，用 e_L 表示，即

$$e_L = -\frac{d\Phi_L}{dt} = -L\frac{di}{dt}$$

该式表明：线圈两端自感电动势在任意瞬间与 di/dt 成正比，也就是说具有阻止其中电流变化的特性。对于直流电流，自感电动势为零，故对直流电路而言相当于短路，而对交流电流有阻抗。

(2) 互感电动势 e_M。

在相邻的两个线圈中，当线圈 1 中的电流 i_1 交变时，它产生的与线圈 2 相交链的磁通 Φ_{21} 也产生变化，由此在线圈 2 中产生的感应电动势称为互感电动势，用 e_{M2} 表示，即

$$e_{M2} = -\frac{d\Phi_{21}}{dt} = -M\frac{di_1}{dt}$$

式中，M 称为互感系数。

(3) 切割电动势 e。

如果磁场恒定不变，导体或线圈与磁场的磁力线之间有相对切割运动(速度为 v)时，在线圈中产生的感应电动势称为切割电动势，又称速度电动势。若磁力线(磁感应强度为 B)、导体(长度为 l)与切割运动三者方向相互垂直，则由电磁感应定律可知切割电动势 e 的计算公式为

$$e = Blv$$

4) 电磁力定律

载流导体在磁场中会受到电磁力的作用。如图 1.39 所示，当磁场力和导体方向相互垂直时，载流(其中电流强度用 I 表示)导体(长度为 l)所受的电磁力 F 的计算公式为

$$F = BlI$$

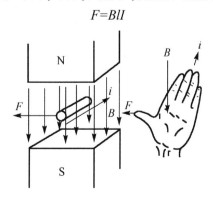

图 1.39 电磁力的计算

5) 电磁元件

电路中的组件根据电磁作用力的大小可以分为电磁元件与电磁器件。

电磁元件通常分为两类：一类是利用自感原理制成的电感线圈；另一类是利用互感作用制成的变压器。

(1) 电感(Inductor)。

导线绕成圆圈的形状就可以制成电感，如图 1.40 所示。

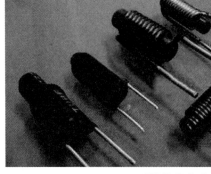

(a) 空心电线圈   (b) 磁棒绕线电感

图 1.40　空心电感线圈和磁棒绕线电感

电感的电路符号是"—⌇⌇⌇—"，用 L 表示，标准单位是"亨利"，用来描述电感把电流转换成磁场的能力，简称亨，用字母"H"表示。常用的单位还有"毫亨"(mH)和"微亨"(μH)。它们之间的换算关系为

$$1H=10^3mH=10^6\mu H$$

线圈的电感 L 与线圈的尺寸、匝数以及附近的介质的导磁性能等有关。即

$$L=\frac{\mu SN^2}{l}$$

式中，S 为线圈横截面积(m^2)，l 为线圈长度(m)，N 为线圈匝数，μ 为介质的磁导率(H/m)

与电流流过电阻时产生热量不同，电感是一个转换并储存磁场能量的元件，如图 1.41 所示。

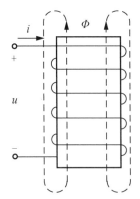

电流通过 l 匝线圈产生 → Φ（磁通）

电流通过 N 匝线圈产生 → $\Psi=N\Phi$（磁链）

电感：$L=\dfrac{\Psi}{i}=\dfrac{N\Phi}{i}$

线性电感：L 为常数；非线性电感：L 不为常数

图 1.41　电感元件

当电流通过电感时，将被它转换成磁场。当通过电感的电流增大时，它所转换储存的

磁场能量也增大。如果电流减小到零，则所储存的磁场能量将全部释放出来。当通过电感元件的电流为 i 时，根据基尔霍夫定律可得

$$u = -e_L = L\frac{\mathrm{d}i}{\mathrm{d}t}$$

将上式两边同乘上 i，并积分，则得

$$\int_0^t ui\mathrm{d}t = \int_0^i Li\mathrm{d}i = \frac{1}{2}Li^2$$

即它所储存的磁场能量理想情况下为

$$W_L = \frac{1}{2}Li^2$$

上式表明，电感元件在某一时刻的储能只取决于该时刻的电流值，而与电流的过去变化进程无关。

特别提示

在 VGA、USB 等数据电缆上常常会在一边看到一个圆柱体，这个圆柱体的名称是铁氧体磁环(Ferrite Bead)，如图 1.42 所示。

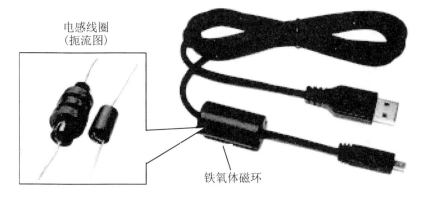

电感线圈
(扼流图)

铁氧体磁环

图 1.42　铁氧体磁环

铁氧体磁环可以看成是一个电感，它形成一个低通滤波器把高频率噪声从信号线中滤除掉。

电感并联时，总电感量 L_p 为并联电感量的倒数和，如图 1.43(a)所示；串联时，总电感量 L_s 为串联的电感量之和，如图 1.43(b)所示。

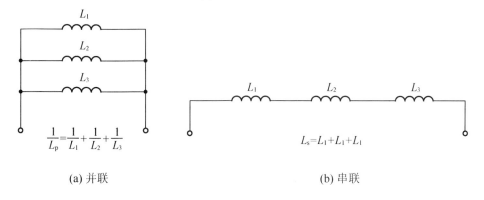

L_1

L_2

L_3

$$\frac{1}{L_p} = \frac{1}{L_1} + \frac{1}{L_2} + \frac{1}{L_3}$$

L_1　　L_2　　L_3

$$L_s = L_1 + L_1 + L_1$$

(a) 并联

(b) 串联

图 1.43　电感的并联与串联

电感器分固定容量和可调容量两种。可调电感一般有一个可插入的磁芯，通过改变磁芯在线圈中的位置来微调容量。

 特别提示

要注意的是电感有芯与否对电感量的影响至关重要。给电感增加芯可以有效提高磁通量，从而在有限的尺寸下制成更大电感量的器件。比如一个空心电感的电感量为 1mH，当加入一个铁氧体芯后电感量可以升至约 400mH。图 1.44 所示收音机的磁棒天线，就是因为铁氧体芯可以极大地提高电感的电感量。

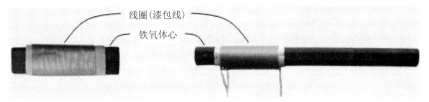

图 1.44　收音机用铁氧体芯电感天线

在开关稳压电源(在模块 4 中详细介绍)、视频电路中常常能找到电感，如图 1.45 所示。

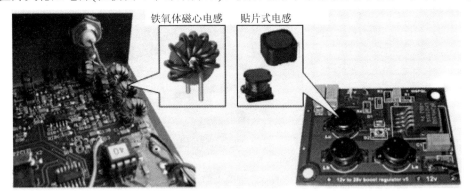

图 1.45　电路板上的电感

理论上根据需要可以制作出任意电感量的电感。现在市场中有一类和电阻外观很相似，也具有色环指示的电感，如图 1.46 所示。

颜色	数值 第1位	数值 第2位	倍数 第3位	误差 第4位
银色	-	-	×0.01	±10%
金色	-	-	×0.1	±5%
黑色	0	0	×1	—
棕色	1	1	×10	±1%
红色	2	2	×100	±2%
橙色	3	3	×1,000	—
黄色	4	4	×10,000	—
绿色	5	5	—	—
蓝色	6	6	—	—
紫色	7	7	—	—
灰色	8	8	—	—
白色	9	9	—	—

图 1.46　成品电感及其色环含义

图 1.46 中的色环为：黄-紫-黑-银，表示的电感量数值为 47，单位是 μH，误差为±10%。

特别提示

有些万用表设有电感测量挡位，把电感的两个引脚插入相应测量插座中即可得到其电感量的读数。

根据电感所使用的场合不同，电感具有不同的别称。

如果电感只是简单地实现通过直流信号扼制交流信号，通常称作扼流圈，如图 1.47(a)所示。扼流圈常常出现在直流电路的输出端，对交流成分进行抑制，也常用于将掺杂在音频(频率低)中的射频(频率高)信号进行过滤。

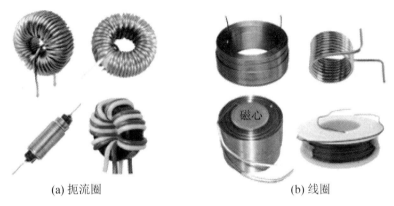

(a) 扼流圈   (b) 线圈

图 1.47　电感的种类

如果是在无线电接收电路中与其他元器件构成调谐电路(项目 2 交流电路中详细介绍)，此时的电感称为线圈，如图 1.47(b)所示。线圈经常与电容在一起，对特定频率信号进行选择。

(2) 变压器。

变压器是利用互感原理工作的电磁器件。输电、配电和用电所需的各种不同的电压都是通过变压器进行变换后而获得的。这是因为在日常生活和生产中，常常要用各种不同的交流电压(工厂中常用的三相或单相异步电动机，它们的额定电压是 380V 或 220V；机床照明、低压电钻等，只需要 36V 以下的电压；而高压输电则需要用 30kV，110kV 以上的输送电压)，如果采用许多输出电压不同的发电机来提供各种不同电压的话，不但不经济、不方便，而且实际上也是不可能的。

变压器的主要功用除了将某一电压值的交流电压转换为同频率另一电压值的交流电压外，还可以变换电流(如变流器、大电流发生器)、变换阻抗(如电子电路中的输入输出变压器)和改变相位(如改变线圈的连接方法来改变变压器的极性)，是输配电、电子线路和电工测量中十分重要的电气设备。变压器的类型很多，一般可分为以下几种。

(1) 电力变压器：包括升压变压器、降压变压器、配电变压器等。

(2) 仪用变压器：包括电压互感器，电流互感器等。

(3) 特殊变压器：如电炉变压器、电焊变压器、整流变压器等。

(4) 试验用变压器：主要是高压变压器和调压器等。

(5) 电子设备及控制线路用变压器：如输入、输出变压器，脉冲变压器、电源变压器等。

下面介绍变压器的工作原理。

变压器是将两组或两组以上的线圈围绕在同一个线圈骨架上制成的，如图1.48所示。其中接电源的绕组叫一次绕组，接负载的绕组称为二次绕组。

图1.48　变压器

变压器的基本原理也是异步电动机和其他一些电气设备的基础，它利用的是以铁心中集中通过的磁通Φ为桥梁的典型的互感现象。一次绕组加交变电流产生交变磁通，二次绕组受感应而产生电动势。它是电—磁—电转换的静止电磁装置。

变压器的电路符号是"∃Ε"，T是它的文字符号。若线圈是空心的，称为空心变压器；若线圈中插入了铁心(铁心一般用含硅5%左右、厚0.35～0.5mm的硅钢片叠成。硅钢片两面涂有绝缘漆，使之相互绝缘)，则称为铁心变压器。变压器主要有以下参数，如图1.49所示。

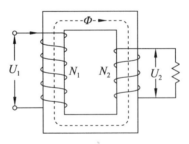

图1.49　变压器原理

① 变压器的变比(K)。实验证明，在忽略铁心、绕组的损耗且二次绕组开路时，绕组两端的电压之比等于其对应匝数比，即

$$\frac{U_1}{U_2}=\frac{N_1}{N_2}=K \quad (K\text{称为变压比})$$

如果$N_1>N_2$，则$U_1>U_2$，变压器使电压降低，这就是降压变压器；如果$N_1<N_2$，则$U_1<U_2$，变压器使电压升高，这就是升压变压器。

② 电流与电压的关系。变压器从电网中获取能量，并通过电磁感应进行能量转换后，再把电能输送给负载。根据能量守恒定律，在忽略变压器自身损耗的情况下，变压器输出的功率P_2和它从电网中获取的功率P_1相等，即$P_1=P_2$。根据$P=UI\cos\varphi$可得

$$P_1=U_1I_1\cos\varphi_1, \quad P_2=U_2I_2\cos\varphi_2$$

式中，$\cos\varphi_1$、$\cos\varphi_2$是一次绕组和二次绕组电路的功率因数(其含义在后文交流部分详细介绍)，通常相差很小，在实际计算中可以认为它们相等，因而得到$U_1I_1\approx U_2I_2$，即

$$\frac{I_1}{I_2} \approx \frac{N_2}{N_1} = \frac{1}{K}$$

也就是说：变压器工作时一、二次绕组中的电流与绕组的匝数成反比。为了减少变压器绕组损耗，因变压器的高压绕组匝数多而通过的电流小，可用较细的导线绕制；低压绕组匝数少而通过的电流大，用较粗的导线绕制。

③ 阻抗变换关系。我们知道，负载获得最大功率的条件是负载阻抗等于信号源的内阻，此时称为阻抗匹配。在实际工作中，负载的阻抗与信号源的内阻往往是不相等的，所以把负载直接接到信号源上不能获得最大功率。为此，就需要利用变压器来进行阻抗变换，使负载获得最大功率。

设变压器一次侧输入阻抗为 Z_1，二次侧负载阻抗为 Z_2，由于 $|Z_1| = U_1 / I_1$，$|Z_2| = U_2 / I_2$，则

$$\frac{|Z_1|}{|Z_2|} = \frac{U_1}{U_2} \times \frac{I_2}{I_1} = K^2$$

这就是说：在二次侧接上负载阻抗 $|Z_2|$ 时，就相当于使电源直接接上一个阻抗为 $|Z_1| = K^2 |Z_2|$ 的负载。

④ 变压器的效率。上边是假设变压器本身没有损耗，实际上损耗总是存在的。变压器的损耗主要包括铜损(绕成变压器绕组的导线存在着电阻，电流流过时会发热消耗能量)和铁损(磁滞损耗和涡流损耗，详细含义可参阅相关资料)，这会降低变压器的效率。通常将输出功率占输入功率的百分比叫效率，用 η 表示，即

$$\eta = \frac{P_2}{R}$$

⑤ 同名端。实际变压器的一、二次绕组的绕向是看不见的，因此引入了同名端的概念。同名端是指电压实际极性相同的端子，是一种标记，如图 1.50 所示，其判定方法可参阅相关资料。

图 1.50　同名端

特别提示

变压器也可根据所处理信号频率的不同，分为电源变压器(Mains Transformer)、音频变压器(Audio Transformer)、中频变压器(IF Transformer)几种。

电源变压器(图 1.51)在选购时的首要参数是一次电压和二次电压。一次电压与市电相等，二次电压要根据电路额定电压来定。此外，还要考虑额定功率。

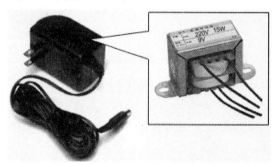

图 1.51　电源适配器与电源变压器

音频变压器是工作于音频频率范围内(20～20000Hz)的变压器。有的音频变压器从外观上看与电源变压器相似，如图 1.52 所示。在放大电路(模块 2 中具体介绍)中，常常利用音频变压器实现阻抗匹配。

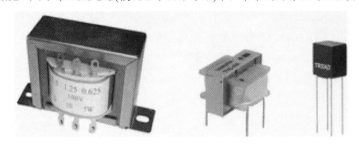

图 1.52　音频变压器

中频变压器，也称为中周，常常用在超外差收音机和电视机中的中频放大电路，具有选频与耦合作用。中频变压器的特点是一般具有可调磁心，以便微调电感量，如图 1.53 所示。

引脚

调节钮

中周电路符号

图 1.53　中频变压器(中周)

(3) 电磁器件。

电磁器件是利用通电线圈产生的电磁力进行控制的一种器件，具有控制电流小，控制距离远，使用安全等特点，主要有接触器、继电器(Relay)、电磁铁、电磁阀等，如图 1.54 所示。

图 1.54　继电器和接触器

接触器的结构示意图和电路符号分别如图 1.55 和图 1.56 所示。

继电器和接触器的工作原理(低压控制端线圈(Coil)通电，电磁铁工作，把衔铁吸下来，把原本断开的接触点(Normal Open，常开或动合触点(contact)，控制大功率模块的开关)闭合，原本闭合的接触端(Normal Close，常闭或动断触点)断开)基本相同，只是电磁力小些，触头多些。

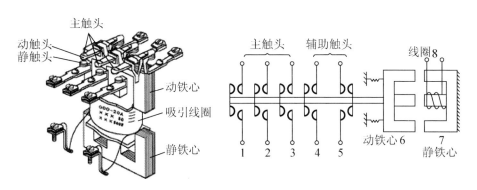

图 1.55　接触器结构示意图

3. 电热作用

电流流过导体时，会产生热量，称为焦耳热。如电灯、电炉、电暖气、电烙铁、电焊等都是电流热作用的例子，如图 1.57 所示。

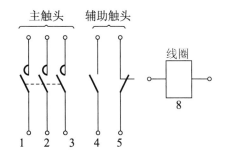

图 1.56　接触器的电路符号

图 1.57　电热作用

特别提示

电流只要流过导体就一定会产生焦耳热，这在工作中是必须要考虑的。例如起重机的悬挂负荷如果超过电动机额定容量的话，电流流过电动机绕组时产生的温升会把线圈异常烧粘在一起，其中的原因就是焦耳热。

二、电路的基本定律

图 1.58(b)中电池的数量(也就是电压)是图 1.58(a)的 2 倍，亮度也是图 1.58(a)的 2 倍；图 1.58(c)中电池的数量和图 1.58(a)中一样，但灯泡的数量(也就是阻值)是图 1.58(a)的 2 倍，总亮度是图 1.58(a)的 1/2(单个灯泡亮度的话是 1/4)。

这就是说：电路中流过电阻电流强度的大小与电阻两端的电压成正比，图 1.59 所示为仿真实验。

从图 1.59 可以看出，电压源电压为 4.5V，在电阻是 45Ω时用电流表测得的电流值是 100mA。

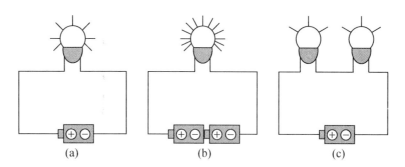

图 1.58　电压、电阻和电流的关系

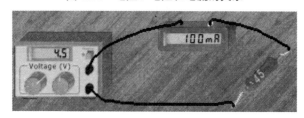

图 1.59　欧姆定律

可以证明，电流、电压、电阻的关系可以用下面的式子表示为

电压(V)=电流(A)×电阻(Ω)

德国科学家欧姆首先发现了这个法则，因此，这一现象被称作欧姆定律。

如果电压、电阻、电流的数值比较大或比较小时可以用单位 kV、MΩ或 mA 等表示。其换算关系为

$$1\,000V=1kV \qquad 10\,000\,V=10kV$$

$$1\,000\,000\Omega=1M\Omega$$

$$1A=1\,000mA \qquad 0.001A=1mA$$

特别提示

电流和电压的大小不成正比的电阻元件叫非线性电阻元件，这里只讨论线性电阻电路。

三、电路的状态

在不同的工作条件下，电路将分别处于通路、开路和短路 3 种状态(一般是非正常工作状态)，下边分析在这 3 种状态下电路相关参数的变化情况。

1. 有载状态

如图 1.60 所示，当开关 S 闭合时，电源 E 与负载接通，电路即处于有载状态。此时电路中的电流 I，也就是电源的输出电流为

$$I=\frac{E}{R_0+R}$$

式中，R 为负载电阻，R_0 为电源的内阻。通常 R_0 很小，也就是说电源提供电流的多少在电动势 E 保持一定时，由负载大小决定。

负载两端的电压，可由 $I = \dfrac{E}{R_0 + R}$ 及 $U = RI$ 两式得到，即

$$U = E - R_0 I$$

这就是说：电源端电压小于电动势。负载越大(负载电阻 R 越小)，输出电流越大，电压降 IR_0 越大，则电源端电压下降得越多。

当 $R_0 \ll R$ 时，$U \approx E$，此时负载变化时，电源的端电压变化不大。

电源和负载等电气设备在一定工作条件下其工作能力是一定的。表示电气设备正常工作条件和工作能力的数据统称为电气设备的额定值。额定值一般包括额定电压、额定电流和额定功率等等。

额定值一般都列入产品说明书中或直接标明在设备的铭牌上。使用时务必遵守这些规定。如果超过额定值，有可能引起电气设备的损坏或降低其使用寿命；如果低于额定值，将使设备不能发挥正常的效能，浪费了设备资源。

例如：一个标有 1/8W、470Ω 的电阻，即表示该电阻的阻值为 470Ω，额定功率为 1/8W。由 $P = I^2 R$ 的关系，可求得它的额定电流为 16.3mA。使用时电流值如果超过此值，电阻就有可能过热损坏。

2. 开路状态

在图 1.61 中，开关 S 打开，电源与负载没有接通，电路处于开路状态。此时，由于电路未闭合，故电路中电流 $I = 0$，电源的端电压 $U = E$，称为开路电压。

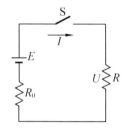

图 1.60　电路的有载工作

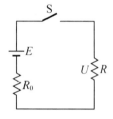

图 1.61　电路的开路状态

特别提示

可以广义地认为，当开关两端的电阻值是无穷大时即可认为电路处在断路状态，此时开关两端的电压和电源电压相等。因为当把一个断开的开关看作是一个无穷大的电阻时，就可以认为是一个无穷大的电阻(断开的开关)和一个有限的电阻(图中的 R)串联后，接了内阻为 R_0 的电源 E 上，如图 1.61 所示。串联分压的结果是电源的电压全部落在了无穷大的电阻，也就是开关上。

3. 短路状态

在图 1.62 中，由于某种原因，电源两端被直接联在一起，造成电源短路，称电路处于短路状态。

电源短路后，在很短的时间内会产生大量的热，此时，电流 $I = I_s = \dfrac{E}{R_0}$，端电压 $U = 0$。电源产生的功率全部消耗在内阻中。

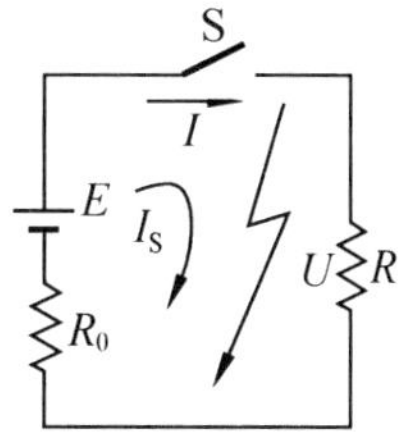

图 1.62　电路的短路状态

电源短路是一种严重事故。因为短路时电流很大,将大大地超过电源的额定电流,可能使电源过热毁坏。为了预防短路事故发生,通常在电路中接入熔断器(FU)或自动断路器,在短路发生时,能迅速地把故障部分和供电电源隔离(切断电路)。

特别提示

当开关两个触点(端点)间的电阻是(或接近于)0时,可以认为开关是处于闭合状态,因为开关闭合的特征是开关两端电阻为0,从而电压为0。这点对于以后理解晶体管开关状态会有帮助。

任务实施

通过上边的分析可以看出,电能的应用虽然广泛,相应的电路形式也多种多样,但有规律可循:只要从电流的基本作用出发,掌握最基本的规律,也就是在欧姆定律的基础上,就可以在理性上,即通过监测电路的电流、电压和电阻的具体数据把握整个电路工作状态。

在图1.35所示的家庭布线图中,电器的种类不少,但基本上用的都是电热(如电烤箱、台灯、空调制热)、电磁(如空气开关、电扇电机、空调压缩机制冷、空气开关等)和电化学(某些设备电镀外壳、手机电池充电)3种或3种的综合作用(电脑、电视、立体声音响等)。

为了使设备正常工作在额定状态下,应选择合适的线缆和开关:用于灯具照明的可使用单芯线1.5mm²电线;用于电源插座的为单芯线2.5mm²电线;3匹以上空调用单芯线4 mm²电线,总进线(干线)选用 6 mm²电线等,具体见表1-1。

表1-1 塑料绝缘软线、塑料护套线明敷设长期连续负荷允许载流量表

截面/mm²		单芯				二芯				三芯			
		25℃	30℃	35℃	40℃	25℃	30℃	35℃	40℃	25℃	30℃	35℃	40℃
BLVV 铝芯	2.5	25	23	21	19	20	18	17	15	16	14	13	12
	4.0	34	31	29	26	26	24	22	20	22	20	19	17
	6.0	43	40	37	34	33	30	28	26	25	23	21	19
	10	59	55	51	46	51	47	44	40	40	37	34	31
RV RVV RVB RVS RFB RFS BVV GBVV JBVV 铜芯	0.12	5	4.5	4	3.5	4	3.5	3	3	3	2.5	2.5	2
	0.2	7	6.5	6	5.5	5.5	5	4.5	4	4	3.5	3	3
	0.3	9	8	7.5	7	7	6.5	6	5.5	5	4.5	4	3.5
	0.4	11	10	9.5	8.5	8.5	7.5	7	6.5	6	5.5	5	4.5
	0.5	12.5	11.5	10.5	9.5	9.5	8.5	8	7.5	7	6.5	6	5.5
	0.75	16	14.5	13.5	12.5	12.5	11.5	10.5	9.5	9	8	7.5	7
	1.0	19	17	10	15	15	14	12	11	11	10	9	8

续表

截面/mm²		单芯				二芯				三芯			
		25℃	30℃	35℃	40℃	25℃	30℃	35℃	40℃	25℃	30℃	35℃	40℃
RV RVV	1.5	24	22	21	18	19	17	16	15	14	13	12	11
RVB	2.0	28	26	24	22	22	20	19	17	17	15	14	13
RVS RFB	2.5	32	29	27	25	26	24	22	20	20	18	17	15
RFS BVV	4.0	42	39	36	33	36	33	31	28	26	24	22	20
GBVV	6.0	55	51	47	43	47	43	40	37	32	29	27	25
JBVV 铜芯	10	75	70	64	59	65	60	56	51	52	48	44	41

对于一般功率(<2500W)电源开关插座选择 250V/10A 即可，对于空调、电烤箱、热水器等大功率产品可根据具体产品额定功率选择 250V/16A 或 25A 的产品，参见表 1-2。

表 1-2　常用家用电器的功率及用电量

电器名称	一般功率/W	估计用电量/kW·h
窗式空调机	800～1300	最高每小时 0.8～1.3
家用电冰箱	65～130	大约每日 0.85～1.7
家用双缸洗衣机	380	最高每小时 0.38
微波炉	950～1500	每 10 分钟 0.16～0.25
电热淋浴器	1200～2000	每小时 1.2～2
电水壶	1200	每小时 1.2
电饭煲	500	每 20 分钟 0.16
电熨斗	750	每 20 分钟 0.25
理发吹风器	450	每 5 分钟 0.04
吸尘器	400～850	每 15 分钟 0.1～0.21
大型吊扇	150	每小时 0.15
小型吊扇	75	每小时 0.08
电视机 25 英寸	100	每小时 0.1
录像机	80	每小时 0.08
音响器材	100	每小时 0.1
电热油汀	1600～2000	最高每小时 1.6～2.0

思考与练习

1．某变压器一次绕组 n_P=200 匝，二次绕组 n_S=11 匝，则当一次电压为 U_P=220V 时，二次电压 U_S 是多少？

2．试分析图 1.55 所示接触器的工作原理。

3．在图 1.63 所示的伏安特性图中：电源外特性与横轴相交处的电流是多少？此时电源处于什么工作状态？

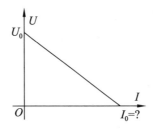

图 1.63　思考与练习 3 题

4．有一个 1/4W/100Ω 的电阻，试问：该电阻允许施加的最高电压是多少？允许通过的最大电流呢？

5．在图 1.64 所示的电路中：

(1) 求开关 J1 和 J2 单独闭合和一起闭合后电流表 A1、A2、A3 的读数。

(2) J1 首先闭合，再闭合 J2，这时 A1 的电流是否变化？

(3) 如果电源的内阻不能忽略不计，J1 首先闭合，再闭合 J2，这时 A1 的电流是否变化？

(4) 电灯 X1 和 X2 哪个的电阻大？

(5) 电灯 X1 每分钟消耗多少电能？

(6) 设电源的额定功率为 30W，端电压为 12V，当只接上一个 12V/25W 的电灯 X2 时，电灯会不会被烧毁？两个开关同时接通又怎么样？

(7) 电流流过电灯后，会不会减少一点？

(8) 如果 X1 电灯两根连接线碰线短路，当闭合 J1 时，后果如何？电灯 X1 的灯丝是否被烧断？

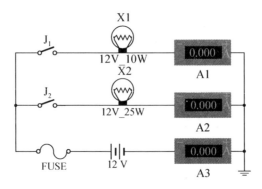

图 1.64　思考与练习 5 题

任务 1.3 分析计算电路

(1) 掌握电路的经典分析计算方法。

(2) 认识 EDA 电路辅助分析工具。

任务引入

对于复杂电路，仅应用欧姆定律进行简单串并联是无法求解的，必须要通过一定的解题方法，才能计算出正确结果。例如：在图 1.65 中，如何计算电阻 R_3 所在支路的电流和 R_3 上所加的电压呢？

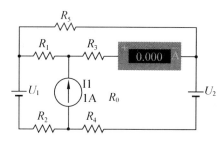

图 1.65 复杂电路的分析计算

任务分析

求解如图 1.65 所示电路中电阻 R_3 所在支路或推广为求任意一条支路电流和电压的方法很多，但大体上可以分为两类：一类是传统经典方法；另一类是利用计算机 EDA 辅助分析方法解决。其中，经典解决方法又可根据被求解的是全部支路的电流电压还是只需求解某一支或少数几支两种情况分别利用基尔霍夫定律、戴维宁定理(或诺顿定理)和叠加原理加以解决。

一、基尔霍夫定律

基尔霍夫定律包括电流和电压两个定律，是一个普遍适用的定律，既适用于线性电路也适用于非线性电路。基尔霍夫定律仅与电路的结构有关，与电路中元件的性质无关。其中基尔霍夫电流定律应用于节点，确定电路中各支路电流之间的关系；基尔霍夫电压定律应用于回路，确定电路中各部分电压之间的关系。

1. 基尔霍夫电流定律(KCL)

对任何节点(3 个或 3 个以上支路的联结点),在任一瞬间,流入节点的电流和等于由该节点流出的电流和。或者换句话说:在任一瞬间,任一个节点上电流的代数和为零,如图 1.66 所示。

从图 1.66 可以看出:$I_1 + I_2 - I_3 - I_4 = 0$(习惯上认为电流流入节点取正号,流出取负号)。

2. 基尔霍夫电压定律(KVL)

对于任一回路(电路中任一闭合路径称为回路,回路中无支路时称为网孔),沿任意方向循行一周,其电位降之和等于电位升之和。或者说,回路中各段电压的代数和恒等于零,如图 1.67 所示。

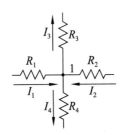

图 1.66 基尔霍夫电流定律

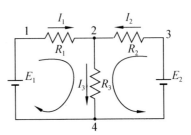

图 1.67 基尔霍夫电压定律

从图 1.67 可以看出:

$$R_1 I_1 + R_3 I_3 = E_1$$
$$R_3 I_3 + R_2 I_2 = E_2$$

利用基尔霍夫定律列出电流和电压方程联立求解,即可对复杂电路进行分析计算。下边以图 1.68 为例说明利用基尔霍夫定律分析计算电路的方法。

【具体步骤】

(1) 对每一支路假设一未知电流($I_1 \sim I_6$),用箭头标定一个电流参考方向,如图 1.68 所示。

(2) 列出独立的"电路节点数-1"个节点电流方程。

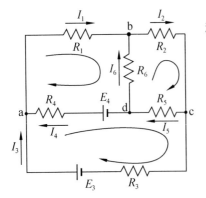

图 1.68 基尔霍夫定律应用

图 1.68 中有 a、b、c、d 这 4 个节点,因此列出的方程数是 4-1=3。

节点 a:$I_3 + I_4 - I_1 = 0$
节点 b:$I_1 + I_6 - I_2 = 0$
节点 c:$I_2 - I_5 - I_3 = 0$

(3) 列出独立(网孔数)KVL 方程

$$I_4 R_4 + I_1 R_1 - I_6 R_6 = E_4$$
$$I_2 R_2 + I_5 R_5 + I_6 R_6 = 0$$
$$I_3 R_3 - I_4 R_4 - I_5 R_5 = E_3 - E_4$$

(4) 把第(2)、(3)两步列出的电流、电压方程联立,求得 $I_1 \sim I_6$。

 **特别提示**

本方法又称为支路电流法，其出发点就是基尔霍夫定律，是非常经典的电路解决方法。使用这种方法列方程时可以不全部使用网孔，只要能列出 N 个独立方程即可。

二、戴维宁定理

在许多情况下，只需要计算一个复杂电路中某一条(或几条)支路上的电流或某两点之间的电压。对于这类问题，可将待求支路从电路中取出，把取出待求支路后的其余电路(含有电源和无源元件)用一个等效电压源来代替，这就是戴维宁定理。

用等效电源替代的那部分电路含有电源，且有两个出线端钮，称为有源二端网络。若二端网络中不含电源，则称为无源二端网络。

戴维宁定理表述为任何一个线性有源二端网络都可以用一个电动势为 E 的理想电压源和内阻为 R_0 的电阻串联而成的电压源来等效代替。

等效电压源的电动势 E 就是有源二端网络的开路电压 U_0，等效电压源的内阻 R_0 就是有源二端网络中所有独立电源不作用时所得到的无源二端网络的等效电阻。

所谓独立电源不作用的含义是指去除电源作用，具体方法是把恒压源视为短路($U_S = 0$)，恒流源视为开路($I_S = 0$)。下边以图 1.69 所示的电路为例，求解电阻 R_5 所在支路电流来说明如何利用戴维宁定理分析计算电路问题。

【具体步骤】

用戴维宁定理求解分两步：第一步求二端网络的等效电动势，第二步求等效内阻。

(1) 等效电动势求解。将待求支路从电路中断开，求剩下的有源二端网络的开路电压 U_0，也就是图 1.69 中 1、4 两点的电压 U_{14}，即为戴维宁等效电路中的电动势 E。这里就是将电路中 R_5 断开，断开后图 1.69 变为如图 1.70 所示的等效电路。

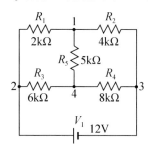

图 1.69 戴维宁定理的应用

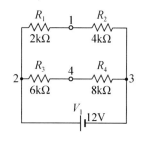

图 1.70 等效电动势求解

$$U_1 = V_1 \times \frac{R_2}{R_1 + R_2} = 12 \times \frac{4}{2+4} = 8\text{V}$$

$$U_4 = V_1 \times \frac{R_4}{R_3 + R_4} = 12 \times \frac{8}{6+8} \approx 6.9\text{V}$$

$$U_0 = U_{14} = U_1 - U_4 = 8 - 6.9 = 1.1\text{V}$$

(2) 等效内阻求解。将有源二端网络变成无源二端网络，求无源二端网络的等效电阻 R_0，即为等效电源的内阻。

这里，由于是电压源，除去电源作用的话应当视为短路(如果是电流源就视为开路，这里电压源为理想电压源，没有内阻或内阻为0，如果有的话要保留)，此时电路变为如图1.71所示的电路。

从图1.71中可以看出：从1、4端看进去的电阻是R_1和R_2并联，R_3和R_4并联，然后串联起来，即

$$R_0 = R_1 /\!/ R_2 + R_3 /\!/ R_4 = \frac{R_1 R_2}{R_1 + R_2} + \frac{R_3 R_4}{R_3 + R_4} = \frac{2 \times 4}{2 + 4} + \frac{6 \times 8}{6 + 8} = 4.76\text{k}\Omega$$

(3) 将待求支路接入所求出的等效电源，使用欧姆定律可求得待求支路电流。

这里，把(1)、(2)步求出的$E(U_0)$、R_0代入，图1.69等效变换为图1.72所示的等效电路。

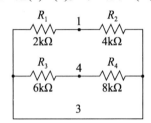

图1.71　等效内阻求解

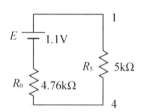

图1.72　等效电路

R_5中的电流

$$I_5 = \frac{U_0}{R_0 + R_5} = \frac{U_{14}}{R_0 + R_5} = \frac{1.1}{4.76 + 5} = 116.4\mu\text{A}$$

即I_5中的电流是从1流向4，大小是116.4μA。

特别提示

任何一个线性有源二端网络都可以简化为一个等效电源。这个等效电源可以是电压源，也可以是电流源。由此得出戴维宁定理和诺顿定理两个等效电源定理。

特别注意：U_0为有源二端网络的开路电压，而非待求支路的端电压。

三、使用EDA软件仿真分析计算电路

EDA即电子设计自动化Electronics Design Automation的简写。电路仿真就是把电子元器件和电路模块以数学模型表示，并配合数值分析和图形模拟显示的方法，实现电路的功能模拟和特性分析。使用EDA可以足够真实地反映电路特性，极其方便、快捷、经济地实现电路结构的优化设计。这对缩短电子产品开发周期，降低开发费用，提高产品综合性能，参与产品市场竞争都有十分重要的意义。目前在我国具有广泛影响的EDA软件有PSpice、OrCad、Electrical Workbench、Protel、Edison等。

Pspice是美国MicroSim公司于20世纪80年代开发的电路模拟分析软件，可以进行模拟分析、模拟数字混合分析、参数优化等。该公司还开发了PCB、CPLD设计软件。该软件现已并入OrCad。

OrCad是一个大型的电子线路EDA软件包。OrCad公司的产品包括原理图设计、PCB设计、PLD Tools等设计软件工具。OrCad现被Cadence公司收购，其产品功能更加强大。

Electronic Workbench软件是加拿大Interactive Image Technologies公司于20世纪80年

代末、90 年代初推出的专门用于电子线路仿真的"虚拟电子工作台"软件，可以将不同类型的电路组合成混合电路进行仿真。该软件设计功能完善，操作界面友好、形象，非常易于掌握。它不仅可以完成电路的瞬态分析和稳态分析、时域和频域分析、器件的线性和非线性分析、电路噪声和失真等常规电路分析，而且还提供了离散傅里叶分析、电路零极点分析、交直流灵敏度分析和电路容差分析等电路分析方法，并具有故障模拟和数据储存等功能。其升级版本 Multisim 除具备上述功能外，还支持 VHDL 和 Verilog HDL 文本输入。

Protel 软件包是 20 世纪 90 年代初由澳大利亚 Protel Technology 公司研制开发的电路 EDA 软件，在我国电子行业中知名度很高，普及程度较广。它包括五大组件：原理图设计系统、印制电路板设计系统、可编程逻辑器件(PLD)设计系统、电路仿真系统以及自动布线系统。它可以完成电路原理图的设计和绘制、印制电路板设计、可编程逻辑器件(PLD)设计、电路仿真和自动布线等。

Edison 是匈牙利 Designsoft Inc. 公司设计推出的电子电路仿真分析、设计软件，非常适合电工电子学入门使用。Edison 以实体的零件造型让初学者有置身于真实电路实验室的感觉，加上有趣的声、光效果，让初学者在不知不觉中学习知识，同时，还可以弥补实验仪器、元件少的不足以及避免仪器、元器件的损坏。

下边以 Multisim 为例，仿真分析计算一个电路，电路如图 1.73 所示。

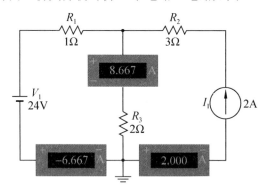

图 1.73　计算机仿真

【具体步骤】

(1) 打开 Multisim 软件。

(2) 摆放元件。在绘图工作区空白位置右击，从弹出的快捷菜单中，选择 Place Component 命令后，弹出如图 1.74 所示的元件选取窗口。从该窗口找到需要的元件，单击右侧的 OK 按钮，在工作表的合适位置单击放下后，系统默认会重新返回图 1.74 所示的窗口，供用户再次进行下一个元件的选择。

与图 1.74 中左边的 Group 下拉列表和右边的 Search... 按钮配合，找到下一元件后重复上述过程。全部完成后单击右侧的 Close 按钮完成元件放置工作。

元件放置完成后，根据需要还可以对其进行移动、删除、旋转和改变颜色等操作。这些操作可用编辑菜单命令(或快捷键)来完成，也可以在元件上右击后从快捷菜单中选择相应命令来完成。

移动元件：指针指到所要移动的元件上，按住鼠标左键，拖到适当位置后松开左键。精确移动可使用↑、↓、←、→方向键。

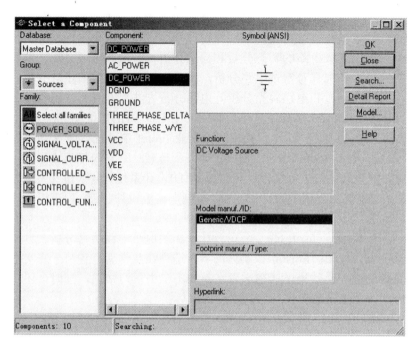

图 1.74　元件选取窗口

删除元件：指针指向所要删除的元件，单击选中，按 Delete 键删除即可。

旋转元件：指针指向所要旋转的元件，单击选中后，右击弹出快捷菜单，选取相应命令(Flip Horizontal 左右翻转、Flip Vertica 上下翻转、90 Clockwise 顺时针旋转 90 度、90 CounterCW 逆时针旋转 90 度)即可。

(3) 线路连接。在 Multisim 中线路的连接非常方便，一般包括元器件之间和元件与已绘线路之间两种情形。

元件之间的连接——将鼠标指针移近所要连接元件引脚一端，鼠标指针自动转变为"✦"。单击后移动指针至另一元件的引脚，再次出现"✦"时单击，系统即自动连接这两个引脚之间的线路。

元件与线路的连接——从元件引脚开始，指针指向该引脚，出现"✦"时点击，然后移向所要连接的线路上，出现"✦"时再点击，系统即可自动连接到这点，同时生成一个电路接点。和元件之间连接的区别是：和线路连接时默认出现的是红色的点，元件和元件连接的话全是黑色的点。

(4) 仿真。线路连接完成后，单击工具栏上的仿真开关按钮或按 F5 功能键即可开始电路仿真工作。

总之，Multisim 的使用非常简单，需要查询有关信息时，可以使用在线帮助。

 特别提示

本例用的是 Multisim 仿真软件，大家可以使用其他软件工具仿真分析一下，然后经过对比后，找出合适自己工作需要的辅助设计工具。

四、叠加定理

叠加定理是指在由多个独立电源共同作用的线性电路(电路参数不随电压、电流的变化而改变)中，任一支路的电流(或电压)都是电路中各个独立电源(电压源或电流源)单独作用时在该支路产生的电流(或电压)的叠加。例如，图 1.75 中每一支路中的电流和电压都是左边的电压源 E 和右边的电流源 I 两个电源共同作用的结果。

对不作用独立电源的处理办法依然是：视恒压源为短路，恒流源为开路，电源内阻保留。叠加(求代数和)时以原电路电流(或电压)的参考方向为准，若各个独立电源分别单独作用时的电流(或电压)参考方向与原电路电流(或电压)参考方向一致取正号，相反则取负号。

下面通过对图 1.75 所示电路中 R_3 支路电流的计算，说明应用叠加原理分析线性电路的步骤方法以及注意之点。

【具体步骤】

(1) 根据原电路画出各个独立电源单独作用的电路，按各电源单独作用时的电路图分别求出待求支路的电流(或电压)值。

针对图 1.75 所示例子：当左边 24V 电源 E 单独作用时，应当把右侧电流源 I 的作用除去。除去电流源作用的方法非常简单：开路即可。此时电路变为图 1.76 所示的电压源单独作用的电路。在图 1.76 中，为熟悉计算机仿真方法，添加了一个电流表，方便手工计算时对所计算数据进行核对。

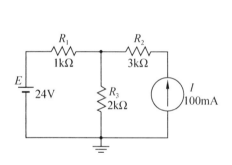

图 1.75 叠加定理

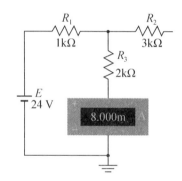

图 1.76 电压源单独作用

此时计算出的电流是左边电压源 E 单独作用的效果，用 I_3' 表示，即

$$I_3' = \frac{E}{R_1 + R_3} = \frac{24}{1 + 2} = 8\text{mA}$$

右边的电流源 I 单独作用时，把左边的电压源 E 的作用除去，即把电压源视为短路，内阻要保留。此时电路变为图 1.77 所示的电流源单独作用的电路。和上边的作用相同，在此也添加了一个电流表。

此时计算出的电流是右边电流源 I 单独作用的效果，用 I_3'' 表示，即

$$I_3'' = I \times \frac{R_1}{R_1 + R_3} = \frac{100 \times 1}{1 + 2} = 33.3\text{mA}$$

(2) 根据叠加原理叠加求出原电路中各支路电流(或电压)值。就是以原电路的电流(或电压)的参考方向为准，并以一致取正，相反取负的原则，求出各独立电源在支路中单独作用时电流(或电压)的代数和。

两个电源共同作用的结果如图 1.78 所示。

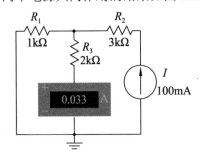

图 1.77　电流源单独作用

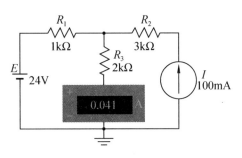

图 1.78　两个电源共同作用

最终计算出 R_3 支路的电流 I_3 为

$$I_3 = I_3' + I_3'' = 8 + 33.3 = 41.3 \text{mA}$$

从图 1.78 的仿真结果也可以看出，使用计算机仿真的结果和我们使用传统手工方法计算得出的结论一致，这也可以说从另一个角度证明了叠加原理的正确性。

　特别提示

应用叠加原理计算电路，实质上是把计算复杂电路的过程转换为计算若干个简单电路的过程。要注意以下几个方面的内容。

① 叠加原理只适用于线性电路中电流和电压的计算，不能用来计算功率。因为电功率与电流和电压是平方关系而非线性关系。

② 每个电源单独作用时所产生电流或电压的正负号切不可忽视，叠加时应取代数和。

③ 在用传统手工方法计算完成的基础上，最好用 EDA 软件工具仿真一下，这样做的好处是：一可以验证自己做的对不对，有没有计算错误；二可以熟悉 EDA 软件工具的使用环境和使用方法，可以更加体会到现代科技带来工作效率的提高。

　任务实施

通过上边的分析可以看出，有多种方法可以解决图 1.65 给出的复杂电路的分析计算问题。

(1) 使用基于基尔霍夫定律的支路电流法列出方程组后求出每条支路的电流(其中当然包括 R_3 支路)。大家想想，图 1.65 所示的电路需要列多少个方程？

(2) 使用戴维宁定理。断开 R_3 支路，把其余电路看成一个电压源，求出电动势和内阻后再把 R_3 接入求解。

(3) 使用 EDA 软件工具仿真方法。可以多使用几种软件进行仿真计算比较。

思考与练习

1. 在图 1.79 所示的电路中，有多少个节点？多少条支路？U_{ab} 是多少？图 1.79(a)中流过电阻 R_5 的电流 I 是多大？

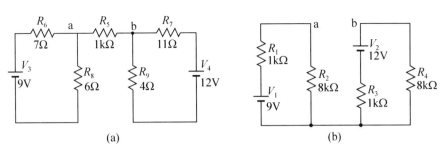

(a)   (b)

图 1.79 思考与练习 1 题

2．在图 1.80 所示有源二端网络中，用内阻为 50kΩ 的电压表测出开路电压值是 30V，换用内阻为 100kΩ 的电压表测得开路电压为 50V，求该网络的戴维宁等效电路。

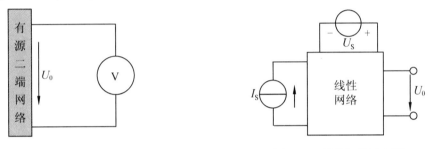

图 1.80 思考与练习 2 题   **图 1.81 思考与练习 3 题**

3．如图 1.81 所示，U_S =1V、I_S=1A 时，U_0=0V；U_S =10 V、I_S=0A 时，U_0=1V。试用叠加定理求：U_S =0V、I_S=10A 时，U_0=？

项目2

交流电路

⤵ 引言

所谓交流电是指大小(即幅度)和方向都随时间的变化而周期性变化的电压和电流，通常用符号"∼"或字母"AC"(Alternating Current)表示。日常生活中的洗衣机、电冰箱、电磁炉等等都是交流电典型的应用。直流电用得好好的，为什么还要开发和使用交流电呢？

在一百多年前，这个问题由美籍南斯拉夫发明家特斯拉就已经提了出来，而且引发过(以特斯拉和爱迪生为首的)激烈的学术争论。当然，这场争论也确立了交流电的地位。

与直流电相比，交流电的优点主要表现在发电和配电方面：利用建立在电磁感应原理基础上的交流发电机可以很经济方便地把机械能(水流能、风能……)、化学能(石油、天然气……)等其他形式的能量转化为电能；交流电源和交流变电站与同功率的直流电源和直流换流站相比，造价大为低廉；交流电可以方便地通过变压器升压和降压，如图 2.1(a)所示，这给配送电能带来极大的方便；此外，交流电机比相同功率的直流电机构造简单，造价低，如图 2.1(b)所示。

(a) 电力变压器

(b) 单相异步电动机

图 2.1　交流电路

任务 2.1 认识交流电路的性质与表示方法

教学目标

(1) 把握正弦交流电的特征，了解有效值、初相位和相位差的概念。

(2) 熟悉正弦交流电的各种表示方法以及相互间的关系。

(3) 会用相量图法和复数符号法分析与计算简单交流电路。

任务引入

交流电是一种比直流电更加复杂的电流。交流电路具有用直流电路的概念无法理解和无法分析的物理现象，所以相应的描述手段也比直流电复杂。工欲善其事，必先利其器。为了准确把握交流电作用下元件与电路的工作特点，首先必须要了解交流电的表示方法有哪些，并各有什么特点。

任务分析

交流电分为正弦交流电和非正弦交流电两种。正弦交流电指电流(或电压、电动势)随时间按正弦规律变化；非正弦交流电指电流(或电压、电动势)也随时间变化，但不是按正弦规律。正弦交流电可由交流发电机直接产生，是工农业生产及日常生活用电的主要形式，从计算与分析的角度考虑，正弦周期函数是最简单的周期函数，测量与计算也比较容易，是分析一切非正弦周期函数的基础。所以，这里从分析正弦交流电入手来进行研究。

相关知识

一、正弦交流电的基本概念

直流电是指电流方向恒定不变的电流，例如手电筒中电池加到小灯泡上所形成的电流。如果电流的方向和大小不是恒定的而是变化的，这种电流被称为交流电。正弦交流信号是按照正弦(sin)规律变化的信号，如图 2.2 所示，图的右上角是其电路符号。

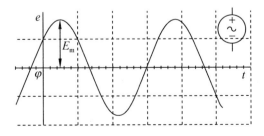

图 2.2 交流电源及符号

正弦电源的表达式是 $e = E_m \sin(\omega t + \varphi)$

正弦电压的表达式是 $u = U_m \sin(\omega t + \varphi)$

正弦电流的表达式是 $i = I_m \sin(\omega t + \varphi)$

1. 正弦交流电的大小

正弦交流电有瞬时值和最大值(亦称幅值)之分,瞬时值通常用小写字母(如 u、i)表示,最大值通常用 U_m、I_m 表示。

瞬时值:正弦量任一时刻的值,规定用小写字母表示,如 e,u,i 等。

最大值:又称幅值或峰值,是反映正弦量变化幅度的,规定用大写字母加下标 m 表示,即 E_m、U_m、I_m,如图 2.2 中的 E_m。

峰-峰值:波峰和波谷之间的大小。

有效值:按在一个周期 T 内交流电流 i 与直流电流 I 对电阻 R 热效应相等原则得出

$$RI^2T = \int_0^T Ri^2 \mathrm{d}t \Rightarrow I = \sqrt{\frac{1}{T}\int_0^T i^2\mathrm{d}t} = \frac{I_m}{\sqrt{2}}$$

同理可得

$$U = \frac{U_m}{\sqrt{2}}, \quad E = \frac{E_m}{\sqrt{2}}$$

 特别提示

瞬时值的概念中含有大小和方向,是周期性变化的,而最大值只有大小之分,且是一定的,没有方向。

我们通常所说的"电压 220V"或交流信号为多少伏是指电压的有效值,或者称为电压的均方根值(root mean square),缩写为 Vrms。

有效值实际上是一个等效值,它可衡量交流量的大小,是工程计算中一个最重要的电量参数。理论和实际都证明:正弦交流量的最大值是其有效值的 $\sqrt{2}$ 倍。通常所说的交流电压 220V 其最大值约为 311V。

考虑一下,在 $i = i_m \sin(\omega t + \varphi)$ 表示的正弦交流电流中,如果最大值 I_m 是 10A,电流的有效值是多大?

2. 正弦交流电的周期、频率和角频率

对于像正弦波这类周期性信号来说,周期与频率是另一个重要参数,它描述的是信号变化的快慢。

周期:指正弦量交变一次所需的时间,用 T 表示,如图 2.3 所示。周期的单位是秒(s),常用的单位还有 ms、μs、ns 等。它们之间的换算关系是:$1ms=10^{-3}s$,$1\mu s=10^{-3}ms$,$1ns=10^{-3}\mu s$。

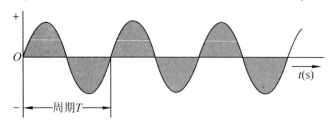

图 2.3　正弦交流电的周期

频率(Hz)：每秒钟交替变化的次数，用 f 表示，单位是 Hz。频率常用的单位还有 kHz、MHz、GHz、THz 等。它们之间的换算关系是：$1MHz=10^3kHz$，$1GHz=10^3MHz$，$1THz=10^6MHz(10^3GHz)$。显然

$$T = \frac{1}{f}(s)，\quad f = \frac{1}{T}(Hz)$$

商用频率(也称工频)：在家庭和工厂使用的交流电源频率。目前世界各国电力系统的供电频率有 50Hz 和 60Hz 两种，我国电力系统使用交流电的频率为 50Hz。收音机中波段是 530～1 600kHz，短波是 2.3～23MHz，FM 是 88～108MHz，Wifi 用的是 2.4GHz。

在正弦交流量表达式中反映交流电变化快慢的特征量是角频率 ω，其含义是正弦交流电在 1s 内变化的电角度。一般正弦波形图中的横轴用 ωt 表示，其中，$\omega = 2\pi/T = 2\pi f$。

 特别提示

人耳可以听到的声音频率范围为 20～20000Hz，低于 20Hz 的频率称为次声波(infrasound)，高于 20000Hz 的频率称为超声波(ultrasound)。

假设有两个幅度相等，频率分别为 200Hz 和 2000Hz 的正弦信号 V_1、V_2 相加后得到一个新信号 V，如图 2.4 所示。

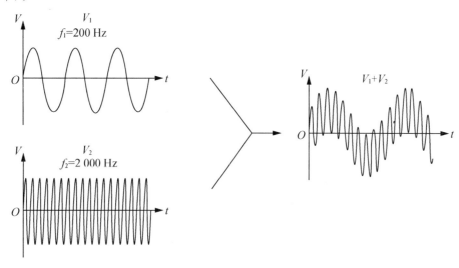

图 2.4　信号的合成

信号 V 通过一个高通滤波器，如图 2.5 所示，高通滤波器的截止频率 $f_c=1~000$Hz。它只允许频率高于 1 000Hz 的成分通过，于是，在高通滤波器的输出端还原出了 2 000Hz 的正弦信号，而 200Hz 的正弦信号由于无法通过而被过滤掉。

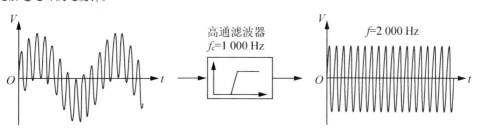

图 2.5　高通滤波器

类似的，如果信号 V 通过一个低通波器，如图 2.6 所示。由于低通滤波器的截止频率 f_c=600Hz。它只允许频率低于 600Hz 的成分通过，于是，在低通滤波器的输出端还原出了 200Hz 的正弦信号，而 2 000Hz 的正弦信号由于无法通过而被过滤掉。

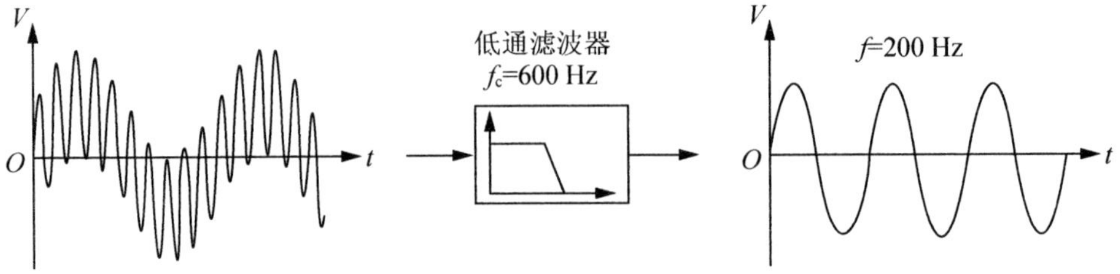

图 2.6　低通滤波器

音响系统中均衡器的工作原理正是如此，只不过音乐中相加的频率信号更复杂罢了。

3. 正弦交流电的初相位、相位和相位差

正弦量是随时间而变化的，要确定一个正弦量还必须从计时起点($t=0$)上看。所取的时间起点不同，正弦量的初始值($t=0$)就不同，到达最大值或某一特定值所需的时间也就不同。

以正弦电流的数学表达式 $i=I_m\sin(\omega t+\varphi)$ 为例，式中，$\omega t+\varphi$ 称为正弦量的相位，亦称相位角，它反映了正弦量的变化进程。t=0 时的相位，称为初相位(或初相角)，简称初相，即 φ 为初相。相位与初相位的单位为弧度(rad)。

相位差：两个同频率正弦量之间的相位之差。设

$$i_1=I_{1m}\sin(\omega t+\varphi_1)\text{，}\quad i_2=I_{2m}\sin(\omega t+\varphi_2)$$

则它们之间的相位差

$$\varphi=\varphi_1-\varphi_2$$

例如：在图 2.7 所示电路中，电压和电流分别为 $u=10\sin 314t$ V，$i=-5\cos 314t$ A，它们之间的相位差是

$$i=-5\cos 314t=5\cos(314t+180°)=5\sin(314t+270°)=5\sin(314t-90°)\text{A}$$

$$\varphi=\varphi_u-\varphi_i=0°-(-90°)=90°$$

因此，电压 u 超前电流 i90°。

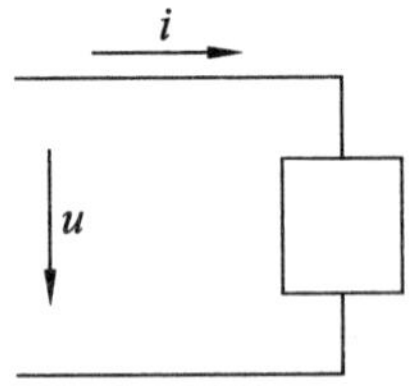

图 2.7　相位关系

特别提示

虽然几个同频正弦量的相位都在随时间不停地变化，但它们之间的相位差不变，且与计时起点的选择无关。

正是由于相位差的存在，使得交流电路中出现了许多新的物理现象；同时也因相位差的存在使得交流电路问题的分析和计算要比直流电路复杂，但内容更丰富。

二、正弦交流电的相量表示方法

通过前边的介绍可以知道：一个正弦量具有幅值、频率及相位 3 个参数。用三角函数

式或波形图来表达正弦量是最基本的表示方法。但是，用三角函数式进行电路分析与计算在数学上是比较麻烦和困难的，需要引入其他描述工具来简化计算过程。由于在正弦交流电路中一般使用的都是同频正弦量，所以常用下面所述的相量图或相量表示式(复数符号法)来对正弦交流电路进行分析与计算。

1. 相量图

相量图是能够确切表达正弦量三要素的简捷图示法，如图 2.8 所示。图中：用圆周上的点和中心的有向连线来描述正弦量。

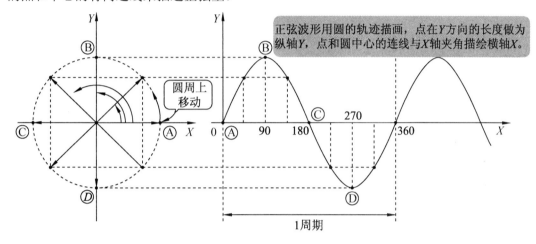

正弦波形用圆的轨迹描画，点在Y方向的长度做为纵轴Y，点和圆中心的连线与X轴夹角描绘横轴X。

图 2.8　正弦电流的相量表示

直线和 X 轴形成的角度表示横轴坐标，用来描述相位 $(\omega t + \varphi)$ 角；有向连线在 Y 轴方向的投影长度描述正弦波瞬时值的大小，这样，正弦量便转换为旋转矢量。这就是所谓"相量描述法"，即用有向线段表示正弦量的方法。有向线段的长度等于正弦量的幅值，它与横轴正方向间的夹角等于正弦量的初相位角。电压幅值相量用" $\dot{U}_{\mathrm{m}}$ "表示；电流幅值相量用" $\dot{I}_{\mathrm{m}}$ "表示。例如，正弦 $i = I_{\mathrm{m}} \sin(\omega t + \varphi)$ 可用 $\dot{I}_{\mathrm{m}} \angle \varphi$ 表示。此外，工程计算中多用其有效值衡量大小，故只需用有效值相量表示即可，如图 2.9 所示。

引入相量描述法后，正弦量的计算变得就比较容易了。如有两个正弦电压 u_1、u_2，$u_1 = U_{\mathrm{m}1} \sin(\omega t + \varphi_1)$，$u_2 = U_{\mathrm{m}2} \sin(\omega t + \varphi_2)$，若求电压 $u = u_1 + u_2$，则可通过 $\dot{U}_1$、$\dot{U}_2$ 构成的平行四边形对角线获得，如图 2.10 所示。

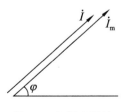

图 2.9　相量表示法

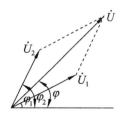

图 2.10　同频率正弦量的相量和

 **特别提示**

在使用相量图描述法时要注意：不同频率正弦量的旋转相量不能画在同一图中；同一图中两个相量之间的夹角是两个同频正弦量的相位差。

用画相量图的方法可以清楚地表示所讨论各正弦量间的相互关系，也可通过做相量图求得所需结果。在实际使用时由于作图精度的限制，特别是分析复杂电路时还是比较困难的。而相量的数学表达形式——复数符号法才是分析交流电路的一般方法。

2．相量表达式(复数符号法)

考虑数学上的欧拉公式：$e^{j\alpha}=\cos\alpha+j\sin\alpha$(其中 $j=\sqrt{-1}$，为虚数因子)，正弦量(以 i 为例)可以表示为

$$i=I_m\sin(\omega t+\varphi)=\mathrm{Im}\{e^{j(\omega t+\varphi)}\}$$

其中，Im 表示取虚部。上式表明，正弦量与复数一一对应，因此可以用复数表示正弦量。

复数还可以通过图形加以表示：设横坐标为实部，纵坐标为虚部，则复数表现为直角坐标系中的一个矢量。矢量的长度为复数的模，矢量与横轴之间的夹角为复数的幅角，如图 2.11 所示。

在工程上，复数 $Ae^{j\alpha}$ 这种指数形式常写成 $A\angle\alpha$，也称为复数的极坐标形式。

设复数的表示式为：$A=a+jb$，由图 2.11 可知：$a=r\cos\alpha$，$b=r\sin\alpha$，其中，$r=|A|$

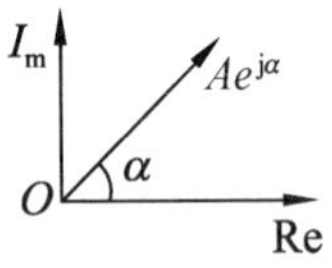

图 2.11　复数的矢量表示

为复数的大小，称为复数的模；$\alpha=\arctan\dfrac{b}{a}(\alpha<2\pi)$，为复数与实轴正方向间夹角，称为复数的幅角。

1) 复数的表示形式小结

代数形式：$A=a+jb$

三角形式：$A=r\cos\alpha+jr\sin\alpha$

指数形式：$A=re^{j\alpha}$

极坐标形式：$A=r\angle\alpha$

2) 复数运算

复数的 4 种表示形式根据需要可以相互转换。一般情况下，加减运算用代数形式；乘除运算用指数形式或极坐标式相对较为方便。

设有两个复数 $A_1=a_1+jb_1=r_1\angle\alpha_1$ 和 $A_2=a_2+jb_2=r_2\angle\alpha_2$，则复数的加减为

$$A_1\pm A_2=(a_1\pm a_2)+j(b_1\pm b_2)$$

即，几个复数相加或相减就是它们的实部和虚部分别相加或相减。

复数的乘除为

$$A_1\times A_2=r_1\angle\alpha_1\times r_2\angle\alpha_2=r_1r_2\angle(\alpha_1+\alpha_2)$$

$$A_1\div A_2=r_1\angle\alpha_1\div r_2\angle\alpha_2=\frac{r_1}{r_2}\angle(\alpha_1-\alpha_2)$$

即，复数相乘或相除时：其模相乘或相除；幅角相加或相减。

可见，借助于相量的复数表示，结合相量图，同频率正弦量的分析与计算可以一步求得其大小(幅值)与初相位(幅角)，运算处理很容易。

任务实施

通过以上分析可以知道：一个正弦量由频率(或周期)、幅值(或有效值)和相位(初相位)3个要素来确定。正弦量的各种表示方法是分析与计算正弦交流电路的基本工具。

(1) 三角函数表示法也称瞬时值表示法。如

$$u = 220\sqrt{2}\sin(314t + 60°)\text{V}$$

$$i = 20\sin(314t - 45°)\text{A}$$

(2) 正弦波形图表示法。参见图 2.8。

由于以上两种表达形式对于正弦量进行加、减、乘、除等运算来说是很不方便的，因而还要掌握相量表示法。相量表示法的基础是复数，就是用复数来表示正弦量。

(3) 相量图表示法：按照各正弦量的大小和相位关系画出的若干个相量的图形。把几个同频率的正弦量画在同一相量图上，可直观快捷地解决一些特殊的交流电路问题。

(4) 复数表示法：分为幅值相量和有效值相量，常用有效值相量，如

$$\dot{U} = U(\cos\varphi + \text{j}\sin\varphi) = U\text{e}^{\text{j}\varphi} = U\angle\varphi$$

复数运算法可以十分方便地解决复杂交流电路的计算问题。

特别提示

相量是一个复数，只是用来表示正弦量，而不等于正弦量，它只是分析和计算交流电路的一种方法。正弦量和相量的相互关系是：

$$i = I_{\text{m}}\sin(\omega t + \varphi) \Rightarrow \dot{I} = I\angle\varphi$$

交流电路具有用直流电路的概念无法分析和无法理解的物理现象，因此，必须要建立交流的概念，特别是相位的概念。因而，任一电压或电流的叠加是矢量和而不是代数和。

另外，还应注意几种量的字母表示形式：瞬时值用小写字母，如 i、u、e；幅值用大写带下标字母，如 I_{m}、U_{m}、E_{m}；有效值用大写不带下标字母，如 I、V、E；相量用大写字母上打 "·"，如 $\dot{I}$、$\dot{U}$、$\dot{E}$。

思考与练习

1．正弦量的三要素是什么？什么是反相？同相？相位正交？超前？滞后？

2．耐压为 250V 的电容器，能否用在 220V 的正弦交流电源上？

3．图 2.12 所示的是时间 $t = 0$ 时电压和电流的相量图。已知 $U = 220\text{V}$，$I_1 = 10\text{A}$，$I_2 = 5\text{A}$。试分别用三角函数形式及复数形式表示各正弦量。

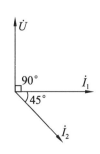

图 2.12　思考与练习 3 题

任务 2.2　分析计算正弦交流电路

教学目标

(1) 了解电阻、电感、电容元件的特性。

(2) 深刻理解阻抗、感抗、容抗的概念。

(3) 掌握交流电路的分析、计算方法。

任务引入

有一个额定值为 220V/40W 的白炽灯泡，接在 220V/50Hz 的交流电源上。

(1) 求流过该灯泡的电流及该灯泡的电阻。

(2) 按每天使用 3h，每度电的单价是 0.55 元，每月(按 30 天计算)应付多少电费？

(3) 如果电源电压的有效值不变，若频率改为 100Hz，此时流过灯泡的电流又为多少？如果换成日光灯呢？

任务分析

正弦交流电是工农业生产及日常生活用电的主要形式(如在动力、照明、电热等方面的绝大多数设备都取用正弦交流电)，掌握交流电的基本规律和交流电路的分析计算方法是非常必要的。

在交流电路中，只要有电流流动，就会有电阻作用；交流电不断变化，使其周围产生不断变化的磁场和电场，在变化的磁场作用下，线圈会产生感应电动势，即电路中有电感的作用；同时，变化的电场要引起电路中电荷分布的改变，即电路中有电容的作用。因此，在对交流电路进行分析计算时，必须同时考虑电阻 R、电感 L、电容 C 这 3 个参数对电路的影响。所以，应当从掌握电阻、电感、电容单一参数电路元件组成的最简单的交流电路入手。

相关知识

一、单一参数的交流电路

1. 纯电阻 R 电路

如果电路仅由电阻元件(图 2.13)构成，叫作纯电阻电路。图 2.14(a)所示就是常用电阻器件的外形。

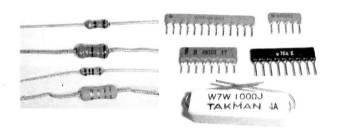

图 2.13 电阻的外形

在电阻 R 的两端加上交流电压 $u(t) = U_m \sin(\omega t + \varphi)$ 时，R 中就有电流 i 流过，且电流为

$$i(t) = \frac{U_m}{R} \sin(\omega t + \varphi) = I_m \sin(\omega t + \varphi)$$

其中，$I_m = \dfrac{U_m}{R}$ 。

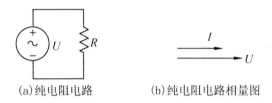

(a)纯电阻电路　　　　　(b)纯电阻电路相量图

图 2.14 纯电阻电路及其相量表示

其电流与电压不仅同频，而且同相位，用相量表示如图 2.14(b)所示。可见，纯电阻电路的特点如下。

(1) 电阻只对电流起阻碍作用。

(2) 电压和电流同相。

(3) 当电源频率改变时，电阻的阻碍作用不变。

正弦交流电作用在纯电阻上的瞬时功率

$$p = u(t)i(t) = U_m \sin \omega t \cdot I_m \sin \omega t = U_m I_m \sin^2 \omega t = \frac{U_m I_m}{2}(1 - \cos 2\omega t)$$

从该式可以看出：瞬时功率恒为正，也就是说电能在电阻上是时刻被消耗的。

通常用瞬时功率在一个周期内的平均值(工程上关心的一般只是其平均功率，而不细究其瞬时功率) P 来表示，且

$$P = UI = I^2 R = \frac{U^2}{R}$$

式中，U、I 分别为正弦交流电压和电流的有效值，P 的单位为瓦特(W)或千瓦(kW)。可见，按电压和电流有效值来计算电阻电路的功率与直流电路的方法是一致的。

特别提示

阻抗(Impedance)的概念被广泛使用，通常用字母 Z 表示，它的单位也是 Ω，常用于描述某器件或电路对交流信号的阻碍作用。

对于电阻来说，由于它对频率不"敏感"，对任何频率的信号它都"一视同仁"地阻碍，欧姆定律都成立，所以电阻的阻抗大小等于阻值，即

$$Z_R = R$$

式中，Z_R 表示电阻的阻抗；R 为电阻的阻值。

电容、电感对频率非常"敏感"，对于不同频率的信号它们有不同的阻碍作用。既然有阻碍作用，同样可以用阻抗来描述：电容的阻抗大小等于容抗，电感的阻抗大小等于感抗，即

$$Z_C = X_C \qquad Z_L = X_L$$

式中，Z_C、Z_L 分别表示电容、电感的阻抗；X_L、X_C 分别表示容抗、感抗，下文详细介绍。

因为阻抗的单位是 Ω，所以不管是电阻产生的阻抗、还是电容产生的容抗或是电感产生的感抗，都可以联合起来计算。

2. 纯电容 C 电路

电容是一种能贮存电能的元件。两块金属板相对平行地放置而不相接触就构成一个最简单的电容器。电容 C 两端加电源 u 后，其两个极板上分别聚集起等量异号的电荷 q，在介质中建立起电场，并储存电场能量。定量关系用 $C = \dfrac{q}{u}$ 表示。

电容器的电容与极板的尺寸及其间介质的介电常数等关。即

$$C = \frac{\varepsilon S}{d}(\text{F})$$

式中，S 为极板面积(m^2)；d 为板间距离(m)；ε 为介电常数(F/m)。

当电压 u 变化时，在电路中产生电流：

$$i = C\frac{\mathrm{d}u}{\mathrm{d}t}$$

常见的电容按外形和制作材料可分为：贴片电容、OS-CON 固体电容、铝电解电容、瓷片电容、云母电容和聚丙烯电容等，如图 2.15 所示。

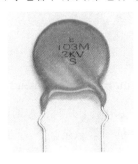

图 2.15　电容的外形

一般来说，纸介电容价格低但体积大、损耗大；云母电容损耗小、耐高温高压，稳定性好；瓷介电容有近似云母的特点，且价格低体积小；涤纶电容、聚苯乙烯电容成本低且体积小，但耐压不易做得很高；贴片电容在电脑主机等数码设备内的各种板卡上最为常见，但只有少量的贴片电容才有标识(有标识的贴片电容的容量读取方法和贴片电阻一样，只是单位符号为 pF)。

电容的符号用图 2.16 所示的符号表示。图中左边的是普通无极性电容符号，中间是有极性电容的符号，右边是容量可变电容(普通收音机的选台按钮实际上就是一个可变电容，如图 2.17 所示)的符号。

图 2.16　电容的符号

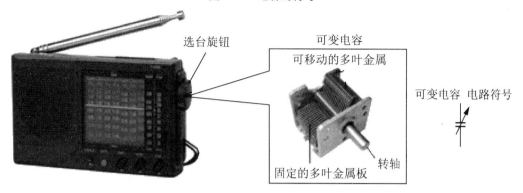

图 2.17　收音机的选台按钮

电容的容量描述电容储存电荷的能力，容量越大，表明电容能存储的电荷越多。电容的单位是法拉，通常用字母 F 来表示。F 是一个很大的单位，一般使用比 F 小的单位，如 μF(微法)，nF(纳法)，pF(皮法)。其中，$1F=10^6μF$，$1μF=10^3nF=10^6pF$。

特别提示

贴片电容如今被广泛使用在便携式产品中，与直插式电容有相同的功能，只是个头比较小而已。

贴片电容由于体积非常小，其表面上一般没有印制容量，在选用时要特别留意，而直插电容的表面一般都会印有容量的数值。

电容容量的选择根据 E12 基准进行，也就是 1.0、1.2、1.5、1.8、2.2、2.7、3.3、3.9、4.7、5.6、6.8、8.2 乘以 10、100、1000、…所得到的数值。比如 2.2pF、22pF、220pF、2.2nF、22nF、220nF、2.2μF、22μF、220μF、2200μF 等。

有些万用表有电容测量挡，测量时要使用万用表配的鳄鱼夹，以保障测量的准确度。

电容并联时，相当于增加了电容两极板间的面积，总容量 C_P 为并联各电容之和，如图 2.18(a)所示。电容串联时，总容量 C_s 的倒数为串联各电容的容量倒数之和，如图 2.18(b)所示。

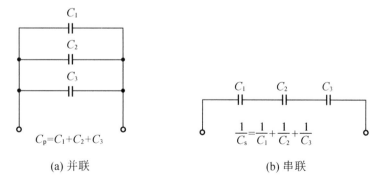

(a) 并联　　　　　　　　　　　(b) 串联

图 2.18　电容的并联与串联

图 2.19 所示是由纯电容构成的电路及相量表示。

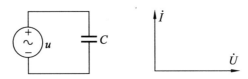

图 2.19 纯电容电路及相量表示

在电容 C 两端加上交流电压 $u = U_m \sin \omega t$ 时，电容 C 中流过的电流 i 为

$$i = C\frac{\mathrm{d}u}{\mathrm{d}t} = \omega C U_m \sin(\omega t + 90°)$$

式中，$1/\omega C$ 即为容抗(Capacitive Reactance)，单位和阻抗一样，用 X_C 表示，即

$$X_C = \frac{1}{\omega C} = \frac{1}{2\pi f C}$$

可见，电容的容抗不仅与电容容量 C 有关还与频率 f 成反比。频率越高，意味着电容充放电的速度越快，对电流的阻碍作用就越小。亦即，电容元件具有通高频，阻低频，通交流而隔直流的作用。

从 $i = C\dfrac{\mathrm{d}u}{\mathrm{d}t} = \omega C U_m \sin(\omega t + 90°)$ 中还可以看出，流过电容的电流在相位上总是超前其两端电压 $90°$。电流超前电压这点可以这样理解：当一个电压加到电容上的瞬间，由于电容器上没电荷，而立即有电流给电容充电，但电容上的电压待充电后才能建立。

特别提示

相移(Phase Shift)描述的是信号相位的改变。当有一个正弦信号通过电阻时，电阻两端的电压和电流会同时达到峰值，如图 2.20(a)所示，称之为电压与电流同相(In Phase)。

当正弦信号通过电容时，电容两端的电压与电路中的电流的变化并不同步，如图 2.20(b)所示。当电流达到最大值时，电压却为 0，反之亦然。电容两端的电压与电流之间有 $90°$ 的相差，并且电流领先于电压的变化。

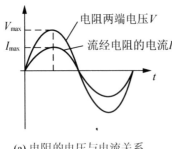
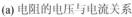
(a) 电阻的电压与电流关系

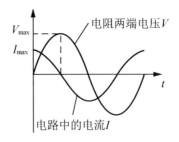
(b) 电容的电压与电流关系

图 2.20 电阻与电容的相移

若改用相量表示：

$$\dot{U}_{Cm} = U_{Cm}\angle 0° \qquad \dot{I}_{Cm} = \omega C U_{Cm}\angle 90°$$

也可以用有效值相量表示(图 2.19 右图)：

$$\dot{U}_C = U_C \angle 0° \qquad \dot{I}_C = \omega C U_C \angle 90° = I \angle 90°$$

式中，$U_{Cm} = \sqrt{2} U_C$；$I = \omega C U_C$。

正弦交流电作用在纯电容上的瞬时功率

$$p = u(t)i(t) = U_m \sin \omega t \cdot \omega C U_m \sin(\omega t + 90°) = \frac{U_m I_m}{2} \sin 2\omega t$$

从该式中可以看出：瞬时功率的方向周期性变化，时正时负。为正时表明正在从电源吸收电能，转变为电场能存储起来；为负时，把存储的电场能变为电能还归电源。这与电阻将电功率转换成热量不同。

电容储存能量的大小可根据

$$i = C \frac{\mathrm{d}u}{\mathrm{d}t}$$

两边同乘上 u，并积分，得到

$$\int_0^t ui\,\mathrm{d}t = \int_0^u Cu\mathrm{d}u = \frac{1}{2}Cu^2$$

理想电容是不消耗能量的，但它要使用电源的一部分能量，或者说电容占用的能量和电源之间进行能量交换。在电工学中把这种暂时占用的功率(或能量)叫作"无功功率"，而把前面介绍的电阻上消耗的功率叫作"有功功率"。

无功功率通常用 Q 表示，电容上的无功功率用 Q_C 表示。当电容两端的电压有效值为 U_C，流过电容的电流有效值为 I 时，无功功率 Q_C 为

$$Q_C = U_C \times I = I^2 \times X_C = U_C^2 / X_C$$

无功功率的单位为"乏"(var)。

拓展阅读

认 识 电 容

除电阻器外电路中最常见的就是电容器了。

一、常见电容外形

图 2.21 所示是常见电容的外形图。

二、电容的标称及识别方法

标记电容容量的方法一般有 3 种，如图 2.22 所示。

(a) 铝壳电解质电容器

图 2.21 各种各样的电容

(b) 陶瓷电容器

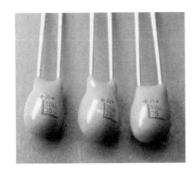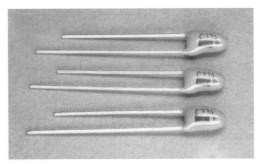

(c) 钽质电容器

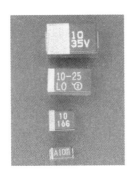

(d) SMD 电容器

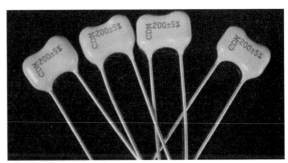

(e) 云母（Miica）电容器

图 2.21　各种各样的电容(续)

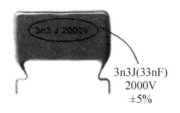

(a) 直接标记的容量   (b) 带单位标记的容量

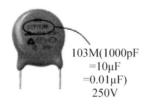

字母	误差
C	±0.25pF
D	±0.5pF
J	±5%
K	±10%
M	±20%

(c) 纯数字标记的容量   (d) 字母代表的误差范围

图 2.22　电容容量的识别

1. 电容表面印有容量的数值和单位

由于电容体积要比电阻大，所以一般都使用直接标称法，如图 2.22(a)所示。

2. 容量加单位缩写

如图 2.22(b)所示，3n3 表示 3.3nF，4p7 代表 4.7pF。后边的 "J" 代表误差范围为 ±5%，其他字母代表的误差范围如图 2.22(d)所示。

3. 纯数字

如果数字是 0.001，那它代表的是 0.001μF=1nF，如果是 10n，表示是 10nF，同样 100p 表示 100pF。不标单位的直接用 1~4 位数字表示，容量单位为 pF。如 350 为 350pF，3 为 3pF，0.5 为 0.5pF。

此外，还有色码表示法：沿电容引线方向，用不同的颜色表示不同的数字，第一、第二环表示电容量，第三环颜色表示有效数字后零的个数(单位为 pF)。

颜色意义：黑=0、棕=1、红=2、橙=3、黄=4、绿=5、蓝=6、紫=7、灰=8、白=9。

三、电容的品牌与质量

电容还有一个品牌问题，不同品牌的电阻一般只是误差值不一样而已，但不同品牌的电容寿命和质量就不同了(各种损耗和绝缘电阻以及温度系数不同)。

四、关于铝电解电容

铝电解电容器特点是容量大且成本低，所以得到广泛应用。实际使用铝电解电容器时要特别留意耐压值和正负极不能够接反，尤其是电源部分的电解电容更要注意这两点，处理不当的话有可能发生电容爆裂，电解液泄漏事故。

五、电容的额定电压和漏电流

如果在电容两端的电压超过额定电压，电容是会烧毁的。电容的额定电压一般都会标记在其外壳上，如图 2.23 所示。

漏电流描述的是其漏过电流的大小。电容两管脚之间一定存在一定的漏电流，这个漏电流一般比较小，只有几微安。

六、电容的极性

无极性电容两个引脚没有极性之分，可以交换使用。无极性电容的种类

图 2.23　电容的额定电压

有瓷片电容、云母电容、涤纶电容、镀金属塑料膜电容、聚丙烯电容、纸介电容等，如图 2.24 所示。

三种常用电容的特点对比见表 2-1，实际工作中可根据成本与电路稳定性要求加以选用。

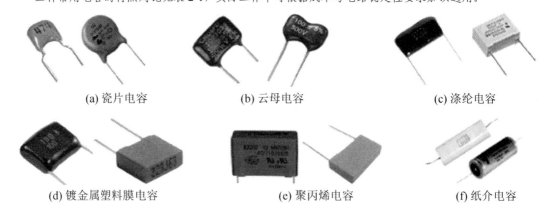

(a) 瓷片电容　　　　　(b) 云母电容　　　　　(c) 涤纶电容

(d) 镀金属塑料膜电容　　　(e) 聚丙烯电容　　　(f) 纸介电容

图 2.24　常用无极性电容

表 2-1　常用无极性电容

电容种类	容量范围	误差	漏电流	应用及特点
瓷片电容	0.1pF～10μF	−25%～+50%	小	尺寸较小但稳定性较差，误差较大，常用在对电容容量不十分苛求的场合
涤纶电容	100pF～22μF	±20%	小	各项特性都不错，作为一般用途的无极性电容被广泛使用
云母电容	1pF～47μF	±1%	小	误差较小，稳定性高，额定电压较大。通常使用在高频电路中

对于有极性电容，还有一个极性识别问题：一般通过看它上面的标示(一般会标出容量和正负极)；也有用引脚长短来区别正负极的(长脚为正，短脚为负)。

极性电容除了隔直通交特性外，更多体现的是储能特性。

铝电解电容(Aluminium Electrolytic)是一种最为常用的极性电容，如图 2.25 所示。通常用在电流较大、频率较低的电路中，特别是在电源电路中广泛使用。此外，还常常用于交流信号耦合，后文详细介绍。

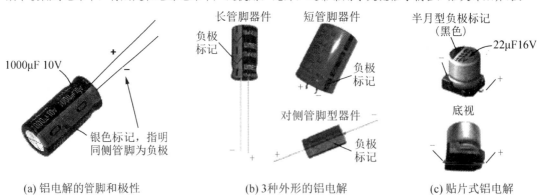

(a) 铝电解的管脚和极性　　　(b) 3 种外形的铝电解　　　(c) 贴片式铝电解

图 2.25　铝电解电容的外观和极性

钽电解电容(Tantalum)是另一种极性电容，如图 2.26 所示。它与铝电解相比，具有较高的稳定性、较小的误差、较小的漏电流等特点。贴片式钽电解电容的体积小，使其今天广泛取代铝电解电容在一些便携式设备电路中使用。

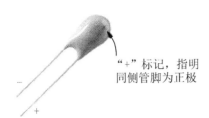

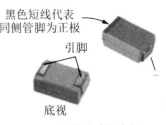

"+"标记，指明
同侧管脚为正极

黑色短线代表
同侧管脚为正极

引脚

底视

(a) 普通钽电解　　　　　　　　　　　　　　　　　　(b) 贴片式钽电解

图 2.26　钽电解电容的外观和极性

3. 纯电感 L 电路

前边介绍过，电感是一个储存磁场能量的元件，常用电感器件外形如图 2.27 所示。

图 2.27　电感的外形

电感两端的电压 $u = L\dfrac{\mathrm{d}i}{\mathrm{d}t}$，在电感两端加上交流电压 $u = U_{\mathrm{m}}\sin\omega t$ 时，电感 L 中流过的电流 $i = \dfrac{U_{\mathrm{m}}}{\omega L}\sin(\omega t - 90°)$，如图 2.28 所示。式中，$\omega L$ 称为感抗，单位和阻抗(电阻)一样，用 X_L 表示，即

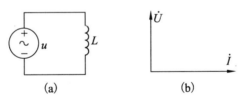

(a)　　　　　　　　　　　　　(b)

图 2.28　纯电感电路及相量图

$$X_L = \omega L = 2\pi f L$$

可见，感抗与电感的电感量 L 和频率成正比(电感量越大，频率越高，意味着电流的交变速度越快，感抗对电流的阻碍作用就越大)，亦即，电感元件在电路中具有通直流($f=0$)，阻交流、通低频阻碍高频交流电流的作用。

特别提示

绕制电感的漆包线存在一定的电阻，所以制成的电感具有阻抗。电流通过时有一部分被转换成了热量。品质因数 Q 描述电感的品质。Q 等于某一频率下电感感抗与阻抗的比值：

$$Q = \dfrac{2\pi f L}{R}$$

如果 Q 越大，表明电感的性能越接近理想状态，电能的损耗也就越小。

从 $i = \dfrac{U_m}{\omega L}\sin(\omega t - 90°)$ 中可以看出：流过电感的电流在相位上总是滞后其端电压 $90°$，或者说其加在电感 L 两端电压的相位超前电流 $90°$，如图 2.28(b)所示。

特别提示

由于电感对交流信号的反抗作用，电流不能立即形成，一开始电流为 0，电感两端的电压为最大值。之后，电感中电流开始逐渐增大，而电压减小，电流的变化滞后于电压的变化，如图 2.29 所示，它们之间有 $90°$ 的相差。

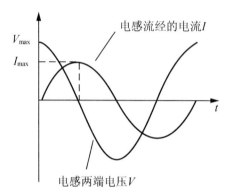

图 2.29 电感的相移

若用向量表示，设 $\dot{U}_{Lm} = U_m \angle \varphi_u$，$\dot{I}_{Lm} = \dfrac{1}{\omega L} U_{Lm} \angle \varphi_u - 90°$，正弦交流电作用在纯电感上的瞬时功率

$$p = u(t)i(t) = U_m \sin \omega t \frac{U_m}{\omega L}\sin(\omega t - 90°) = -\frac{U_m I_m}{2}\sin 2\omega t$$

这就是说，瞬时功率的方向按正弦规律周期性变化，时正时负。为正时表明正在从电源吸收电能，转变为磁场能后存储起来(理论可以证明：大小为 $W_L = \dfrac{1}{2}Li^2$)，为负时，把存储的磁场能变为电能归还电源。

可见，和电容一样，电感也不消耗能量，电感的无功功率用 Q_L 表示。当电感两端的电压有效值为 U_L，流过电感的电流有效值为 I 时，无功功率 Q_L 为

$$Q_L = U_L \times I = I^2 \times X_L = U_L^2 / X_L$$

把电阻、电感、电容 3 种元件在交流电路中的表现汇总，对比结果见表 2-2。

表 2-2 电阻、电感与电容元件电压与电流关系的比较

元　件	R	L	C
电路图	U R	u L	u C
瞬时关系	$u = Ri$	$u = L\,\mathrm{d}i/\mathrm{d}t$	$i = C\,\mathrm{d}u/\mathrm{d}t$

元 件	R	L	C
有效值关系	$U = IR$	$U = I\omega L = IX_L$	$U = I/\omega C = IX_C$
相量关系	$\dot{U} = \dot{I}R$	$\dot{U} = jX_L\dot{I}$	$\dot{U} = -jX_C\dot{I}$
相位关系	$\varphi_u = \varphi_i$	$\varphi_u = \varphi_i + 90°$	$\varphi_i = \varphi_u + 90°$
向 量 图			
阻 抗	电阻 R	感抗 $X_L = \omega L$	容抗 $X_C = 1/\omega C$
有功功率	$P = UI = I^2R = U^2/R$	$P_L = 0$	$P_C = 0$
无功功率	$Q_R=0$	$Q_L=I^2X_L=U^2/X_L$	$Q_C=I^2X_C=U^2/X_C$

二、一般交流电路的分析计算

根据其物理性质的不同，电路中的参数一般有电阻 R、电感 L 和电容 C 这 3 种。任何一个实际的电路元件，这 3 种参数或多或少都有。因此把实际电路看成由这几种电路元件组成的电路模型，再用前面介绍的知识去分析。

1. 相量形式的基尔霍夫定律

基尔霍夫定律是电路的基本定律，不仅适用于直流电路，而且适用于交流电路。在正弦交流电路中，所有电压、电流都是同频率的正弦量，它们的瞬时值和对应的相量都遵守基尔霍夫定律。

1）基尔霍夫电流定律

瞬时值形式　　　$\sum i = 0$

相量形式　　　　$\sum \dot{I} = \mathbf{0}$

2）基尔霍夫电压定律

瞬时值形式　　　$\sum u = 0$

相量形式　　　　$\sum \dot{U} = \mathbf{0}$

当需要计算两个同频率正弦量的代数和时，如

$$u = u_1 \pm u_2 = u_{m1}\sin(\omega t + \varphi_1) \pm u_{m2}\sin(\omega t + \varphi_2)$$

可以先计算出

$$\dot{U} = \dot{U}_1 \pm \dot{U}_2 = U_1\angle\varphi_1 \pm U_2\angle\varphi_2 = U\angle\varphi$$

再写出 $u = u_m\sin(\omega t + \varphi)$ 即可。

这样，正弦量用相量表示后，正弦交流电路就可以根据相量形式的基尔霍夫定律用复数进行分析和计算了。在直流电路中学习过的方法、定律都可以应用于正弦交流电路。

2. RLC 串联电路

当正弦交流电压加在 RLC 串联电路两端时，将有电流 $i = I_m\sin\omega t$ 流过电阻 R、电感 L

及电容 C，如图 2.30 所示。

这时，电阻上压降为 $U_R = IR$，用向量表示为 $\dot{U}_R = \dot{I}R$；电容上的电压 $U_C = IX_C$，且滞后电流 $90°$，用向量表示为 $\dot{U}_C = \dot{I}(-jX_C)$；电感上的压降为 $U_L = IX_L$，且超前电流 $90°$，用向量表示为 $\dot{U}_L = \dot{I}(jX_L)$。

从电压瞬时值来看，总电压总是等于串联电路中各元件上电压降之和，即

$$u = u_R + u_C + u_L$$

为了分析简单，上述关系可用向量法表示，如图 2.31。

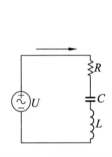

图 2.30　RLC 串联电路

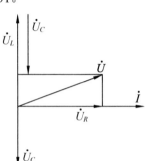

图 2.31　RLC 串联相量图

相量式为

$$\dot{U} = \dot{U}_R + \dot{U}_C + \dot{U}_L = \dot{I}[R + j(X_L - X_C)] = \dot{I}Z$$

其中，$Z = R + j(X_L - X_C)$ 为 RLC 串联电路对正弦交流电流呈现的阻抗，单位为 Ω。

从图 2.31 中也可以看出

$$\dot{U} = U_R + j(U_L - U_C) = U\angle\varphi$$

或用有效值表示为

$$U = \sqrt{U_R^2 + (U_L - U_C)^2} = I\sqrt{R^2 + (X_L - X_C)^2}$$

也可以写出正弦电压 u 的瞬时值表达式为

$$u = I_m \sin(\omega t + \varphi_u)\sqrt{R^2 + (X_L - X_C)^2} \qquad \varphi_u = \arctan\frac{X_L - X_C}{R}$$

由 3 个相量 $\dot{U}_R$、$\dot{U}_C$、$\dot{U}_L$ 可得出图 2.32 所示的三角形，称为电压三角形。

由电压三角形相量图可得：$U_X = U_L - U_C$。

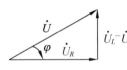

图 2.32　电压三角形

3. 串联谐振

由 $U_X = U_L - U_C$ 可知，电路性质取决于 U_X：若 $U_L > U_C$，则 $U_X > 0$，电路呈感性；若 $U_L < U_C$，则 $U_X < 0$，电路呈容性；若 $U_L = U_C$，则 $U_X = 0$，电路呈电阻性。

特别的：当 $U_L = U_C$，也就是 $X_L = X_C$ 时：电压 u 同电流 i 同相位，电路呈纯电阻性。我们说这时电路处于谐振状态，$X_L = X_C$ 称为发生谐振的条件。

由于 $X_L = \omega L$，$X_C = 1/\omega C$，因此，可以推得谐振时：

$$\omega_0 = \frac{1}{\sqrt{LC}} \quad \text{或} \quad f_0 = \frac{1}{2\pi\sqrt{LC}}$$

由此可见，改变电路参数 L、C 或改变电源频率都可满足 $\omega_0 = \frac{1}{\sqrt{LC}}$ 或 $f_0 = \frac{1}{2\pi\sqrt{LC}}$ 而

出现谐振现象。因此又把 $\omega_0 = \dfrac{1}{\sqrt{LC}}$ 或 $f_0 = \dfrac{1}{2\pi\sqrt{LC}}$ 称为谐振频率(Resonance Frequency)。

1) 串联谐振的特点

(1) 谐振时电路的阻抗 $|Z| = \sqrt{R^2 + (X_L - X_C)^2} = R$ 为最小，且是呈纯电阻性，如图 2.33 所示。

这时电路的电流在电源电压不变的情况下为最大值。电源供给电路的能量全部被电阻所消耗。电源不与电路进行能量互换，能量的互换只发生在电感线圈和电容器之间。

(2) 谐振时的电流 $I_0 = \dfrac{U}{\sqrt{R^2 + (X_L - X_C)^2}} = \dfrac{U}{R}$ 为最大值，其随频率变化情况如图 2.33 所示。

(3) 谐振时电感与电容上的电压大小相等、相位相反。由于 $X_L = X_C$，于是 $U_L = U_C$。而 $\dot{U}_L$ 与 $\dot{U}_C$ 在相位上相反，互相抵消，对整个电路不起作用。因此电源电压 $\dot{U} = \dot{U}_R$，且相位也相同。其相量图如图 2.34 所示。

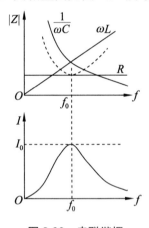

图 2.33　串联谐振

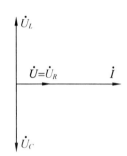

图 2.34　串联谐振的相量表示

 **特别提示**

谐振时 U_L 与 U_C 的单独作用不可忽视，因为 $U_L = I X_L = \dfrac{U}{R} X_L$ 及 $U_C = I X_C = \dfrac{U}{R} X_C$。当 $X_L = X_C > R$ 时，U_L 和 U_C 都高于总电压 U。也就是说在串联谐振时，电容及电感的端电压可能会比电源电压高出许多倍，亦称之为电压谐振。此时电容器容易击穿，需考虑其安全性。

谐振时，电感或电容上的电压和总电压之比称为电路的品质因数，用 Q 表示：

$$Q = \frac{U_L}{U} = \frac{U_C}{U} = \frac{\omega_0 L}{R} = \frac{1}{\omega_0 RC}$$

2) 串联谐振的应用

串联谐振在无线电工程中应用广泛，利用谐振的选择性对所需频率的信号进行选择和放大，而对其他不需要的频率加以抑制。图 2.35 所示为收音机调谐电路。

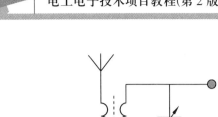

图 2.35　收音机的调谐接收电路

考虑一下，在该收音机接收电路中，若线圈的电感 $L=0.35\text{mH}$，电阻 $R=18\Omega$，如果打算接收 846kHz 的电台广播，应将电容调到多大？

4. RLC 并联电路

交流电路的并联电路如图 2.36(a)所示。

和串联电路类似，RLC 并联后的总电流是：$\dot{I} = \dot{I}_R + \dot{I}_L + \dot{I}_C$；用有效值表示为：$I = \sqrt{I_R^2 + (I_C - I_L)^2}$，如图 2.36 图(b)所示。

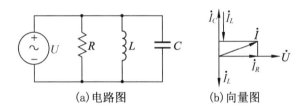

(a) 电路图　　　　　(b) 向量图

图 2.36　RLC 并联电路

5. 并联谐振

在图 2.36(a)中，设所加正弦交流电 $u = \sqrt{2}U\sin\omega t$，其相量为 $\dot{U} = U\angle 0°$。由于并联电路的电压相等，设总电流是 i，各支路的电流分别是 i_R、i_L 和 i_C。谐振时一般有 $\omega L \gg R$，这样 RLC 电路简化为 LC 电路。

此电路中当外加信号频率很低时，电感 L 的阻抗变小，电容 C 的阻抗变大(可忽略)，电路的阻抗主要取决于电感 L；当外加信号频率很高时，电感 L 的阻抗变得很大，而电容 C 的阻抗变得很小，电路的阻抗主要取决于电容 C。当外加信号频率等于固有谐振频率 f_0 时，$X_L = X_C$，电路总阻抗呈最大值。谐振频率与串联谐振频率近似相等：

$$f_0 = \frac{1}{2\pi\sqrt{LC}}$$

并联谐振的特点如下所列。

(1) 谐振时电路的总阻抗达到最大值。电路的总电压与电流相位相同($\varphi = 0$)，呈现电阻性，如图 2.37 所示。

(2) 谐振时，电路两端的电压最大，大小为 $U = IR$，与总电流 i 同相；当工作频率偏离谐振频率时，其端电压值将减小。可见，RLC 并联电路同样也具有选频特性。

(3) 谐振时流过电感和电容的电流大小相等，方向相反，量值为 $I_{LQ} = I_{CQ} = QI$，式中 Q 为并联 RLC 电路的品质因数：

$$Q = \frac{\omega_0 L}{R} = \frac{1}{\omega_0 CR}$$

当电路的 Q 值越大，表明并联电路的端电压越高，且电压频率特性曲线越尖锐。

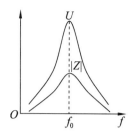

图 2.37　并联谐振的频率特性

当 RLC 电路在某一特定频率正弦信号的"驱动"下就会产生谐振(Resonance)，这个信号的频率称为谐振频率。在谐振时，根据电阻、电感、电容的连接方式不同，RLC 电路的阻抗要么达到最大、要么跌至最小。

图 2.38 所示 LC 并联电路的输入信号 V_{in} 的频率接近谐振频率 f_0 时，电路所表现的阻抗最大，对输入信号 V_{in} 的影响最小。我们说 LC 并联电路允许频率接近谐振频率 f_0 的信号通过。

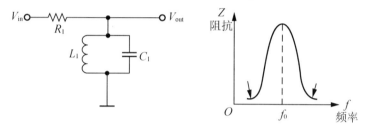

图 2.38　LC 并联电路及频率响应曲线

当输入信号 V_{in} 的频率远离谐振频率 f_0 时，LC 并联电路的阻抗相对较小，此时 LC 并联电路就好像短路一样，对输入信号 V_{in} 有较大的影响。结论是该 LC 并联电路允许频率等于谐振频率 f_0 的信号通过，而衰减频率不等于谐振频率 f_0 的信号。

如果把电感和电容串联在一起，构成了一个图 2.39 所示的 LC 串联电路，它与 LC 并联电路具有相反的特性。

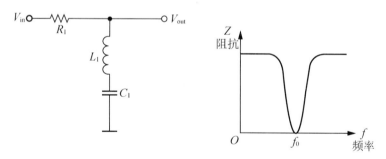

图 2.39　LC 串联电路及频率响应曲线

我们知道，一个白炽灯泡可以认为相当于一个电阻性负载。电阻在交流电路中和在直流电路中的表现相似，只需把电压和电流用交流有效值代替就可以了，所以

(1) 白炽灯泡中的电流和该灯的电阻

$$I = \frac{P}{U} = \frac{40}{220} \approx 0.18A$$

$$R = \frac{U}{I} = \frac{220}{0.18} \approx 1.2 \text{k}\Omega$$

(2) 如果按每天使用 3h，每月(按 30 天计算)消耗的电能为

$$Pt = 40 \times 3 \times 30 \text{W} \cdot \text{h} = 3.6 \text{kWh}$$

每月应付电费为：$3.6 \times 0.55 = 1.98$ 元 。

由于电阻的阻抗和频率无关，故交流电源频率改为 100Hz 对结果没有影响。

如果是普通日光灯的话，由于普通日光灯电路模型是电阻和电感的串联(RL 串联电路)，而电感的感抗 $X_L = \omega L = 2\pi f L$ 和频率有关，频率提高 1 倍(50Hz 变为 100Hz)的话，其感抗也提高一倍，必然会对其中的电流产生影响，后边详细讨论。

思考与练习

1．交流电路中的 3 种功率分别是什么？单位上有什么不同？三者之间数量关系如何？

2．电感元件和电容元件有什么异同？

3．如果误把额定值为工频"220V"的交流接触器接到直流"220V"电源上，会出现什么现象？

4．有一 LC 并联电路接在 220V/50Hz 的交流电源上，已知 L=2H、C=4.75μF 试求：

(1) 感抗与容抗。

(2) I_L、I_C 与总电流 I。

(3) 画出相量图。

(4) Q_L、Q_C 与总的无功功率 Q。

任务 2.3　提高交流电路的功率因素

教学目标

(1) 学会计算交流电路的功率。

(2) 了解提高功率因数的意义。

(2) 掌握提高功率因数的方法。

任务引入

某供电变压器额定电压 $U_N = 220\text{V}$，额定电流 $I_N = 100\text{A}$。现在该变压器对一批功率为 36W，采用普通电感镇流器的新型节能型日光灯(照度与老式 40W 日光灯相同)供电。镇流器功耗为 8.5W，功率因数 $\cos\varphi$=0.5 左右，如图 2.40(a)所示。

(1) 该变压器能对多少这样的日光灯供电？

(2) 若把普通电感镇流器换成功耗为 3W,功率因素 $\cos\varphi=0.96$ 的电子镇流器[图 40(b)],该变压器又能对多少日光灯供电?

(3) 如果不改变原电路的器件,采用什么样的方法也可以提高电路的功率因素。

(a) 电感镇流器　　　　　　(b) 电子镇流器

图 2.40　日光灯镇流器

目前,我国照明用电量已占总用电量的 7%～8%。按照我国提出的"中国绿色照明工程",照明节电已成为节能的重要方面。节电是在保证照度的前提下,推广高效节能照明器具,提高电能利用率,减少用电量。

这里,以 36W 细管型荧光灯(长度与两端接口和普通 40W 荧光灯管规格相同,但比普通荧光灯节电 10%)必须采用的镇流器入手,通过对其主要参数——功率因素及其关联知识的学习,从而在整体上对交流电路功率知识有足够的认识。

一、正弦交流电的功率

1. 瞬时功率 p

在由 RLC 组成的交流电路中,设通过负载的电流为 $i=\sqrt{2}I\sin\omega t$,加在负载两端的电压为 $u=\sqrt{2}U\sin(\omega t+\varphi)$,其中 $\varphi=\varphi_u-\varphi_i$ 为阻抗角,则负载吸收的瞬时功率为

$$p=ui=\sqrt{2}U\sin(\omega t+\varphi)\sqrt{2}I\sin\omega t$$

2. 有功功率 P

根据定义

$$P=\frac{1}{T}\int_0^T p\mathrm{d}t=UI\cos\varphi$$

即有功功率等于该负载的电压、电流有效值和 $\cos\varphi$ 的乘积。这里的 φ 是该负载的阻抗角,又被称为功率因数角。阻抗角的余弦值称作负载的"功率因数",它反映了功率的利用率,是电力供电系统中一个非常重要的质量参数。不难证明,在 RLC 电路中,因电感、电容元件上的平均功率为零,即 $P_L=0$,$P_C=0$,所以,有功功率实质上等于电路中电阻元件消耗的平均功率,即有

$$P = U_R I = UI \cos\varphi \tag{1}$$

3. 无功功率 Q

无功功率的定义式为

$$Q = UI \sin\varphi \tag{2}$$

对于电感性电路，阻抗角 φ 为正值，无功功率为正值；对于电容性电路，无功功率为负值。这样，在既有电感又有电容的电路中，总的无功功率等于两者的代数和，即

$$Q = Q_L - Q_C$$

式中，Q 为一代数量，可正可负。Q 为正时，电路为感性；Q 为负时，电路为容性。

4. 视在功率 S

对于电源而言，不仅要为电阻 R 提供有功能量，而且还要与无功负荷电感 L 及电容 C 间进行能量互换。我们定义视在功率(Apparent Power，单位为"W"，或者叫电源的容量)为 S

$$S = UI \tag{3}$$

即视在功率等于电压和电流有效值的乘积。为了区别于有功功率和无功功率，视在功率的单位用伏安(VA)或千伏安(kVA)表示。通常说变压器的容量为多少 kVA，指的就是它的视在功率。

由有功功率、无功功率和视在功率的定义式(1)、(2)、(3)可知：

$$P = S\cos\varphi \qquad Q = S\sin\varphi \qquad S = \sqrt{P^2 + Q^2}$$

特别提示

在 RLC 电路中，只有电阻把电能转换成热量而有所消耗，这一部分的功率称为有功功率(Real Power，单位为"W")。而电路中的电感和电容并不是真正地消耗电功率，而是把电能以磁场或电场的形式暂时保存起来。这部分功率使用无功功率(Reactive Power，单位为"VA")来表示。

功率因素 PF(Power Factor)描述的是有功功率 P 与视在功率 VA 之间的比值：

$$PF = \frac{P_{real}}{VA} \times 100\%$$

二、功率因素的提高

1. 提高功率因数的意义

功率因数 $\cos\varphi = P/S = P/UI$，是用电设备的一个重要技术指标，其大小取决于用电设备的参数。纯电阻负载其功率因数 $\cos\varphi = 1$；纯电抗负载功率因数 $\cos\varphi = 0$。工业设备大多数是感性负载，功率因数一般在 0.5～0.9 左右。如常用的交流电动机就是一个感性负载，满载时功率因数为 0.7～0.9，而空载或轻载时功率因数更低。

当功率因数不等于 1 时，电路中发生能量互换，出现无功功率 $Q = UI \sin\varphi$，会有以下两方面危害。

(1) 发电设备的容量得不到充分利用。

(2) 增加线路和发电机绕组的功率损耗。

无功互换虽不直接消耗电源能量，但在远距离输电线路上必将产生功率损耗。即 $\Delta P = I^2 r = \left(\dfrac{P}{U \cos \varphi} \right)^2 r$，其中 r 可认为是线路及发电机绕组的内阻。这就是说，提高 $\cos \varphi$ 可同时减小线损与发电机内耗。

供电部门对用户负载的功率因数是有要求的，一般应在 0.9 以上。工矿企业配电时也必须考虑这一因素，常在变配电室中安装大型电容器来统一调节，如图 2.41 所示。

图 2.41 电容补偿柜

2. 提高功率因数的方法

提高功率因数的首要原则是：只能减小电源与负载间的无功互换规模，不能改变原负载的工作状态，即保持用电设备原有的额定电压、额定电流及功率不变。通常采取的方法是：在感性负载两端并联容性元件去补偿其无功功率；容性负载则并联感性元件补偿之。

一般工矿企业大多数为感性负载，下面以感性负载并联电容元件为例，了解提高功率因数的方法。

如图 2.42 所示，以电压为参考相量做出如右图所示的相量图，其中 φ_1 为原感性负载的阻抗角，φ 为并联电容 C 后线路总电压 $\dot{U}$ 与电流 $\dot{I}$ 间的相位差。由图可知，并联电容 C 后，线路总电流 $\dot{I}$ 减小，负载电流与负载的功率因数保持不变，但总线路的功率因数提高了。

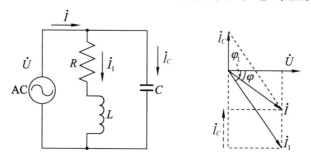

图 2.42 提高功率因数

由图 2.42 右边相量图还可看出，其有功分量(与 $\dot{U}$ 同相的分量) $I_1 \cos \varphi_1 = I \cos \varphi$ 不变。无功分量(与 $\dot{U}$ 垂直的分量)变小了。这实际是由电容 C 补偿了一部分无功分量，亦即，有功功率 P 不变，无功功率 Q 减小。这显然提高了电源容量的利用率。

若电容 C 值增大，I_C 也将增大，I 将进一步减小。但并不是 C 越大、I 越小。再增大 C，$\dot{I}$ 将领先于 $\dot{U}$，电路成为容性。一般将补偿为另一种性质的情况称作过补偿；补偿后仍为同样性质的情况叫欠补偿；而恰好补偿为纯电阻性的情况称作完全补偿。

下面介绍提高功率因数与所需要并联电容的电容量间的关系。

从图 2.42 右图可以看出：

$$I_C = I_1 \sin \varphi_1 - I \sin \varphi = \frac{P}{U \cos \varphi_1} \sin \varphi_1 - \frac{P}{U \cos \varphi} \sin \varphi = \frac{P}{U}(tg\varphi_1 - tg\varphi)$$

又因 $I_C = U / X_C = \omega c U$ 故

$$C = \frac{P}{\omega U^2}(tg\varphi_1 - tg\varphi)$$

即把功率因数从 $\cos\varphi_1$ 提高到 $\cos\varphi$ 所需并入电容器的电容量。图 2.43 所示为补偿电容的外形图。

图 2.43　补偿电容

**特别提示**

提高功率因素要以不影响负载正常工作为前提，电容只能与感性负载并联而不能串联。因为感性负载串联电容后，虽然也可以改变功率因数，但是负载上的电压也发生了变化，会影响负载正常工作。

**任务实施**

把普通日光灯中传统的电感镇流器换成新型电子镇流器，不仅降低了镇流器本身功耗和提高了功率因素，还可以实现低电压起动。

(1) 当使用普通电感镇流器时，$\cos\varphi = 0.5$。由于变压器的视在功率

$$S = UI = 220 \times 100 = 22 \text{kVA}$$

故，该变压器可提供的有功功率

$$P = S \cos\varphi = 22 \times 0.5 = 11 \text{kVA}$$

可以连接的日光灯个数为

$$\frac{11 \times 10^3}{36 + 8.5} \approx 247 \ 个$$

(2) 当采用新型电子镇流器后，$\cos\varphi$ 提高到了 0.95。这时可提供的有功功率为

$$P = S \cos\varphi = 22 \times 0.95 = 20.9 \text{kVA}$$

可以连接的日光灯个数为

$$\frac{20.9 \times 10^3}{36 + 3.5} \approx 529 \ 个$$

可以看出，虽然使用的是同一个变压器，如果把普通电感镇流器改为新型电子镇流器，或者换句话说功率因素 $\cos\varphi$ 由 0.5 提高到 0.95 时，带的日光灯数量翻了一倍还多。

(3) 除采用更换镇流器方法外，通过并联补偿电容的形式也可提高功率因素。具体的：

$$\cos\varphi_1=0.5\ \text{时}, \quad \varphi_1=60°, \quad \text{tg}\,\varphi_1=1.732$$
$$\cos\varphi=0.95\ \text{时}, \quad \varphi=18.2°, \quad \text{tg}\,\varphi=0.329$$

需要并联的电容大小为

$$C=\frac{P}{\omega U^2}(\text{tg}\varphi_1-\text{tg}\varphi)=\frac{36}{2\pi\times50\times220^2}(1.732-0.329)=3.32\mu\text{F}$$

思考与练习

1. 某厂供电变压器至发电厂之间输电线的电阻是 5Ω，发电厂以 10kV 的电压输送 600kW 的功率。当 $\cos\varphi=0.6$ 时，输电线上的功率损失是多大？若将功率因数提高到 0.9，每年可节约多少电？

2. 已知 36W 日光灯的等效电路如图 2.44 所示，日光灯的功率因素 $\cos\varphi=0.5$。问电流表的读数是多少？无功功率是多少？

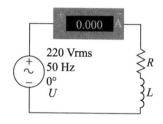

图 2.44 思考与练习 2 题

3. 在 RLC 串联电路中，已知 $R=20\Omega$，$X_L=30\Omega$，$X_C=50\Omega$，电源电压 $\dot{U}=110\angle 0°$，试求电路的有功功率、无功功率和视在功率。

任务 2.4 认识三相交流电路

教学目标

(1) 掌握三相电源和三相负载的接法。
(2) 理解对称三相电路中相电压(相电流)与线电压(线电流)的关系。
(3) 学习对称三相电路的计算方法，会求三相功率。
(4) 了解中线的作用与安全用电的基本知识。

任务引入

图 2.45 和图 2.46 所示都是家庭中常用的插座面板。

(1) 如何用验电笔或选用量程合适的交流电压表测出三相四线制供电线路上的火线和零线并正确接线？

(a) 二三级带接地保护插座

(b) 25A 三相四极插座

图 2.45　常用插座面板

(2) 图 2.46 中左右两个三极带接地插座的区别是什么？各用在什么场合？

图 2.46　常用插座面板

任务分析

　　从发电厂送过来的电源和用户负载之间一般要通过电器开关连接，了解电源和插座之间的正确接线方法非常重要。在研究电源和插座之间连接方法前，必须要对供电方式有所了解。

　　电力输配电系统中使用的交流电源绝大多数是三相制系统。前面研究的单相交流电是由三相系统的一相提供的。之所以采用三相系统供电，是因为三相电在发电、输电以及电能转换为机械能方面都具有明显的优越性。

相关知识

　　所谓三相交流电路是由 3 个频率相同、幅度相等、相位彼此互差 120° 的单相电源组成的。日常生活和工农业生产用电几乎都来自电力部门提供的三相电源。发电厂把电发出来，电力部门再把三相交流电路敷设到工矿企业和居住小区，如图 2.47 所示。

图 2.47 三相输电

一、三相交流电的产生和表示方法

三相交流电是由三相交流发电机产生的，如图 2.48 所示。

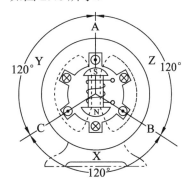

图 2.48 三相交流发电机

从图 2.48 中可以看出，三相交流发电机主要由定子和转子两部分组成。3 个完全相同的线圈(绕组)彼此绝缘、对称放置在发电机定子槽内。3 个绕组分别用 AX、BY、CZ 表示。绕组的首端用 A、B、C 表示，尾端用 X、Y、Z 表示。3 个绕组在定子内安放的位置在空间上互差 120°。中间可以转动的部分称为转子，通入直流电励磁。当转子由原动机带动，以角速度 ω 旋转时，3 个绕组依次切割旋转磁极的磁力线而产生幅值相等(绕组全同)、频率相同(以同一角速度切割)、只在相位上(时间上)相差 120°的三相交变感应电动势，分别用 e_A，e_B，e_C 表示。

$$e_A = E_m \sin \omega t$$
$$e_B = E_m \sin(\omega t - 120°)$$
$$e_C = E_m \sin(\omega t - 240°) = E_m \sin(\omega t + 120°)$$

式中，E_m 为电动势幅值，三相电动势有效值的相量表示为

$$\dot{E}_A = E\angle 0° = E, \dot{E}_B = E\angle -120°, \dot{E}_C = E\angle +120°$$

式中，E 为有效值，波形图和相量图如图 2.49 所示。

三相电动势依次出现最大值的次序称为相序。顺时针方向按 A—B—C 的次序循环的相序称为顺序或正序，按 A—C—B 的次序循环的相序称为逆序或负序。相序是由发电机转子的旋转方向决定的，通常都采用顺序方式。三相发电机在并网发电或用三相电驱动三相交

流电动机时，必须考虑相序的问题，否则会引起重大事故。为了防止接线错误，低压配电线路中规定用颜色区分各相：黄色表示 A 相，绿色表示 B 相，红色表示 C 相。

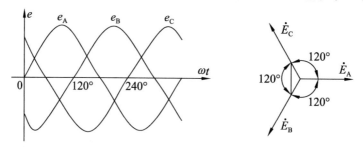

图 2.49　三相对称电源的波形与相量图

二、三相电源的连接

三相交流发电机绕组的联接方式有两种：星形和三角形。

1. 星形(Y)联接

把 3 个末端 X、Y、Z 连在一起，用 N 表示，N 称为中点。由中点引出的线称为中线，俗称零线；3 个首端 A、B、C 引出的相线称为火线。火线和中线共同构成了一个对称星形(Y 形)联接的三相电源。火线与中线之间电压称为相电压，用 u_A、u_B、u_C 表示，其有效值记作 U_p。火线与火线之间电压称为线电压，用 u_{AB}、u_{BC}、u_{CA} 表示，其有效值记作 U_l，如图 2.50 所示。

根据基尔霍夫定律，线电压与相电压之间的关系为

$$u_{AB} = u_A - u_B, u_{BC} = u_B - u_C, u_{CA} = u_C - u_A$$

用相量表示为：$\dot{U}_{AB} = \dot{U}_A - \dot{U}_B$，$\dot{U}_{BC} = \dot{U}_B - \dot{U}_C$，$\dot{U}_{CA} = \dot{U}_C - \dot{U}_A$，如图 2.51 所示。从图中可以看出：

$$\dot{U}_{AB} = \sqrt{3}\dot{U}_A \angle 30°, \quad \dot{U}_{BC} = \sqrt{3}\dot{U}_B \angle 30°, \quad \dot{U}_{CA} = \sqrt{3}\dot{U}_C \angle 30°$$

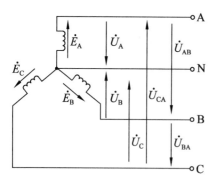

图 2.50　三相电源的星形连接

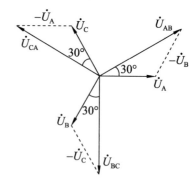

图 2.51 相、线电压间关系

也就是说三相电源的线电压也是对称的，其在相位上超前于相应的相电压 30°。线电压和相电压的有效值关系为：$U_l = \sqrt{3}U_p$。

这样联接的优点是：可以提供两种电压；各相绕组承压低；空载时发电机无内耗。

特别提示

我国工厂企业的低压配电线路中普遍使用的相电压为 220V,线电压为 380V;而日本、西欧的某些国家采用 60Hz,110V 的供电标准,还有的采用 400/240V 的标准。在使用进口电器设备时要特别注意,电压等级不符,会造成电器设备的损坏。

2. 三角形(△)联接

如果把 3 个定子绕组的始、末端顺序相接,再从各连接点 A、B、C 引出 3 根火线来,就构成了一个三角形联接的三相电源。在这种接法中没有中点,线电压即相电压。

必须注意,如果任何一相绕组接反,3 个相电压之和不再为零。闭合回路中将产生极大的短路电流,造成严重后果。所以在实际工作中绕组较少接成三角形。

三、三相交流电路的计算

三相电源与负载按一定方式连接起来就组成了三相电路。三相电路的负载由 3 部分组成,每一部分叫作一相负载。低压电器负载尽管种类繁多,但大致可以分为两类:一类是只需要单相电源即可工作,称为单相负载,如照明及家用电器等;另一类则需要三相电源才能工作,称为三相负载,如三相交流电动机。

1. 三相负载的连接原则

(1) 负载额定电压等于电源电压。为了使负载能够安全可靠地长期工作,必须按照电源电压等于负载额定电压的原则将用电设备接入三相电源。

(2) 三相负载均衡、对称原则。由对称三相电源和对称三相负载所组成的电路叫对称三相电路。对称三相电路可以使三相电源得到充分合理的利用。

1) 单相负载的连接

日常生活中使用的照明灯具,家用电器及办公自动化设备的额定电压一般均采用单相 220V。按照上述原则,应将家用电器接在低压三相交流电(380/220V)的火线与中线之间。由于家用电器负载类型有较大的差异,如电暖气、电熨斗等是纯电阻负载;日光灯、空调、冰箱等是电感性负载。为了使三相负载均衡对称,当家用电器的数量较多时应使各相接入的家电类型和功率尽可能相等。

 特别提示

有的低压电器(如交流接触器、继电器)的控制线圈使用单相 380V 额定电压,在使用时需要接在两条火线之间。如错接的话这些电器将无法正常工作。

2) 三相负载的连接

三相负载的连接方式取决于负载要求的额定电压值。若负载的额定电压等于电源相电压(如 220V),则负载应做星形连接;若负载的额定电压为电源线电压(如 380V),则三相负载应做三角形(△)连接,此时电路为三相三线制。

2. 三相电流电压计算

1) 星形连接

负载星形连接的三相四线制电路如图2.52所示。

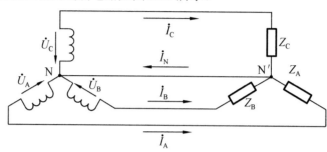

图2.52 三相四线制电路

三相负载分别为 Z_A、Z_B、Z_C，流过每根火线的电流叫线电流，用 $\dot{I}_A$、$\dot{I}_B$、$\dot{I}_C$ 表示，其参考方向规定为由电源流向负载；而流过每相负载的电流叫作相电流，用 $\dot{I}_P$ 表示，参考方向与线电流一致；流过中性线的电流叫中线电流，用 $\dot{I}_N$ 表示，参考方向规定为由负载中性点流向电源中性点。显然，由图2.52可以看出，在星形连接的电路中，线电流等于相电流，即

$$I_l = I_P$$

三相电路应该一相一相地计算，对于每相电路的计算与单相交流电的计算是一样的。

$$\dot{I}_A = \frac{\dot{U}_A}{Z_A} \qquad \dot{I}_B = \frac{\dot{U}_B}{Z_B} \qquad \dot{I}_C = \frac{\dot{U}_C}{Z_C}$$

根据基尔霍夫电流定律，中线电流为：$\dot{I}_N = \dot{I}_A + \dot{I}_B + \dot{I}_C$。

从图2.52中还可以看出：负载上的相电压等于电源的相电压；负载上的线电压等于电源的线电压。线电压与相电压的关系是

$$\dot{U}_l = \sqrt{3}\dot{U}_p \angle 30°$$

下面分负载对称与不对称两种情况进行讨论。

(1) 负载对称时。对称负载(一般的三相电气设备，大都是对称负载)，即 $Z_A = Z_B = Z_C = |Z| \angle \varphi$。

设以 $\dot{U}_A$ 为参考相量，则：

$$\dot{I}_A = \frac{\dot{U}_A}{Z_A} = \frac{U_p \angle 0°}{|Z| \angle \varphi} = \frac{U_p}{|Z|} \angle (0° - \varphi) = I_p \angle (0° - \varphi)$$

$$\dot{I}_B = \frac{\dot{U}_B}{Z_B} = \frac{U_p \angle -120°}{|Z| \angle \varphi} = I_p \angle (-120° - \varphi)$$

$$\dot{I}_C = \frac{\dot{U}_C}{Z_C} = \frac{U_p \angle 120°}{|Z| \angle \varphi} = I_p \angle (120° - \varphi)$$

可见，3个相电流也对称。设 $\varphi > 0$，相量图如图2.53所示。

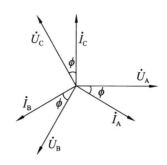

图 2.53 负载对称时的相量图

中线电流：$\dot{I}_N = \dot{I}_A + \dot{I}_B + \dot{I}_C = 0$。

显然，此时中线完全可以省去。因为负载的中点 N′ 与电源中点 N 等电位，电路的工作状态与有无中线无关。这样的三相电路称为三相对称电路。去掉中线的三相对称电路叫三相三线制电路。

(2) 负载不对称时。三相负载不完全相同时，称为不对称负载。此时显然 3 个电流不再对称，且 $\dot{I}_N = \dot{I}_A + \dot{I}_B + \dot{I}_C \neq 0$，此时中线不可省去。

负载不对称而无中线的情况，属于故障现象。

2) 三角形连接

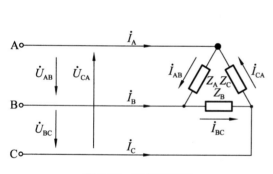

图 2.54 三角形连接

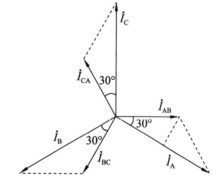

图 2.55 负载对称的相、线电流间关系

图 2.54 所示为三相负载三角形连接示意图。电压与电流的参考方向如图中所标明。从图中可以看出：三相负载的电压即为电源的线电压，且无论负载对称与否，电压总是对称的，或者说 $U_p = U_l$。

3 个负载中的电流 $\dot{I}_{AB}$、$\dot{I}_{BC}$、$\dot{I}_{CA}$（相电流）与 3 条相线中的电流 $\dot{I}_A$、$\dot{I}_B$、$\dot{I}_C$（线电流）间关系是：

$$\dot{I}_A = \dot{I}_{AB} - \dot{I}_{CA}, \dot{I}_B = \dot{I}_{BC} - \dot{I}_{AB}, \dot{I}_C = \dot{I}_{CA} - \dot{I}_{BC}$$

(1) 负载对称时的△连接。三相负载对称时，$Z_A = Z_B = Z_C = |Z| \angle \varphi$，则 3 个相电流：

$$I_p = I_{AB} = I_{BC} = I_{CA} = \frac{U_p}{|Z|} = \frac{U_l}{|Z|}$$

也是对称的，即相位互差 120°。若以 $\dot{I}_A$ 为参考，则其相量图如图 2.55 所示。从图中可以看出，线电流比相应的相电流滞后 30°，且：$I_l = \sqrt{3} I_p$。

(2) 负载不对称时的△连接。

负载不对称时，尽管 3 个相电压对称，但 3 个相电流因阻抗不同而不再对称，只能逐相计算。

以上内容汇总为表 2-3 和表 2-4。

表 2-3　星形连接

负载性质	中线	线电压和相电压的关系	线相电流的关系	中线电流
对称	有	$\dot{U}_\mathrm{l} = \sqrt{3}\dot{U}_\mathrm{p}\ \angle 30°$	$I_\mathrm{l} = I_\mathrm{p}$	0
	无			
不对称	有	$U_\mathrm{l} = \sqrt{3}U_\mathrm{p}$	$I_\mathrm{l} = I_\mathrm{p}$	

表 2-4　三角形连接

负载性质	线电压和相电压的关系	线电流和相电流的关系
对称	$U_\mathrm{l} = U_\mathrm{p}$	$I_\mathrm{l} = \sqrt{3}I_\mathrm{p}$，$I_\mathrm{l}$ 在相位上比各对应的 I_p 滞后 30°
不对称	$U_\mathrm{l} = U_\mathrm{p}$	线电流等于对应相电流之差

　特别提示

一般的电器负荷都有额定电压这一重要标志。决定采用何种连接方式的依据是使每相负载承受的电压等于其额定电压。如三相电动机铭牌上常有"Y/△，380V/220V"这样的标识，意即，做 Y 连接时接 380V 线电压，做△连接时接 220V 线电压。事实上每相负载均工作在 220V 相电压下，如图 2.56 所示。

图 2.56　三相异步电动机的铭牌与接线

3. 三相功率

在三相电路中，设负载的相电压有效值分别为 U_a、U_b、U_c，相电流有效值分别为 I_a、I_b、I_c，则负载总的有功功率为

$$P = P_\mathrm{a} + P_\mathrm{b} + P_\mathrm{c} = U_\mathrm{ap}I_\mathrm{ap}\cos\varphi_\mathrm{a} + U_\mathrm{bp}I_\mathrm{bp}\cos\varphi_\mathrm{b} + U_\mathrm{cp}I_\mathrm{cp}\cos\varphi_\mathrm{c}$$

当三相负载对称时：$P = 3P_\mathrm{a} = 3U_\mathrm{p}I_\mathrm{p}\cos\varphi$，$\varphi$ 是 U_p 与 I_p 间的相位差，亦即负载的阻抗角。

当负载是星形连接时：$U_p = \dfrac{U_l}{\sqrt{3}}$，$I_p = I_l$，故 $P = \sqrt{3}U_lI_l\cos\varphi$。

当负载是三角形连接时：$U_p = U_l$，$I_p = \dfrac{I_l}{\sqrt{3}}$，$P = \sqrt{3}U_lI_l\cos\varphi$。

由此可见，对称三相电路有功功率的计算方式与负载的连接方式无关。但应注意：功率计算公式中的 φ 角是相电压与相电流之间的相位差，而不是线电压与线电流的相位差。同理，对称三相电路的无功功率为

$$Q = \sqrt{3}U_lI_l\sin\varphi$$

对称三相电路的视在功率为

$$S = \sqrt{P^2 + Q^2} = \sqrt{3}U_lI_l$$

实际工作中，Y 连接时的相电压与 Δ 连接时的相电流均难以测得，故三相负载铭牌上标示的额定值一般均为线电压与线电流，以便于测量。

特别提示

不论负载是星形连接还是三角形连接，三相负载总的有功功率必定等于各相有功功率之和；总的无功功率也必定等于各相无功功率之和；但总的视在功率不一定等于各相视在功率之和。

四、安全用电

电能作为一种最基本的能源，在国民经济和日常生活中起着重要作用。为了使电力输电线路与电气设备能真正为人类造福，有效地利用电能，避免发生触电事故和电气故障，必须要了解一些安全用电的知识与技术。

1. 电流对人体的伤害及安全电压

人体触电以后，电流对人体的伤害可分为两种类型：电击和电伤。电击是指电流通过人体时使呼吸器官、心血管和神经系统受到损害的现象；电伤是由于电弧或保险丝熔断时飞溅的金属粉沫等对人体的外部伤害，如烧伤、金属溅伤等。人体触电受到的伤害程度取决定于通过人体电流的大小、途径和时间的长短。人体对电的感知程度见表 2-5。

表 2-5　人体对电的感知(Electic Shock)

电流大小	感电的程度
1mA(0.001A)	感觉麻痹
5mA(0.005A)	感觉相当痛
10mA(0.01A)	感觉到无法忍受之痛苦
20mA(0.02A)	肌肉收缩不能动弹
30mA(0.03A)	相当的危险
100mA(0.1A)	已达致命的程度

从表 2-5 中可以看出，如果触电电流达到 30mA 就会有相当的危险，因此交流电的极限安全电流是 30mA。

人体触电电流的大小与人体所触及电压大小和人体电阻大小有关。人体皮肤的电阻最大，但会因潮湿或出汗而大大地降低。当皮肤干燥、完整时其电阻可以达到 10kΩ，而潮湿或受到损伤时，人体电阻会降低到 1kΩ 左右，故一般计算时，人体电阻以 1kΩ 计算。

把人体触电电流的安全极限值与人体电阻相乘，即可确定触电的安全电压。根据环境不同，我国规定的安全电压如下。

(1) 在危险性较低的建筑物中(如木板、瓷地板)为 36V。

(2) 在危险的建筑物中(如泥土、钢筋混凝土等)为 24V。

(3) 在特别危险的建筑物中(如铸工、化工的大部分车间、隧道、矿井等场所)为 12V。

2. 触电的形式

在维修电路、更换电器、清扫卫生时，容易发生的触电方式有单相触电和两相触电。

(1) 单相触电。单相触电是指人体接触一根火线所造成的触电事故。若电网的中性点接地，当人体接触其中一根火线时，电流经人体、大地回到中性点形成闭合回路，如图 2.57(a) 所示。此时人体承受的电压为电源相电压(220V)，这是十分危险的。若中性点不接地，电流经人体、大地、对地绝缘电阻和分布电容形成两条闭合回路，如图 2.57(b)所示。如果线路绝缘良好，空气阻抗、容抗很大，人体承受的电流就比较小，一般不发生危险；如果绝缘性不好或在高压输电线路中，则危险性就增大。

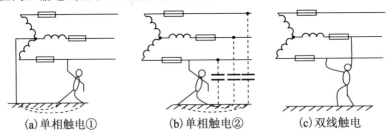

(a)单相触电①　　　　(b)单相触电②　　　　(c)双线触电

图 2.57　常见的触电形式

(2) 两相触电。两相触电是指人体同时接触两根火线所造成的触电，如图 2.57(c)所示。这时人体承受的电压为电源线电压(380 V)，触电电流在 300 mA 以上，这种触电最为危险。

还有一种触电是因为漏电引起的。电气设备的外壳正常时是不带电的，如果绝缘损坏则外壳可能带电，如果人体触及带电的外壳，就有触电危险。

3. 电气设备的接地和接零

正常情况下，电气设备的金属外壳是不带电的。倘若绝缘损坏或带电导体碰壳，则外壳带电。为了防止触电，电气设备的金属外壳必须采取保护接地或保护接零措施。

将电气设备的任何部分与大地做良好的电气接触，称为接地。与土壤直接接触的金属叫做接地体。接地体与电气设备的金属连线叫做接地线。接地体和接地线合称为接地装置。

在 1kV 以下的中点接地系统中，将电气设备的外壳与供电线路的中点相联接，称为接零。

接地和接零是为了防止人身触电事故和保证电气设备的正常运行而采取的描施。根据它们所起的不同作用，可分为工作接地、保护接地和保护接零几种。

1）工作接地

将电力系统的中点与大地做金属连接，称为工作接地。工作接地的作用如下。

(1) 降低人体的触电电压。在中点对地绝缘系统中，当一相接地而人体又触及另一相时，人体将承受线电压；但对中点接地的系统来说，人体承受的为相电压。

(2) 迅速切断故障设备。在中点绝缘的系统中，当一相接地时，接地电流仅为电容电流和泄漏电流，其数值一般不足以使保护电器动作。所以故障设备不易被发现，长时间持续下去对人身不安全。在中点接地系统中，当一相发生碰地时，引起的单相短路电流能使保护电器迅速动作。

2）保护接地

将电气设备在正常情况下不带电的金属外壳与接地体可靠地连接起来，以保护人身的安全。接地保护规定用于中性点不接地的三相供电系统中。

接地时，可利用自然接地体，如铺设于地下的金属水管或房屋的金属构架等。如果自然接地体不能达到要求，则采用人工接地体。人工接地体一般用长 2～3m，直径 35～50mm 的钢管垂直打入地下。接地体与埋在地下的钢条相连。接地电阻一般应小于 4Ω。

当电气设备的绝缘损坏使设备的金属外壳带电时，由于人体是与接地装置并联，且人体电阻(最小 800Ω)远大于接地电阻(4Ω)，因此人接触到带电的外壳并不会触电。

3）保护接零

保护接零规定用于 380V/220V 三相中性点接地的供电系统中。将电气设备的外壳与电源的零线连接起来，这样的连接叫接零保护。

接零保护还适用于三相五线制系统。第五条线(PE 线)也与中性线连接，但正常情况下无电流流过(不闭合)。只有相线与设备外壳接触时，才有电流流过，从而不会导致人体触电。这种系统比三相四线制系统更安全、更可靠，家用电器都应设置此种系统。

特别提示

一些家用电器常常没有接零保护。室内单相两极电源插座也往往没有保护零线插孔。这时在室内电源进线上，用漏电保护自动开关，可以起到安全保护作用。

4. 安全用电常识

使用各种电气设备时均应制订并严格遵守安全操作规程。

(1) 在任何情况下，均不得用手来鉴定接线端或裸导体是否带电。如需了解线路是否有电，则应使用完好的验电设备。

(2) 更换熔丝时，应先切断电源，尽量避免带电操作。如必须带电操作时，则应采取安全措施：应站在橡胶板或干木板上、穿绝缘靴、戴绝缘手套等。操作时应有专人在场进行监护，以防发生事故。不得用一般铜丝来代替保险丝。

(3) 遇有数人进行电工作业时，应在接通电源前告知他人。

(4) 手电钻、电风扇等各种电气设备的金属外壳都必须有专用的接零导线。

(5) 防止绝缘部分破损或受潮。为了防止电线受损，必须避免：把电线挂在铁钉上；

在电线上钩挂物件、晾晒衣服；用金属丝把两根电线扎在一起；将重物压在电线上；乱拉电线等。

无论是触电还是电气火灾及其他电气事故，首先应切断电源。拉闸时要用绝缘工具，需切断电线时要用绝缘钳错位剪开，切不可在同一位置齐剪，以免造成电源短路。

对已脱离电源的触电者要用人工呼吸或胸外心脏按压法进行现场抢救，但千万不可打强心针。

在发生火灾不能及时断电的场合，应采用不导电的灭火剂(如四氯化碳、二氧化碳干粉等)带电灭火，切不可用水灭火。

电气事故重在预防，一定要按照有关规程和规定办事，这样才能从根本上杜绝事故发生。

(1) 验电笔的正确握法如图 2.58 所示。

图 2.58　验电笔的使用

电笔头与被测导线接触时，使氖管发光的是火线(或端线)，不发光的是零线。使用电表测量的话，可利用火线与零线之间电压的数量关系进行判断。

(2) 图 2.45 所示面板的正确接线方式如下。

把图 2.45 中的面板翻过来，看一下背后的接线标示，就可以明白其中的含义。

在图 2.45(a)中的二三极插座共有 5 个接线端：2 个 "L"、2 个 "N" 和 1 个 "⏚"。其中 "L" 代表火线、"N" 代表零线、"⏚" 代表保护接地(PE)。这种二三极插座是一般家庭中用的最多的单相插座。要说明的是：有些产品为方便用户接线，在内部已经分别把两个 "L" 和 "N" 各自连通在一起。这样外部就只有 "L"、"N" 和 "⏚" 3 个接线端了。

图 2.45(b)中的插座是 25A 三相四极插座。一般用在像柜式空调这样耗电比较大的电器中。正确接法如图 2.59 所示。

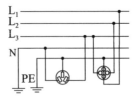

图 2.59　家用插座正确接线图

**特别提示**

现在的两极(或两极带接地)插座面板一般均配有安全保护装置,从前边一般不容易通过单孔把电笔插入(主要是为防止儿童误插入金属铁丝之类东西引起触电,正常插入插头时不受影响);这时试电最好在面板后边进行。

此外,由于用验电笔只能判断出火线。要注意不要把地线和零线搞错。接地线一般为黄绿色。如果接错的话一般情况下只要接线不断,电器设备仍能工作(如果未安装漏电保护装置的话),外壳也不会带电。但这会造成一个错觉:误以为 N、PE 线接反不会产生安全问题,事实上并非如此。在这种系统中,工作接地与保护接地是各自独立的,PE 线和 N 线如果接反会造成一相一地供电,同时外壳接 N 线,对安全用电带来极大的危险,正确接法如图 2.59 所示。

(3) 图 2.46 中左右两个两极带接地插座的区别如下。

仔细观察的话应该可以发现:图 2.46 左边三极插座的间距要比右边那个大些。左边是16A,右边是普通 10A。左边的一般用在像普通空调或热水器等用电功率比较大的场合,右边是普通 10A 插座,一般供洗衣机、吸油烟机、消毒柜、家用电脑、打印机等使用。

拓展阅读

电 工 识 图

一、电气图的基本构成

电气图一般由电路接线图、技术说明、主要电气设备(或元件)明细表和标题栏 4 部分组成。

1. 电路及电路图

电路通常分为两类:主电路和控制电路(又称为一次电路和二次电路)。

用国家统一规定的电气图形符号和文字符号表示电路中电气设备(或元器件)相互连接情况的图形,称为电路图。

2. 技术说明

技术说明又称技术要求,用以注明电路图中有关要点、安装要求及其他未尽事项等。其书写位置通常是在主电路(一次回路)图的右下方,标题栏的上方;在控制电路(二次回路)图的右上方。

3. 主要电气设备(元件)明细表

用来注明电气接线图中主要电气设备(或元件)的代号、名称、型号、数量和说明等。

4. 标题栏

位于图面的右下角,标注电气工程名称、设计类别、设计单位、图名、图号、比例、尺寸单位及设计人、制图人、审核人、批准人签名和日期等。

标题栏是电气设计图的重要技术档案,各栏目中的签名人对图中的技术内容承担相应责任。识图时首先应看标题栏。

二、观看电气图的基本方法

看图要结合电工、电子技术基础知识来看,具体步骤如下。

1. 阅读设备说明书

了解设备的机械结构、电气传动方式以及设备的使用操作方法,熟悉各种按钮、开关等的作用。

2. 看图纸说明

搞清设计的内容和施工要求,了解图纸的大体情况,抓住看图的重点。

3．看主标题栏

了解该电气图的类型、性质、作用等。

4．看概略图(系统图或框图)

看完图纸说明后，就要看概略图，从而了解它们的基本组成、相互关系及其主要特征。

5．看电路图

电路图是电气图的核心，对于复杂的电路图，应先看相关的逻辑图和功能图。

看电路图时，先要分清主电路和控制电路。按照先主电路，再控制电路的顺序看图。看主电路时，通常从下往上看，即从用电设备开始，经控制元件，顺次往电源看；看控制电路时，应自上而下，从左向右看，即先看电源，再顺次看各条回路，分析各回路元件的工作状况及其对主电路的控制。

6．看接线图

看接线图时，也要先看主电路，再看控制电路。根据端子标志、回路标号，从电源端顺次查下去，搞清线路的走向和电路的连接方法。

思考与练习

1．如果三相照明电路的中线因故断开，当发生一相负载全部断开或一相发生短路时，电路会出现什么情况？

2．如图 2.60 所示，在线电压为 380V 的三相四线制电源上接有对称星形连接的白炽灯。消耗的总功率为 360W。此外，在 C 相上接有额定电压为 220V，功率为 36W，功率因数 $\cos\varphi = 0.5$ 的日光灯一只。试求各相电流及中线电流。

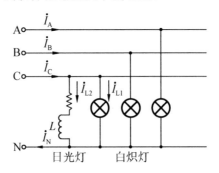

图 2.60　思考练习 2 题

3．参考图 2.56，三相异步电动机的 3 个绕组 6 个端子分别接在一块接线板上，每相绕组的额定电压为 220V。问：当对称三相电源的线电压分别为 380V 和 220V 时，各端子与电源线应如何接线？

项目 3

电 路 暂 态

引言

自然界一切事物的运动，在特定条件下都处于一种稳定状态。一旦条件改变，就要过渡到另一种新的稳定状态。例如由电感 L 和电容 C 构成的线性电路在直流或正弦交流电源作用下，电路中各部分的电压、电流都是稳定值或与电源同频率的正弦量，这就是稳定状态，简称稳态。然而这种具有储能元件(L 或 C)的电路在电路接通、断开，或电路的参数、结构、电源等发生改变时，电路不能从原来的稳态立即达到新的稳态，需要经过一个中间的变化过程，我们称之为暂态过程。

任务 3.1　了解 RC 电路与时间常数

教学目标

(1) 了解暂态过程中电压、电流随时间变化的规律。

(2) 了解影响暂态过程快慢的电路时间常数的含义。

 **任务引入**

　　如图 3.1 所示，3 个并联支路分别由电阻、电感、电容与灯泡串联组成。当开关 S 接通的瞬间，就会发现电阻支路中的灯泡立即发亮，而且其发亮程度不再发生变化；电感支路灯泡由暗逐渐变亮，最后亮度达到稳定；电容支路中的灯泡立即发亮但很快变为不亮。同样的电压作用下为什么会出现这么大区别呢？

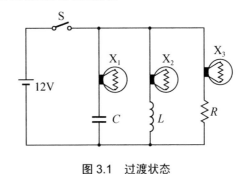

图 3.1　过渡状态

任务分析

　　比较 3 种情况，不难发现：引起过渡过程的支路含有电容元件或电感元件。而电感和电容均为储能元件，所以引起过渡过程的内因为电路中含有储能元件 L 或 C，外因为开关闭合，使得电路的结构发生变化。

　　电路中开关的闭合或断开，元件参数的改变，都会使电路发生变化，这种情况称为"换路"。由于换路，使电路的能量发生交换，这种能量是不能跃变的。在电感元件中，储有磁场能 $Li^2/2$，当换路时，磁场能不能跃变，这反映在电感元件中的电流 i_L 不能跃变。在电容元件中，储有电场能 $Cu^2/2$，当换路时，电场能不能跃变，这反映在电容元件上的电压 u_c 不能跃变(这就是所谓的换路定则)。可见，电路的暂态过程是由于储能元件中的能量不能跃变而产生的。

相关知识

一、RC 电路的零状态响应

所谓零状态响应是指储能元件的初始能量为零，仅由电源激励所产生的电路的响应。

设：$t=0$ 表示换路瞬间(定为计时起点)，$t=0_-$ 表示换路前的终了瞬间，$t=0_+$ 表示换路后的初始瞬间(初始值)。

图 3.2 所示是一种典型的 RC 电路。已知开关 S 闭合前电容 C 处于零状态，$u_C(0_-)=0$，当开关 S 闭合时，电源 E 可通过电阻 R 向电容 C 充电。在开关 S 闭合的一瞬间开始，电容 C 刚刚开始充电，此时 C 两端的电压 u_{out} 将要变大，如图 3.2(b)中的 A 点。

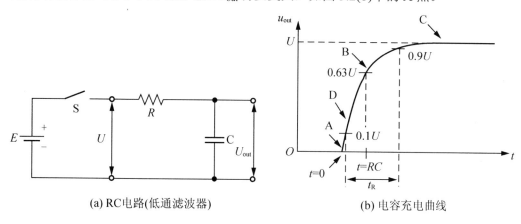

(a) RC电路(低通滤波器)　　　　　　(b) 电容充电曲线

图 3.2　RC 电路与电容充电曲线

随着充电的进行，电容 C 两端的电压 u_c 不断变大(所以电容电路存在暂态过程)，最终等于电源的电压 U，图中的 C 点。充电过程中某一时刻电容两端的电压(推导过程略)：

$$u_C = U(1 - e^{-\frac{t}{RC}}) = U(1 - e^{-\frac{t}{\tau}})(t \geqslant 0)$$

式中，U 为 RC 电路的输入电压，也就是图 3.2(a)中的电源 E 的电压，e=2.71828…。t 是充电开始之后的某一个时间点。R、C 分别是电路中电阻 R 阻值和电容 C 容量的数值。

假设 E 的电压 U=10V，R=100kΩ，C=100μF，在电容 C 开始充电 2s 后两端的电压为

$$u_C = U(1 - e^{-\frac{t}{RC}}) = U(1 - e^{-\frac{t}{\tau}}) = 10V \times (1 - e^{-\frac{2s}{100k\Omega \times 100\mu F}}) = 1.81V$$

上升时间 t_R 定义为电容上电压从 $0.1U$ 到 $0.9U$ 所经历的时间，可使用以下公式计算

$$t_R = 2.2RC$$

有一个特殊的时刻，也就是当 $t=RC$ 时，RC 电路的输出电压为

$$u_C = U(1 - e^{-\frac{t}{RC}}) = U(1 - e^{-\frac{t}{\tau}}) = U(1 - e^{-1}) = 0.632U$$

也就是说，当电容充电了 t 秒之后，如果 t 等于电阻阻值和电容容量的乘积，那么 RC 电路的输出电压为输入电压 U 的 0.632 倍(图 3.2(b)中的 B 点)。

在电子学中，把 RC 电路中电阻阻值和电容容量的乘积称为 RC 时间常数，用希腊字母

"τ"表示,于是有

$$\tau = RC$$

时间常数τ决定了电路暂态过程变化的快慢。其量纲$\Omega \dfrac{\text{A} \cdot \text{s}}{\text{V}} = \text{s}$。"$\tau$"的物理意义如图3.3所示。

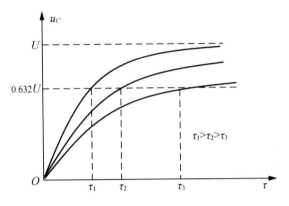

图3.3 τ的物理意义

从图3.3可以看出,τ越大,曲线变化越慢,u_C达到稳态所需要的时间越长。$t = 5\tau$时,暂态基本结束,u_C达到稳态值。

电流i_C的变化规律

$$i_C = C\frac{\mathrm{d}u_C}{\mathrm{d}t} = \frac{U}{R}\mathrm{e}^{-\frac{t}{\tau}} \quad t \geqslant 0$$

u_C、i_C、u_R的变化曲线如图3.4所示。

二、RC电路的零输入响应

所谓零输入响应是指无电源激励,输入信号为零,仅由电容元件的初始储能所产生的电路的响应。

在图3.5所示的RC电路中,$t<0$时是原始稳态,即电容充电完毕,电容上的电压$u_C(0_-) = U$。

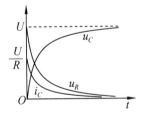

图3.4 RC电路的零状态响应曲线

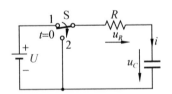

图3.5 RC电路的零输入响应

$t = 0$时,开关由"1"拨到"2",将RC电路短接,电容C对电阻R放电,如图3.6所示。到达稳态后$u_C(\infty) = 0$。在放电过程中电容两端的电压可由下式计算:

$$u_C = U\mathrm{e}^{-\frac{t}{RC}} = U\mathrm{e}^{-\frac{t}{\tau}} \quad t \geqslant 0$$

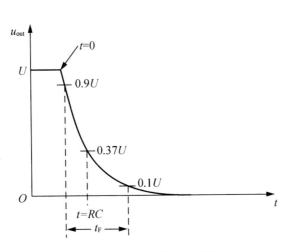

图 3.6　RC 电路的放电时间

可见，电容电压 u_C 从初始值按指数规律衰减，衰减的快慢由时间常数 RC 决定。如果电源电压 $U=10\text{V}$，$R=100\text{k}\Omega$、$C=100\mu\text{F}$，则在电容充满电后开始放电 2s 后电容两端的电压为

$$u_C = U\text{e}^{-\frac{t}{RC}} = 10\text{V}\times\text{e}^{-\frac{2\text{s}}{100\text{k}\Omega\times100\mu\text{F}}} = 8.19\text{V}$$

当 $t=\tau=RC$ 时，$u_C = U\text{e}^{-1} = 36.8\%U$

时间常数 τ 等于电压 u_C 衰减到初始值 U 的 36.8V% 所需的时间。其物理意义如图 3.7 所示。

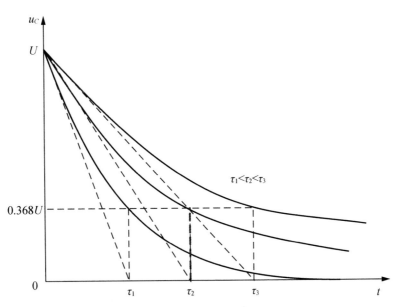

图 3.7　时间常数 τ 的物理意义

从图 3.7 可以看出，τ 越大，曲线变化越慢，u_C 达到稳态所需要的时间越长。理论上认为 $t \to \infty$、$u_C \to 0$ 电路达到稳态，工程上认为 $t = (3\sim5)\tau$ 时，电容放电基本结束。

输出电压下降时间 t_F 定义为电容电压从 $0.9U$ 到下降 $0.1U$ 所经历的时间，可使用 $t_F=2.2RC$ 来计算。

由于 $i = C\dfrac{\mathrm{d}u_C}{\mathrm{d}t} = -\dfrac{U}{R}\mathrm{e}^{-\frac{t}{\tau}}$，可得 $u_R = Ri = -u_C = -U\mathrm{e}^{-\frac{t}{\tau}}$

u_C、i、u_R 随时间的变化曲线如图 3.8 所示。

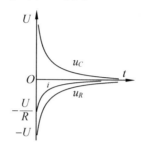

图 3.8　RC 电路的零输入响应曲线

理论上讲，电路只有经过 $\tau = \infty$ 的时间才能达到稳定。但是，由于指数曲线开始变化较快，而后逐渐缓慢，所以，实际上经过 $t = (3 \sim 5)\tau$ 的时间，就可以认为达到稳态了。这时

$$u_C = U\mathrm{e}^{-5} = 0.007U$$

任务实施

通过上面分析可见，暂态过程的快慢取决于电路的时间常数。研究暂态过程的实际意义在于以下几个方面。

(1) 利用电路暂态过程产生特定波形的电信号如锯齿波、三角波、尖脉冲等应用于电子电路。

(2) 控制、预防可能产生的危害。暂态过程开始的瞬间可能产生过电压、过电流使电气设备或元件损坏。直流电路、交流电路都存在暂态过程。

(3) 产生暂态过程的必要条件如下。

① 电路中含有储能元件(内因)。

② 电路发生换路(外因，指电路状态的改变。如：电路接通、切断、短路、电压改变或参数改变)。

(4) 产生暂态过程的原因：由于物体所具有的能量不能跃变而造成。在换路瞬间储能元件的能量也不能跃变。

因为 C 储能：$W_C = \dfrac{1}{2}Cu_C^2$，所以 u_C 不能突变

因为 L 储能：$W_L = \dfrac{1}{2}Li_L^2$，所以 i_L 不能突变

思考与练习

1. 在图 3.9 所示的电路中，已知 $R_1 = R_2 = 10\Omega$，$U_S = 2\mathrm{V}$，求开关在 $t = 0$ 闭合瞬间的 $i_L(0_+)$,$i(0_+)$,$u_L(0_+)$。

2. 在图 3.10 所示的电路中，求开关在 $t = 0$ 时打开瞬间的 u_{C1}，u_{C2}，$i_1(0_+)$，$i_2(0_+)$，$i(0_+)$。

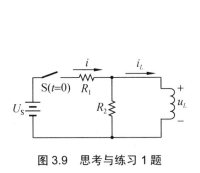

图 3.9　思考与练习 1 题

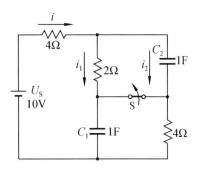

图 3.10　思考与练习 2 题

任务 3.2　使用电阻耦合与电容耦合

教学目标

(1) 熟悉电容耦合电路(微分电路)及其作用。
(2) 掌握电阻耦合电路(积分电路)及其作用。

任务引入

滤波器(Filter)是一种去掉输入信号中某一特定频率段成分的电路。图 3.11 展示的是一个录音过程中滤波器的作用。歌手在录音时，话筒把包括人声在内的各种声音经过变换后转变为电信号。由于女声的频率一般为 200～1200Hz，所以不在这个频率范围的声音可以视为噪声。为去除这些噪声，在采集时添加一个滤波器，把低于 200Hz 和高于 1200Hz 的信号去除。

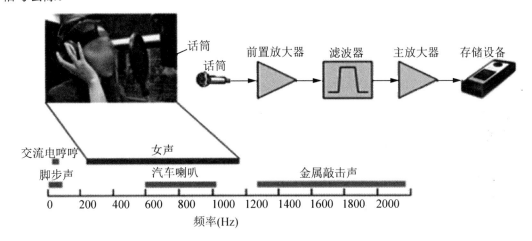

图 3.11　滤波器对人声的选择

高通滤波器(Passive High-pass Filter，HPF)和低通滤波器(Passive Low-pass Filter，LPF)是两种基础的滤波器。高通滤波器滤除频率在截止频率以下的信号成分(让频率高于截止频率的信号通过)，低通滤波器滤除频率在截止频率以上的信号成分(让频率低于截止频率的信号通过)。

一、电容耦合 RC 电路

耦合(Coupling)是信号的连接与传递。使用不同器件进行信号耦合会得到不同的传递效果。

电容耦合是指由电容在前，后级电路中耦合信号，电路如图 3.12(a)所示，工作特性如图 3.12(b)所示。如果输入信号 V_{in} 是一个方波，在 A 点时，V_{in} 由低突然变高，输出信号 V_{out} 也立即由低变高。这是因为跳变的信号相当于交流，于是电容让其通过，所以在 A 点输出信号跟随输入信号。在 B-C 段时，V_{in} 平稳，电容开始充电，两端电压不断上升。由于电阻和电容是串联关系，电容分压逐渐变大，于是电阻两端的电压，也就是输出信号 V_{out} 逐渐下降。

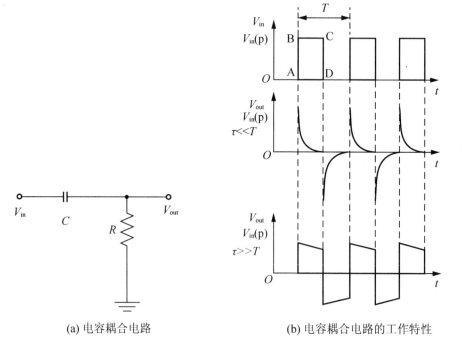

(a) 电容耦合电路　　　　　　　(b) 电容耦合电路的工作特性

图 3.12　电容耦合电路及工作特性

如果 RC 电路的时间常数 τ 远小于输入信号 V_{in} 的周期 $T(\tau <\!< T)$，电容会很快充满电而使输出信号 V_{out} 非常迅速地下降，于是出现了图 3.12(b)中间波形所示的急剧下降过程。在 C 点时，输入信号 V_{in} 由高变低，电容开始放电，电流方向与充电时相反，所以输出信号 V_{out} 出现了一个负向的尖峰。这种情况下的 RC 电路又称为微分电路(Differentiator，输出电压近似与输入电压对时间的微分成正比)，其输入、输出信号有如下的关系。

$$V_{out} \approx RC\frac{\mathrm{d}V_{in}}{\mathrm{d}t}$$

微分电路的输入电压 V_{in} 与输出电压 V_{out} 有明显的不同，这是微分电路的特性——只有输入信号发生变化时(A 点和 C 点)才产生输出信号，而且输入信号变化越快，输出越大。这一特性使微分电路常常用于检测信号的跳变边沿。

如果 RC 电路的时间常数 τ 远大于输入信号 V_{in} 的周期 $T(\tau >\!> T)$，电容缓慢充电而使输出信号 V_{out} 下降较慢，于是出现了图 3.12(b)下面波形所示的缓慢下降过程。此时的输出信号形式更接近输入信号，失真较小。这样的电路常常用于音频电路中不同放大级之间的耦合。一般在设计时令 τ 大于输入信号 V_{in} 的 10 倍周期 T。

在电容耦合中，输出信号 V_{out} 是一个交流信号(且具有正、负向平均电压值为 0)，然而其输入信号 V_{in} 却是一个直流信号(只有正向，且平均电压值大于 0)，所以，电容耦合可以有效地过滤掉直流(低频)信号，只把直流中的变化部分，由 A 点和 C 点反映出来。

不同时间常数 τ 时的输出信号 V_{out} 波形如图 3.13 所示。

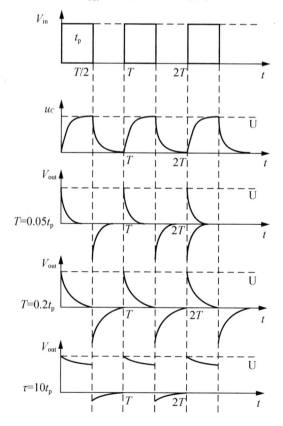

图 3.13 τ 对输出信号 V_{out} 的影响

电容耦合电路还可用于波形变换和作为触发信号。

二、电阻耦合 RC 电路

在图 3.14(a)所示的电阻耦合电路中，上一级信号 V_{in} 进入 RC 电路，通过电阻耦合后，形成输出级 V_{out} 送给下一级。如果输入信号 V_{in} 是一个方波(图 3.14(b)上面的波形)，在 A 点时，V_{in} 由低突然变高，对应得到上升部分的输出信号 V_{out} 图 3.14(b)中的 A 点相似。

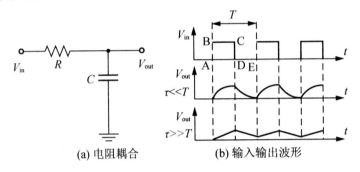

(a) 电阻耦合　　　　　(b) 输入输出波形

图 3.14　电阻耦合及电路特性

当输入信号 V_{in} 由高变低时，即在图 3.14(b)的 C 点处，对应得到的输出信号 V_{out} 如图 3.14(b)所示。如果 RC 电路的时间常数 τ 远小于输入信号 V_{in} 的周期 $T(\tau \ll T)$，即图 3.14(b)中间的波形，则电容有足够的充电、放电时间，于是得到一个具有指数关系上升和下降的输出信号波形曲线。

如果 RC 电路的时间常数 τ 远大于输入信号 V_{in} 的周期 $T(\tau \gg T)$，即图 3.14(b)下面的波形，则电容并没有得到足够的充电，而是刚刚充了一下就因为输入信号 V_{in} 的跳变开始放电，相当于图 3.14(b)的 A-D 段。在这一小段充电过程中，可近似认为电容两端电压，也就是输出信号 V_{out} 为线性变化。在放电时也是这样。于是得到一个类似三角波的波形。这种情况下的 RC 电路称为积分(Integrator，输出电压与输入电压近似成积分关系)电路，其输入、输出信号有如下关系：

$$V_{out} \approx \frac{1}{RC} \int_0 V_{in} dt$$

积分电路的最大特点是在一段时间内累积了输入信号的稳定部分(图 3.14(b)的 B-C 段和 D-E 段)，从而缓和了输入信号的变化部分。所以，积分电路可以过滤掉变化比较快的信号(交流)。

电阻耦合电路也多用作示波器的扫描锯齿波电压。

任务实施

图 3.15(a)所示是一个高通滤波器的典型电路。这是一个电容耦合的 RC 电路。

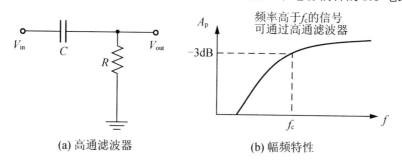

(a) 高通滤波器　　　　　　　(b) 幅频特性

图 3.15　高通滤波器及幅频特性

高通滤波器的截止频率 f_c 为

$$f_c = \frac{1}{2\pi RC}$$

假设 $R=2k\Omega$、$C=0.39\mu F$，则该高通滤波器的截止频率 f_c 为

$$f_c = \frac{1}{2\pi RC} = \frac{1}{2\times 3.14\times 2\times 10^3 \times 0.39\times 10^{-6}} \approx 204Hz$$

这样，只有频率高于 204Hz 的信号才可以通过高通滤波器，而低于 204Hz 的信号将被滤除掉。这个截止频率刚好可以过滤掉图 3.11 中那些不需要的低频噪声。

图 3.15(b)描述了高通滤波器的幅频特性，横坐标(f)是输入信号 V_{in} 的频率，纵坐标是输出信号 V_{out} 的幅度与输入信号 V_{in} 的幅度比值，也就是电路的电压增益(也叫电压放大倍数，后文模块 3 部分将详细介绍)。

电子学中还常常使用分贝为单位来表示电路的增益，计算方法是对电压增益取以 10 为底的对数并乘以 20，转换式为

$$A_v(dB) = 20\log A_v$$

对于高通滤波器来说，当输入信号 V_{in} 的频率等于截止频率 f_c 时，输出信号 V_{out} 与输入信号 V_{in} 的幅度比值为 0.707，即

$$A_{v(c)} = \frac{V_{out}}{V_{in}} = 0.707$$

如果使用分贝为单位就是-3dB($20\log 0.707 = -3dB$)，此时输出信号 V_{out} 已经因滤波器的衰减而明显小于输入信号 V_{in}，说明滤波器已经开始发挥作用。对于高通滤波器来说，如果输入信号 V_{in} 小于截止频率 f_c，则输出信号 V_{out} 衰减更大，于是 A_v 更小，如图 3.15(b)所示。

图 3.16(a)所示是一个低通滤波器的典型电路。这是一个电阻耦合的 RC 电路。

它的滤波原理也非常简单，当调频信号经过电阻之后被电容接地没有了输出，相反电容不会导通低频信号。低通滤波器的截止频率 f_c 与高通的一样，为

$$f_c = \frac{1}{2\pi RC}$$

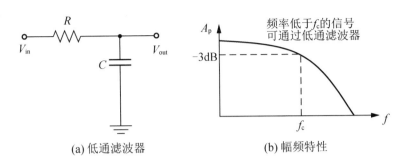

(a) 低通滤波器　　　　　　　　　　(b) 幅频特性

图 3.16　低通滤波器及幅频特性

假设 $R=1.1\text{k}\Omega$、$C=0.12\mu\text{F}$，则该低通滤波器的截止频率 f_c 为

$$f_c = \frac{1}{2\pi RC} = \frac{1}{2\times 3.14 \times 1.1\times 10^3 \times 0.12\times 10^{-6}} \approx 1206\text{Hz}$$

这样，只有频率低于 1206Hz 的信号才可以通过低通滤波器，而高于 1206Hz 的信号将被滤除掉。这个截止频率刚好可以过滤掉图 3.11 中那些不需要的高频噪声。

图 3.16(b)描述了低通滤波器的幅频特性，其坐标说明与高通滤波器相同。

思考与练习

1. 在图 3.17 所示的电路中，开关未动作前，电容上的电压 $u_C(0_-)=100\text{V}$，$R=400\Omega$，$C=0.1\mu\text{F}$。$t=0$ 时把开关闭合。求电压 u_C 和电流 i 的变化情况。

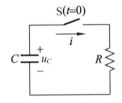

图 3.17　思考与练习 1 题

2. 如图 3.18 所示，用 EDA 电路仿真软件仿真微分电路。试调整 RC 时间常数，看输出波形有什么变化。

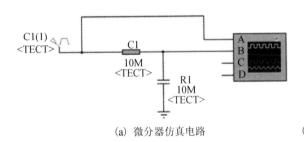

(a) 微分器仿真电路　　　　　　　　(b) 示波器观察到输入、输出波形

图 3.18　微分电路仿真

3. 如图 3.19 所示，用 EDA 电路仿真软件仿真积分电路。试调整 RC 时间常数，看输出波形有什么变化。

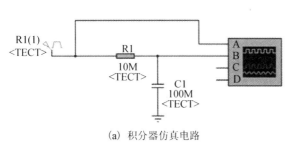
（a）积分器仿真电路

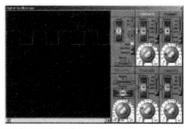
（b）示波器观察到输入、输出波形

图 3.19　积分电路仿真

任务 3.3　使用 RL 滤波器

(1) 掌握 RL 低通滤波器电路及其作用。

(2) 掌握 RL 高通滤波器电路及其作用。

(3) 了解带通滤波电路。

任务引入

图 3.20 所示是一个音箱里的简易分频器电路原理图，它实际上是一个低通滤波器。它的工作原理是什么呢？如何设计一个中音扬声器用的分频器呢？

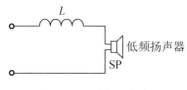

图 3.20　分频器电路

任务分析

扬声器 SP 具有阻抗，因此和电感组成 RL 滤波器。当音频信号进入分频器后，可以让其中的低频率信号进入低频扬声器 SP 中还原，高频信号因被滤波器过滤而不会在低频扬声器中被还原。

相关知识

一、RL 低通滤波器

电感和电阻按图 3.21(a)所示连接，就形成了一个低通滤波器。只有频率低于截止频率

f_c 的信号才可以顺利通过低通滤波器,如图 3.21(b)所示。其截止频率 f_c 的计算公式为

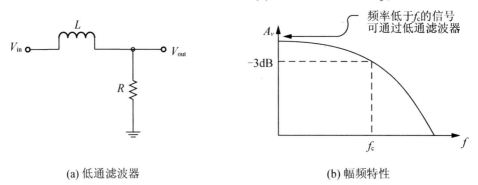

(a) 低通滤波器　　　　　　　　　　　　　(b) 幅频特性

图 3.21　RL 低通滤波器

$$f_c = \frac{R}{2\pi L}$$

式中,R 为电阻阻值,L 为电感的电感量。假设本滤波器电路中电阻 $R=470\Omega$,电感 $L=160\text{mH}$,则低通滤波器的截止频率 f_c 为

$$f_c = \frac{R}{2\pi L} = \frac{470}{2\times 3.14\times 160\times 10^{-3}} \approx 468\text{Hz}$$

1. RL 电路的零状态响应

在图 3.22 中,已知电感线圈在开关合上前,电流的初始值为零 $i_L(0_-)=0$,开关合上后,电路的状态(零状态响应)会发生怎样的变化呢?

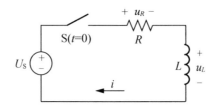

图 3.22　RL 电路的零状态响应

第一步,根据基尔霍夫电压定律,找到开关合上后 $t \geqslant 0_+$ 时,电压的关系式

$$u_L + u_R = U_S$$

第二步,以待求量 i 为未知量,考虑 $u_L = L\mathrm{d}i_L/\mathrm{d}t$(电感两端的电压与电流参考方向一致),建立微分方程

$$L\frac{\mathrm{d}i_L}{\mathrm{d}t} + Ri_L = U_S$$

求得

$$i_L = \frac{U_S}{R}(1-\mathrm{e}^{-\frac{R}{L}t}) = \frac{U_S}{R}(1-\mathrm{e}^{-\frac{t}{\tau}})$$

式中,$\tau = \dfrac{L}{R}$,为电路的时间常数。L 越大,感应电动势阻碍电流变化的作用就越强,电流增长的速度就越慢;R 越小,电流的稳态值就越大,电流增长到稳态值所需要的时间就越长。

进一步,可得到电感上的电压 u_L 和电阻上的电压 u_R 分别为

$$u_L = L\frac{\mathrm{d}i}{\mathrm{d}t} = U_\mathrm{S}\mathrm{e}^{-\frac{R}{L}t}$$

$$u_R = i_L R = U_\mathrm{S}(1 - \mathrm{e}^{-\frac{R}{L}t})$$

i_L、u_L、u_R 的变化曲线如图 3.23 所示。

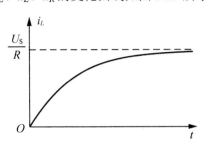
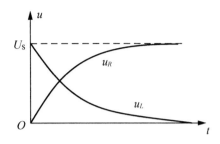

图 3.23　RL 电路的零状态响应曲线

2. RL 电路的零输入响应

在图 3.24 所示的 RL 电路中，$t<0$ 时是原始稳态，$t = 0$ 时，开关由 "1" 拨到 "2"，将 RL 电路短接，电感 L 中的电流为

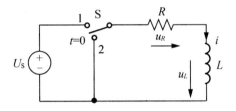

图 3.24　RL 电路的零输入响应

$$i_L = \frac{U_\mathrm{S}}{R}\mathrm{e}^{-\frac{R}{L}t}$$

电感上的电压 u_L 为

$$u_L = L\frac{\mathrm{d}i}{\mathrm{d}t} = -U_\mathrm{S}\mathrm{e}^{-\frac{R}{L}t}$$

RL 电路的零输入响应曲线如图 3.25 所示。

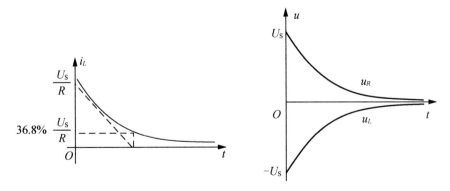

图 3.25　RL 电路的零输入响应曲线

特别提示

RL 电路直接从直流电源断开时，可能产生的现象有

(1) 刀闸处产生电弧

因为 $i_L(0_-) = \dfrac{U_S}{R}$ ， $i_L(0_+) = 0$

所以 $u_L = -e_L = L\dfrac{\mathrm{d}i}{\mathrm{d}t} \to \infty$

(2) 电压表瞬间过电压，如图 3.26 所示。

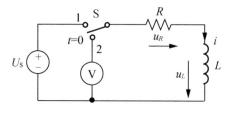

图 3.26 电压表过压

因为 $i_L(0_+) = i_L(0_-) = \dfrac{U}{R}$

所以 $V_\text{表}(0_+) = i_L(0_+) \times R_\text{表} = \dfrac{U}{R} \times R_\text{表}$

解决措施是在电路中增加放电电阻 R' 或续流二极管(工作原理在后文模块 3 中介绍)D,如图 3.27 所示。

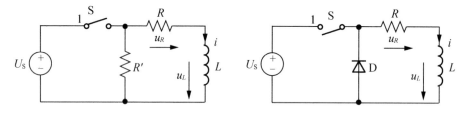

图 3.27 解决方案

二、RL 高通滤波器

电阻和电感按图 3.28(a)所示连接，就形成了一个高通滤波器电路。只有频率高于截止频率 f_c 的信号才可以顺利通过高通滤波器，如图 3.28(b)所示。其截止频率 f_c 的计算公式与低通滤波器相同。

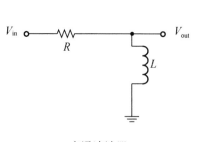

(a) 高通滤波器

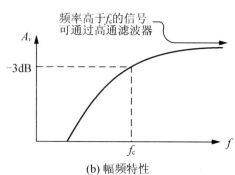

(b) 幅频特性

图 3.28 *RL* 高通滤波器

假设本滤波器电路中电阻 $R=2.2\text{k}\Omega$，电感 $L=25\text{mH}$，则高通滤波器的截止频率 f_c 为

$$f_c = \frac{R}{2\pi L} = \frac{2.2\times 10^3}{2\times 3.14\times 25\times 10^{-3}} \approx 14\text{kHz}$$

任务实施

图 3.29 所示是一个带通滤波器电路。电路由 R、L、C 组成，其中 L 和 C 可以是串联也可以是并联。通过选择合适的器件参数，可用图 3.29 中的公式计算出中心频率 f_0，只有输入信号 V_{in} 的频率接近中心频率 f_0 时才能通过，从而可以制成供中音扬声器用的分频器。

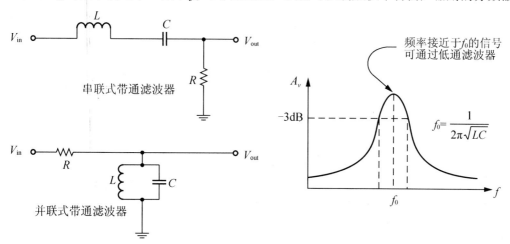

图 3.29　带通滤波器

思考与练习

1. 在图 3.30 所示的电路中，RL 是发电机的励磁绕组，其电感较大。R_f 是调节励磁电流用的。当将电源开关断开时，为了不至由于励磁线圈所储的磁能消失过快而烧坏开关触头，往往用一个泄放电阻 R' 与线圈联接。开关接通 R' 同时将电源断开。经过一段时间后，再将开关扳到 3 的位置，此时电路完全断开。

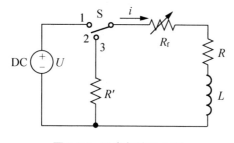

图 3.30　思考与练习 1 题

已知 $U=220\text{V}$，$L=10\text{H}$，$R=80\Omega$，$R_f=30\Omega$，电路稳态时 S 由 1 合向 2。

(1) $R'=1000\Omega$，试求开关 S 由 1 合向 2 瞬间线圈两端的电压 u_{RL}。

(2) 在(1)中，若使 U 不超过 220V，则泄放电阻 R' 应选多大？

(3) 根据(2)中所选用的电阻 R'，试求开关接通 R' 后经过多长时间，线圈才能将所储的磁能放出 95%？

(4) 写出(3)中 u_{RL} 随时间变化的表示式。

2. 在图 3.31 所示的电路中，开关闭合前 $i_L(0_-)=0$。在 $t=0$ 时闭合开关，求电流 i。

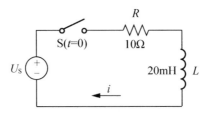

图 3.31　思考与练习 2 题

任务 3.4　一阶电路的全响应及三要素法求解电路

教学目标

(1) 了解一阶电路的全响应过程。

(2) 掌握一阶电路全响应的分析。

(3) 能够运用三要素法分析求解暂态电路。

任务引入

在图 3.32 所示的电路中，开关 J 在拨向右边之前，在 U_0 的作用下，电容上充有+12V 电压。当开关拨向右边后，U_0 和 U_S 两个电源同时作用，这个电路中的参数将会怎样变化呢？

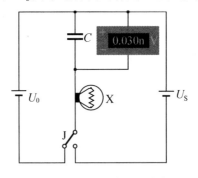

图 3.32　RC 电路的全响应

任务分析

分析可知，上面电路中开关动作前储能元件已存储能量。开关动作后，电路中两个电源均起作用，属于能量变化过程。也就是说，电路的初始状态不为零，同时又有外加激励源作用。

像这种由外加激励和非零初始状态的储能元件的初始储能共同引起的响应，称为全响应。

一、RC 串联电路的全响应

在图 3.33 所示的电路中，电容的初始电压为 U_0，在 $t = 0$ 时闭合开关 S，接通直流电源 U_S。这是一个线性电路，可应用叠加原理将其全响应分解为电路的零状态响应和零输入响应两部分。即，全响应=零状态响应+零输入响应(该结论对任意线性暂态电路均适用)。

根据叠加原理，电容两端电压 u_C 的全响应可表示为

$$u_C = u_{C1} + u_{C2}$$

其中，u_{C1} 为零状态响应产生的结果，u_{C2} 为零输入响应产生的结果。有

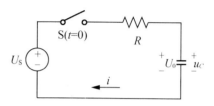

图 3.33　一阶电路的全响应

$$u_{C1} = U_S(1 - e^{\frac{-t}{RC}}) , \quad u_{C2} = U_0 e^{\frac{-t}{RC}}$$

于是

$$u_C = u_{C1} + u_{C2} = U_S(1 - e^{\frac{-t}{RC}}) + U_0 e^{\frac{-t}{RC}} = 零状态响应+零输入响应$$

同理，电流 i 的表达式为

$$i = \frac{U_S}{R} e^{\frac{-t}{RC}} - \frac{U_0}{R} e^{\frac{-t}{RC}} = 零状态响应+零输入响应$$

电压和电流也可以写成另一种形式

$$u_C = U_S + (U_0 - U_S) e^{\frac{-t}{RC}} = 稳态分量+暂态分量$$

和

$$i = \frac{U_S - U_0}{R} e^{-\frac{t}{RC}}$$

于是电路的全响应又可用稳态分量和暂态分量之和来表示。在 u_C 的表达式中稳态分量为 U_S，暂态分量为 $(U_0 - U_S)e^{\frac{-t}{RC}}$。由于电路稳定时电容相当于开路，电流 i 最终的稳态值为零，所以电流的表达式中只有暂态分量而无稳态分量。

总之，电路的全响应既可用零输入响应和零状态响应之和来表示，也可用稳态响应和暂态响应之和来表示。前一种方法中两个分量分别与输入和初始值有明显的因果关系，便于分析计算；后一种方法则能较明显地反映电路的工作状态，便于描述电路过渡过程的特点。

特别提示

稳态响应、暂态响应与零状态响应、零输入响应的概念不同，必须加以区分。

根据 U_S 和 U_0 之间的关系，将电路分成以下 3 种情况讨论。

(1) 当 $U_S > U_0$，$i > 0$：整个过程中电容一直处于充电状态，电容电压 u_C 从 U_0 按指数规律变化到 U_S。

(2) 当 $U_S < U_0$，$i < 0$：这说明电流的参考方向与实际方向相反，电容处于放电状态，电容电压从 U_0 放电至 U_S，最终稳定下来。

(3) 当 $U_S = U_0$：在 $t \geqslant 0$ 的整个过程中，$i = 0$，$u_C = U_S$。这说明电路转换后，并不发生过渡过程，而直接进入稳态，其原因在于换路前后电容中的电场能量并没有发生变化。

图 3.34 给出了这 3 种情况下 u_C 的变化曲线。

以上介绍了一阶 RC 串联电路全响应的分析方法，对于一阶 RL 串联电路，其分析方法完全相同，在此不再重复，读者可以自行讨论。

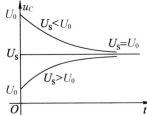

图 3.34　u_C 的变化曲线

二、三要素法分析电路暂态过程

仅含一个储能元件或可等效为一个储能元件的线性电路，且由一阶微分方程描述，称为一阶线性电路。在直流电源激励的情况下，一阶线性电路微分方程解的通用表达式：

$$f(t) = f(\infty) + [f(0_+) - f(\infty)]e^{-\frac{t}{\tau}}(t \geqslant 0)$$

式中，$f(t)$ 代表一阶电路中任一电压、电流函数；$f(0_+)$ 为初始值；$f(\infty)$ 为稳态值；τ 为时间常数。这三个参数称为三要素。

利用求三要素的方法求解暂态过程，称为三要素法。一阶电路都可以应用三要素法求解，在求得 $f(0_+)$、$f(\infty)$ 和 τ 的基础上，可直接写出电路的响应(电压或电流)。

三要素法求解暂态过程的要点如下所列。

(1) 求初始值、稳态值、时间常数。

(2) 将求得的三要素结果代入暂态过程通用表达式。

(3) 画出暂态电路电压、电流随时间变化的曲线如图 3.35 所示。

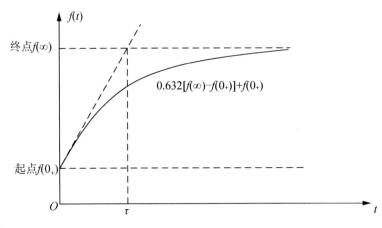

图 3.35　暂态变化曲线

暂态响应中"三要素"的确定

1) 稳态值 $f(\infty)$ 的计算

求换路后电路中的电压和电流，其中电容 C 视为开路，电感 L 视为短路，即求解直流电阻性电路中的电压(图 3.36)和电流(图 3.37)。

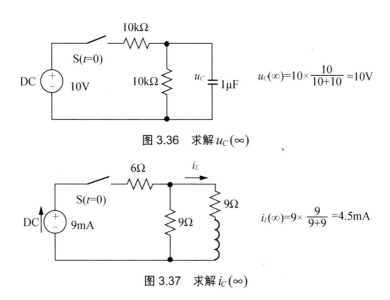

图 3.36　求解 $u_C(\infty)$

$$u_C(\infty)=10\times\frac{10}{10+10}=10V$$

$$i_L(\infty)=9\times\frac{9}{9+9}=4.5mA$$

图 3.37　求解 $i_C(\infty)$

2）初始值 $f(0_+)$ 的计算

(1) 由 $t=0_-$ 电路求 $u_C(0_-)$、$i_L(0_-)$。

(2) 根据换路定则求出 $u_C(0_+)=u_C(0_-)$，$i_L(0_+)=i_L(0_-)$。

(3) 由 $t=0_+$ 时的电路，求所需其他各量的 $u(0_+)$ 或 $i(0_+)$。

特别提示

在换路瞬间 $t=(0_+)$ 的等效电路中，若 $u_C(0_-)=U_0\neq0$，电容元件可用恒压源代替，其值等于 U_0；若 $u_C(0_-)=0$，电容元件可视为短路。

若 $i_L(0_-)=I_0\neq0$，电感元件可用恒流源代替，其值等于 I_0；若 $i_L(0_-)=0$，电感元件可视为开路。

若不画 $t=(0_+)$ 的等效电路，则在所列 $t=0_+$ 时的方程中应有 $u_C=u_{C(0_+)}$、$i_L=i_{L(0_+)}$。

3）时间常数 τ 的计算

对于一阶 RC 电路 $\tau=RC$；对于一阶 RL 电路 $\tau=\dfrac{L}{R}$

特别提示

对于简单的一阶电路，$R_0=R$；对于较复杂的一阶电路，R_0 为换路后的电路除去电源和储能元件后，在储能元件两端所求得的无源二端网络的等效电阻。

任务实施

电路如图 3.38 所示，$t=0$ 时合上开关 S，合上 S 前电路已处于稳态。试求电容电压 u_C 和电流 i_2、i_C。

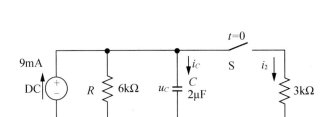

图 3.38　三要素法求解电路

用三要素法求解

$$u_C = u_C(\infty) + \left[u_C(0_+) - u_C(\infty)\right] e^{-\frac{t}{\tau}}$$

(1) 确定初始值 $u_C(0_+)$

如图 3.39 所示，由 $t=0_-$ 电路可求得

$$u_C(0_-) = 9 \times 10^{-3} \times 6 \times 10^3 = 54 \text{ V}$$

由换路定则得

$$u_C(0_+) = u_C(0_-) = 54 \text{ V}$$

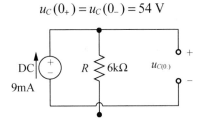

图 3.39　$t=0_-$ 时的等效电路

(2) 确定稳态值 $u_C(\infty)$

如图 3.40 所示，有

$$u_C(\infty) = 9 \times 10^{-3} \times \frac{6 \times 3}{6 + 3} \times 10^3 = 18 \text{ V}$$

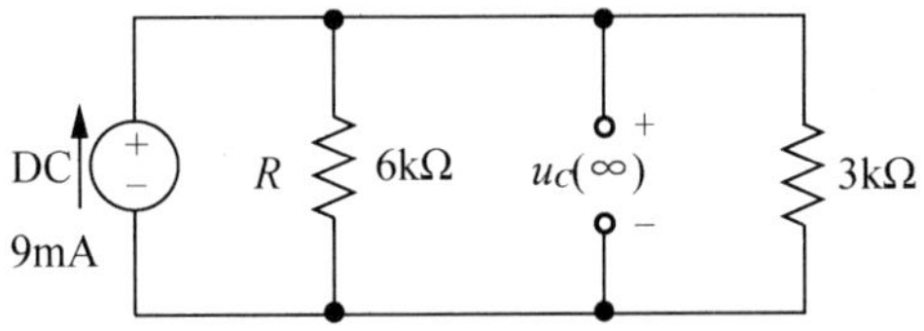

图 3.40　$t=\infty$ 时的等效电路

(3) 由换路后电路求时间常数 τ

$$\tau = R_0 C = \frac{6 \times 3}{6 + 3} \times 10^3 \times 2 \times 10^{-6} = 4 \times 10^{-3} \text{ s}$$

(4) 代入三要素公式

$$u_C = 18 + (54 - 18)e^{-\frac{t}{4 \times 10^{-3}}} = 18 + 36e^{-250t} \text{ V}$$

u_C 的变化曲线如图 3.41 所示。

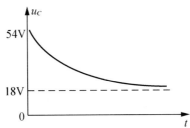

图 3.41 u_C 的变化曲线

$$i_C = C\frac{\mathrm{d}u_C}{\mathrm{d}t} = 2\times10^{-6}\times36\times(-250)\mathrm{e}^{-250t} = -0.018\mathrm{e}^{-250t}\ \mathrm{A}$$

特别提示

若用三要素法求 i_C

$$i_C = i_C(\infty) + \left[i_C(0_+) - i_C(\infty)\right]\mathrm{e}^{-\frac{t}{\tau}}$$

$t=0_+$ 时的等效电路如图 3.42 所示。

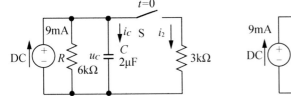

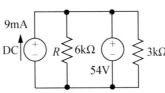

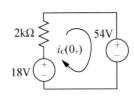

图 3.42 $t=0_+$ 时的等效电路

$$i_C(0_+) = \frac{18-54}{2\times10^3} = -18\ \mathrm{mA}$$

$$i_C(\infty) = 0$$

$$i_C(t) = -18\mathrm{e}^{-250t}\ \mathrm{mA}$$

$$i_2(t) = \frac{u_C(t)}{3\times10^3} = 6 + 12\,\mathrm{e}^{-250t}\ \mathrm{mA}$$

思考与练习

1. 求图 3.43 所示电路的时间常数。

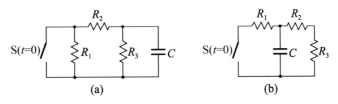

图 3.43 思考与练习 1 题

2．电路如图 3.44 所示，$t<0$ 时，开关与"1"端闭合，并已达稳态。$t=0$ 时，开关由"1"端转向"2"端。求 $t \geqslant 0$ 时的 i_L。

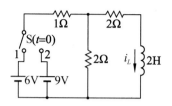

图 3.44　思考与练习 2 题

3．在图 3.45 所示的电路中，$t<0$，已达稳定状态，$t=0$ 时合上开关。求 $u_C(t)$。

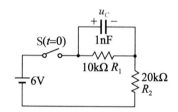

图 3.45　思考与练习 3 题

模块二

模拟电子技术

电子技术是应用电子元器件或电子设备达到某种特定目的或完成某项特定任务的技术。其研究的对象是电子元器件和由电子元器件构成的各种功能电路。电子技术按照其处理信号的不同，分为模拟电子技术和数字电子技术两部分。所谓模拟电子技术是研究平滑的、连续变化的电压或电流，即模拟信号下工作的电子电路及其技术，而数字电子技术是研究离散的、间断变化的电压或电流，即数字信号下工作的电子电路。

项目 4

半导体器件

引言

在自然界中，存在着很多不同的物质，如果用其导电能力来衡量，可以分为 3 类：一类是导电能力较强的物质称为导体，如银、铜、铝等；另一类是几乎不能导电的物质称为绝缘体，如橡胶、塑料、陶瓷等；此外，还有一些物质，它们的导电性能介于导体和绝缘体之间，称之为半导体，如锗、硅、硒、砷化镓及一些金属的氧化物或硫化物。

半导体器件是构成各种电子电路的基本元件，各种半导体器件均是以半导体材料为主构成的，其导电机理和特性参数都与半导体材料的导电特性密切相关。半导体技术的应用可以说无处不在，充满了人们工作生活的周围，像手机、电视、平板电脑、石英表等。

半导体的发现可以追溯到很久以前。1833 年，英国的巴拉迪最先发现硫化银的电阻值随着温度的变化情况不同于一般金属：一般情况下，金属的电阻值随温度升高而增加，但巴拉迪发现硫化银材料的电阻值随着温度的上升而降低。这是半导体现象的首次发现。不久，法国的贝克莱尔发现半导体和电解质接触所形成的结，在光照下会产生一个电压，这就是后来人们熟知的光生伏特效应。1873 年，英国的史密斯发现硒晶体材料在光照下电导增加的光电导效应。1874 年，德国的布劳恩观察到某些硫化物的电导与所加电场的方向有关，即它的导电有方向性，这就是半导体的整流效应，也是半导体所特有的特性。

半导体的这些特点，虽在 1880 年以前就先后被发现了，但半导体这个名词大约到 1911 年才被考尼白格和维斯首次使用。而直到 1947 年 12 月半导体的这些特性才由贝尔实验室总结出来。

特别提示

在半导体发现前，广泛使用的是 1906 年福雷斯特等发明的电子管，如图 4.1 所示。

电子管的体积比较大，而且特别费电。由于存在灯丝断线或真空性变差的问题，电子管的寿命一般比较短，目前只在一些大功率发射装置中使用。

图 4.1　电子真空管

任务 4.1　认识电饭煲的工作原理

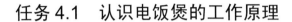**教学目标**

(1) 了解半导体器件的特点和分类。

(2) 熟练掌握 PN 结的导电特性。

(3) 了解半导体二极管的工作原理和特性曲线，理解二极管主要参数的意义。

任务引入

图 4.2 所示是一个自动电饭煲(锅)的工作原理图。该电饭煲具有煮饭、煲粥及自动保温功能，试分析其工作原理。

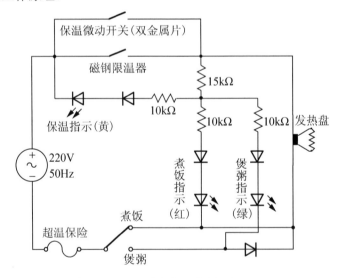

图 4.2　电饭煲工作原理图

**任务分析**

从图 4.2 中可以看出，该电饭煲的电路部分由 3 个控制开关和 3 个状态指示电路再加 1 个超温保护电路构成。

保温微动开关是一个双金属片自动开关，当温度达到 70~80℃时，自动断开，此断开温度点在电饭煲制造时已经调好，低于 70℃时，自动闭合；磁钢限温开关需要手动闭合。当此开关的温度达到居里点(103℃)时，自动断开，且不能自动复位(闭合)。

1. 煮饭

插上电源线，按下煮饭按钮(此时保温微动开关已处于自然闭合状态，因刚接通电源时温度肯定是低于 70℃的，保温显示支路黄色指示灯被短路)，磁钢限温器(总成开关)吸合，带动磁钢杠杆，使微动开关从断开状态转到闭合状态，从而接通发热盘电源，电热盘上电发热，同时红色煮饭指示灯点亮。由于发热盘与内锅充分接触，热量很快传导到内锅，内锅也把相应的热量传导到米和水，使米和水受热升温直至沸腾；由于水的沸腾温度是 100℃，维持沸腾，这时磁钢限温器温度达到平衡。维持沸腾一段时间后，内锅里的水已基本蒸发或被米吸干，而且底部的米粒有可能连同糊精粘到锅底形成一个热隔离层，因此，内锅底部会以较快的速度，由 100℃上升到 103℃±2℃，相应磁钢限温器温度从 110℃上升到 145℃左右，热敏磁块感应到相应温度，失去磁性不吸合，从而推动磁钢连杆机构带动杠杆支架，把微动开关从闭合状态转为断开状态，电热盘电源被切断，实现电饭煲(锅)自动限温，黄色保温指示灯亮，焖饭 10min 即可食用。

2. 保温

电饭煲(锅)煮好米饭后进入保温过程，随着时间推移，米饭温度下降，双金属片保温器温度随着下降。当双金属片温控器温度下降到 54℃左右，双金属片恢复原形，温控器触点导通，电热盘通电发热，温度上升；温度达到 69℃左右，双金属片温控器断开，温度下降，重复上述过程，实现电饭煲(锅)的自动保温功能。

3. 煲粥(汤)

通过二极管的整流作用，使加到发热盘上的电压降低，实现人小功率的转换，防止溢溢。

4. 过热保护

如果由于各种原因导致温控器失灵不能自动断开的话，为避免过热引发火灾等事故，在线路中加装了一个超温保险，从而起到意外保护作用。

可见，要想从更深层次完全理解该电路工作原理的话，必须要了解相关电子元件知识。

相关知识

由于半导体和之前的电子管相比具有价格低、体积小和功耗低的特点，很快就取代了电子管，成为各种电子电路(模拟电路和数字电路，集成电路和分立元件电路)的基础器件，在电子技术中获得了广泛的应用，并随着技术的进步，向小型化、集成化方向发展。半导体的发展大体经历了晶体管、IC、LSI、VLSI、ULSI、CSP/MCU 等几个阶段，如图 4.3 所示。

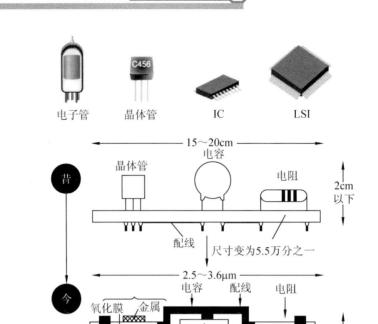

图 4.3　半导体的发展

与之对应，以前在电器 PCB 版上安装的电子元器件像电阻、电容器等是一个一个零部件独立存在的，现在这些零件在硅基板上的制作早已变成现实。

一、半导体材料的特点

(1) 通过掺入杂质(简称掺杂)可明显地改变半导体材料的电导率。半导体的导电性能在通常情况下和绝缘体类似，如果混入杂质的话，其阻抗就会急剧的降低。例如，室温 30℃时，在纯净锗中掺入一亿分之一的杂质，其电导率会增加几百倍。

(2) 温度可明显地改变半导体材料的电导率。半导体和金属都能导电，但是，随着温度的上升二者变化情况不同。作为导体的普通金属，温度上升时其电阻增加，电流变小；而对于半导体材料，随着温度上升，电流却变大(简称热敏)。利用这种效应可制成热敏器件，例如，电子温度计(只要测出半导体中的电流强度，就可以测定室内温度，如果电流增加的话，说明室温上升了)。但另一方面，热敏效应使半导体的热稳定性下降。因此，在由半导体器件构成的电路中常采取温度补偿及稳定参数等措施。

不仅是热，用光照射半导体也会发生同样的现象，如图 4.4 所示。

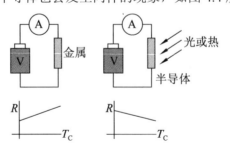

图 4.4　半导体的特殊性质

光照不仅可改变半导体的电导率，还可以产生电动势。利用半导体的这些特性可制成光敏电阻、光电晶体管、光电耦合器和光电池等。

特别提示

半导体不仅仅是电导率与导体有所不同。半导体之所以得到广泛的应用，是因为它具备上述特有的性能，也正是因为这些特性，使今天半导体器件取得了举世瞩目的发展。

二、半导体的种类

半导体根据其作用不同，材料也不相同。其中用得最多的是硅(Silicon，土、石、沙子的主要成分，化学元素符号 Si)、锗(Germanium，化学元素符号 Ge)和砷化镓(Gallium Arsenide)。硅经过加工后，其纯度可以达到99.999999999%，如图4.5所示。

图4.5　硅及其结构示意图

1. 本征半导体

完全纯净的、结构完整的半导体晶体称为本征半导体。

在硅和锗晶体中，原子按四角形系统组成晶体点阵，每个原子都处在正四面体的中心，而 4 个其他原子位于四面体的顶点，每个原子与其相邻的原子之间形成共价键，共用一对价电子，如图4.6所示。

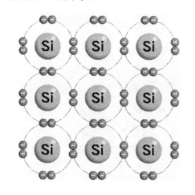
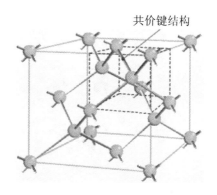

图4.6　本征硅的结构

晶体结构中的共价键具有很强的结合力，在热力学零度和没有外界能量激发时，价电子没有能力挣脱共价键束缚，这时晶体中几乎没有自由电子，因此不能导电。

一般情况下，本征半导体中的载流子(导电粒子)浓度很小，导电能力较弱，且受温度影响很大，不稳定，因此其用途很有限。当半导体的温度升高或受到光照等外界因素的影响时，某些共价键中的价电子因热激发而获得足够的能量，能脱离共价键的束缚成为自由电子；同时，在原来的共价键中留下一个空位，称为"空穴"。

特别提示

本征半导体中产生电子–空穴对的现象称为本征激发。

共价键中失去电子出现空穴时，相邻原子的价电子比较容易离开它所在的共价键填补到这个空穴中来，使该价电子原来所在的共价键中又出现一个空穴，这个空穴又可被相邻原子的价电子填补，再出现空穴。显然，如果在外电场作用下，半导体中将出现两部分电流：一种是自由电子作定向运动形成的电子电流；另一种是仍被原子核束缚的价电子(不是自由电子)递补空穴形成的空穴电流。

特别提示

· 在半导体中同时存在自由电子和空穴两种载流子参与导电，这种导电机理和金属导体的导电机理具有本质上的区别。

2. 杂质半导体

相对金属导体而言，本征半导体中载流子数目极少，因此导电能力很低。如果在其中掺入微量的杂质，将使半导体导电性能发生显著变化，这些掺入杂质的半导体称为杂质半导体。根据掺入杂质的不同，杂质半导体可以分为 N 型半导体和 P 型半导体两大类。

1) N 型半导体

在纯净的硅(或锗)中掺入微量的磷(P)或砷等五价元素。由于这些杂质的原因，在半导体中就有过剩的电子存在。这些自由电子为半导体内电流流动起作用，因此电阻率降了下来。电子带负电(Negative)，故这样的半导体称为 N 型半导体，其结构如图 4.7(a)所示。

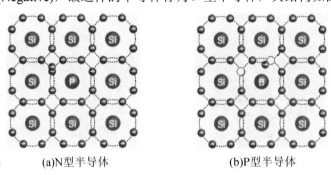

(a)N型半导体　　　　　　　(b)P型半导体

图 4.7　N 型半导体和 P 型半导体

2) P 型半导体

在纯净的硅中掺入微量的硼(B)、铝等三价元素。这时，半导体中电子成为不足状态。电子缺了的地方形成空穴。这个空穴接受移动的电子，为电流的流动起作用。空穴可以看成带正电(Positive)，故这样的半导体称为 P 型半导体，其结构如图 4.7(b)所示。

用半导体做成的元器件称为半导体器件，根据其用途可以分为一般半导体、光半导体、数字 IC，模拟 IC 和存储器等，如图 4.8 所示。

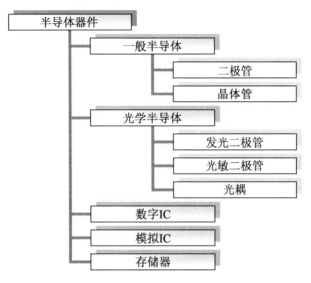

图 4.8　半导体的应用分类

三、PN 结

在一块半导体基片上通过适当的工艺技术可以形成 P 型区和 N 型区，P 型区和 N 型区连接处称为 PN 结。PN 结的电流电压特性曲线如图 4.9 所示。

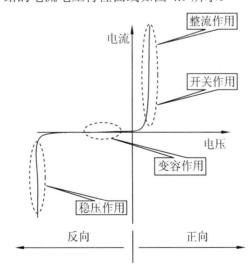

图 4.9　PN 结的特性

分别使用 PN 结的不同特性区可以制作出各种不同功能的晶体二极管。整流二极管和开关二极管，主要使用正向偏压特性区；变容二极管使用反向偏压特性区；稳压二极管在反向击穿区工作，下边分别予以介绍。

四、晶体二极管(Diode)

晶体二极管，简称二极管，是由 PN 结加上电极引线和管壳构成的，电路符号是 ━━▷┃━━。符号中接到 P 型区的引线称为正极(或阳极)，接到 N 型区的引线称为负极(或阴极)。

二极管按其结构不同可分为点接触型和面接触型两类。点接触型二极管的 PN 结面积很小，因而结电容小，适用于高频下工作，但不能通过很大的电流，主要应用于小电流的整流和高频时的检波、混频及脉冲数字电路中的开关元件等。面接触型二极管 PN 结面积大，能通过较大的电流，但其结电容也大，只适用于较低频率下的整流电路中。

二极管具有单向导电的性质，即电流只能从 P 流向 N，如图 4.10 所示。利用这一点，可以把交流电变成直流电(整流)。

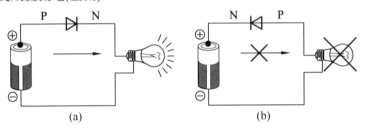

(a)　　　　　　　　　　(b)

图 4.10　二极管的单向导电性

特别提示

图 4.10 中的电池如果换成交流电源的话，如果频率较大，灯泡从视觉效果上看也是连续发光的。

二极管种类很多，按材料来分，常用的有硅管和锗管两种，按用途来分：有普通二极管(从高频电路得到语音、视频信号检波)、整流(从交流得到直流)二极管、光敏二极管、发光二极管、激光二极管、变容二极管、稳压二极管等多种，如图 4.11 所示。

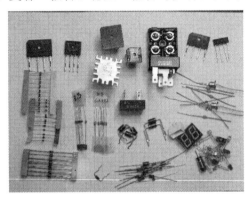

图 4.11　各种各样的二极管

1. 主要参数与特性曲线

器件参数是定量描述器件性能质量和安全工作范围的重要数据，是合理选择和正确使用器件的依据。参数一般可以从产品手册中查到，也可以通过直接测量得到。为了正确选择和使用二极管，下面介绍其主要参数及其意义。

(1) 最大整流电流 I_{OM}：二极管长期工作所允许流过的最大正向电流，从 0.1 安培到数十安培。若超过会导致二极管过热而损坏。

(2) 最高反向工作电压 U_{RM}：二极管所能承受的最高反向工作电压的峰值，若超过这个值，二极管有被击穿的危险(一般规定反向工作电压是反向击穿电压的一半)。

(3) 最高工作频率 f_{max}：二极管能通过的最高交流信号频率。若超过，二极管性能变差。

(4) 极间电容 C：指 PN 结电容、引线电容和壳体电容的总和。

二极管除了上述参数外，还有一些其他参数，使用时可参考生产厂家提供的相关手册。

特别提示

(1) 由于器件参数分散性较大，手册中给出的数据一般为典型值，必要时应通过实际测量得到准确值。

(2) 注意参数的测试条件。当运用条件不同时，应考虑使用环境对其性能的影响。

二极管电流与电压的关系曲线 $I = f(V)$，称为二极管的伏安特性，如图 4.12 所示。

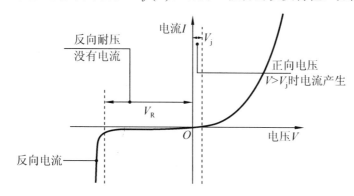

图 4.12　二极管的特性曲线

显然，二极管的伏安特性不是直线。因此，二极管属于非线性元件。

1) 正向特性

从图 4.12 中可以看出，二极管外加正向电压(Forward Voltage)很小时，呈现较大的电阻，几乎没有正向电流流过。当正向电压超过一定数值时，才有明显的正向电流。这个电压值称为死区电压，用 V_j 表示。室温下，通常硅管的死区电压约为 0.5V，锗管的死区电压约为 0.2V。当正向电压大于死区电压后，正向电流迅速增大，这时正向压降变化很小，硅管正向压降约为 0.6～0.7V；锗管的正向压降为 0.2～0.3V。二极管的伏安特性对温度很敏感，研究表明，温度每升高 10℃，正向压降减小约 2mV。

特别提示

不同二极管导通时的正向电压不尽相同，即使是同一个二极管，导通时通过的电流不同，其正向压降也会变化。正向电流 I_F 越大，正向电压 V_F 也就越大，也就是压降越大(这时要考虑这个压降会不会对电路的其他部分产生影响，比如导致电压不足)。

2) 反向特性

二极管加上反向电压时,形成很小的反向电流,且在一定温度下它的数量基本维持不变。因此,当反向电压在一定范围内增大时,反向电流的大小基本恒定,与反向电压大小无关,故称为反向饱和电流。一般小功率锗管的反向电流可达几十微安,而小功率硅管的反向电流要小得多,一般在 0.1μA 以下。研究表明,温度每升高 100℃,反向电流近似增大一倍。

当二极管外加反向电压大于一定数值(反向击穿电压 V_R)时,反向电流突然急剧增加,称为二极管反向击穿。反向击穿电压 V_R 一般在几十伏以上(硅管约 1000V,锗管约 100V)。

2. 二极管的测试

使用二极管时,首先要判定管脚的正负极性。可利用万用表来测量它的正反向电阻,判定其正、负极,并大致检验其单向导电性能的好坏。

测量时,把万用表的"欧姆挡"调到 $R \times 100$ 或 $R \times 1k$ 位置,将红黑两支表笔分别接到二极管的两个电极。若此时电表指示的电阻比较小(通常锗管为 $300 \sim 500\Omega$,硅管为 1000Ω 或更大些);将红黑两表笔对换重复测量,电阻值若大于几百千欧,说明二极管的单向导电性能较好。

在测得的阻值比较小时:黑表笔接的一端是二极管的正极,红表笔接的一端是二极管的负极(因为红表笔接的是表内电池负极,黑表笔接的是表内电池正极)。如果测得的反向电阻很小,说明二极管已失去了单向导电的作用。如果正向和反向的电阻均为无穷大,则说明二极管已经断路。

特别提示

现在的数字万用表一般都有二极管测试功能。要强调的是用数字万用表测量二极管时,实测的是二极管的正向电压值(根据这一电压值还可同时判断出二极管和制作材料(硅还是锗)),而传统指针式万用表则测的是二极管正反向电阻值。要特别注意这个区别。

如果是在线测量二极管时,测量前必须要断开电源,并将相关的电容放电。

3. 二极管应用与种类

1) 电源反接保护电路

做电路实验时常常由于疏忽将电源极性接反,使一些元器件特别是集成电路块烧毁。利用二极管的单向导电性就可避免电源反接或电流不正常(短路)增大带来的恶果。

电路如图 4.13 所示。二极管 D_1 与电路并联。如果电流大于熔丝 F_1 的额定电流熔丝会熔断从而切断电源。当电源连接正确时,二极管 D_1 处于反向偏置,相当于断开。如果电源极性接反,D_1 正向偏置而导通,电流就从二极管 D_1 的阳极流向阴极并将熔丝 F_1 烧掉,而不会流到后续电路中。

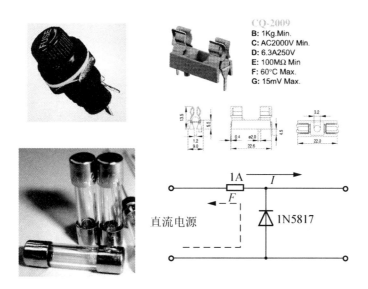

图 4.13　二极管保护电路

特别提示

图 4.13 中的二极管型号为 1N5817，从其技术手册可以知道它的正向工作电压为 0.45V(当电流为 1A 时)，最大持续工作的正向电流为 1A。这就是说当电路工作在 1A 电流时，二极管要分掉 0.45V 电压，也就是说电路获得的电压将比电源电压低 0.45V。如果电流不到 1A，1N5817 分掉的电压会小一些。

在选择二极管时要注意以下几方面内容。

二极管串联在电路中时，持续正向电流 $I_{F(AV)}$ 不能小于电路正常工作的需要的电流。另外，正向电压 V_F 带来压降，会降低给负载电路供电的电压。

二极管与电源要考虑二极管所能承受的最大反向偏置电压 V_{RRM}。比如 1N5817 的最大反向偏置电压 V_{RRM} 为 20V，所以电源的电压不能超过这个值，否则二极管会被反向击穿。

2) 检波

图 4.14 所示是一个简单的检波电路，右边是用于检波的二极管外形图。

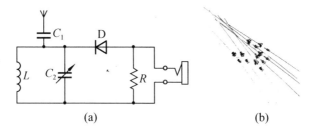

(a)　　　　　(b)

图 4.14　检波电路及检波二极管

所谓检波，就是利用二极管的单向导电性，从经过调制的高频调幅振荡电流中，取出调制信号的过程。经过检波后，利用一个耳机就可以收听本地信号比较强的广播了(这也可以说就是最简单的收音机了，它甚至都不需要电源)。

特别提示

耳机最好是高阻抗的，思考一下，为什么？

这种收音机，由于声音比较小，如果不想用耳机的话，需要增加放大电路，后文将详细介绍。

3) 开关二极管

开关二极管在正向电压作用下电阻很小，处于导通状态，相当于一只接通的开关；在反向电压作用下，电阻很大，处于截止状态，如同一只断开的开关。开关二极管一般采用小型玻璃式封装，如图 4.15 所示，其正向压降为 0.6～0.7V，最大电流 100～500mA，价格也不高。

图 4.15　开关二极管

利用二极管的这一开关特性，可以组成各种逻辑电路，在模块 3 中将详细介绍。

4) 电力用二极管(Power Diode)

电力二极管在 20 世纪 50 年代初期就获得应用，当时也被称为半导体整流器，它的基本结构和工作原理与前边介绍的二极管一样：以半导体 PN 结为基础，实现正向导通、反向截止的功能，如图 4.16 所示。

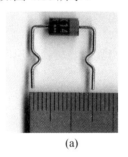
(a)
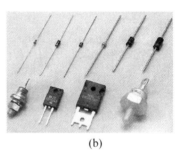
(b)

图 4.16　整流用电力二极管

电力二极管可以在交流—直流变换电路中作为整流元件，也可以在电感元件电能需要适当释放的电路中作为续流元件，还可以在各种变流电路中作为电压隔离、箝位或保护元件，其重要类型有普通二极管、快恢复二极管、肖特基二极管。

特别提示

对于高频整流电路，不能使用一般的二极管，这里存在一个时间(二极管由正向导通变成反向时，电流不能立刻停止)问题，应当采用肖特基二极管(SBD)。

肖特基二极管，是以其发明人肖特基博士(Schottky)的名字命名的。SBD 是肖特基势垒二极管(Schottky Barrier Diode，缩写成 SBD)的简称。SBD 不是利用 P 型半导体与 N 型半导体接触形成 PN 结原理制作的，利用的是金属与半导体接触形成的金属－半导体结原理。因此，SBD 也称为金属－半导体(接触)二极管或表面势垒二极管。它是一种热载流子二极管，是近年来问世的低功耗、大电流、超高速半导体器件。其反向恢复时间极短(可以小到几纳秒)，正向导通压降仅 0.4V 左右，而整流电流却可达到几千毫安。这些优良特性是快恢复二极管所无法比拟的。不过，由于这种管具有漏泄电流大耐压低的结构及特点，因此适合在低压、大电流输出场合完成高频整流。

5) 光敏二极管

光敏二极管在光线照射时导通；没有光线照射时不导通。在烟雾探测器、光电编码器及光电自动控制中完成由光信号向电信号的接收转换。它的管壳上备有一个玻璃窗口，以便于接受光照，如图 4.17 所示。图 4.17(b)为光敏二极管在光电鼠标中的应用。

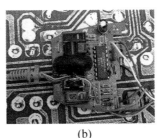

(a)　　　　　　　　　　　　　　　(b)

图 4.17　光敏二极管及应用

光敏二极管的特点是它的反向电流随光照强度的增加而线性增加，当无光照时，光敏二极管的伏安特性与普通二极管一样。光敏二极管的外形与符号如图 4.18 所示。

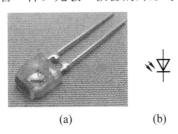

(a)　　　　　　　　(b)

图 4.18　光敏二极管及表示符号

光敏二极管的主要参数如下。

(1) 暗电流：无光照时的反向饱和电流，一般小于 1μA。

(2) 光电流：指在额定照度下的反向电流，一般为几十毫安。

(3) 灵敏度：指在给定波长(如 0.9μm)的单位光功率时，光敏二极管产生的光电流。一般 ≥0.5μA/μW。

(4) 峰值波长：使光敏二极管具有最高响应灵敏度(光敏电流最大)的光波长。一般光敏二极管的峰值波长在可见光和红外线范围内。

(5) 响应时间：指加定量光照后，光敏流达到稳定值的 63% 时所需要的时间。

光敏二极管作为光敏器件发挥着电子眼的作用，可用于遥控接收、光的隔断检测、光敏开关、扫描仪、手机通信、摄影机等方面。当制成大面积的光敏二极管时，可当作一种能源而称为光电池。此时它不需要外加电源，能够直接把光能变成电能。

特别提示

红外接收管也是一种光敏二极管。在实际应用中要加反向偏压才能正常工作，亦即红外接收二极管在电路中应用时是反向运用(这样才能获得较高的灵敏度)。外形一般有圆形和方形两种。

由于红外发光二极管的发射功率一般都较小(100mW 左右)，所以接收到的信号比较微弱，因此就要增加高增益放大电路。以前常用 μPC1373H、CX20106A 等红外接收专用放大电路，最近不论是业余制作还是正式产品，大多都采用成品红外接收头。成品红外接收头的封装大致有两种：一种采用铁皮屏蔽；一种是塑料封装，均有 3 只引脚，即电源正(V_{DD})、电源负(GND)和数据输出(U_0 或 OUT)，具体可参考厂家的使用说明。

成品红外接收头的优点是不需要复杂的调试和外壳屏蔽，使用起来如同一只晶体管(后文详细介绍)，非常方便。但在使用时要注意载波频率(红外遥控常用的载波频率为 38kHz，也有一些遥控系统采用 36kHz、40kHz、56kHz 等，这由发射端晶振的振荡频率来决定)。

6) 发光二极管(Light Emitting Diode)

发光二极管也称 LED，是一种将电能直接转换成光(可见光、红外、紫外)能的半导体固体显示器件。和普通二极管相似，发光二极管也是由 PN 结构成，具有单向导电特性。按封装结构和形式可分为玻璃封装、陶瓷封装、塑料封装等，此外还分为加色散射封装、无色散射封装、有色透明封装和无色透明封装。按其外形可分为回形、方形、矩形、三角形和组合形等，如图 4.19 所示。图 4.19(a)所示为普通的 LED，图 4.19(b)所示 LED 常常用来表示数字(Seven-Segment LED Display)，图 4.19(c)所示 LED 可以显示文字和图形。

(a)　　　　　　　　　　(b)　　　　　　　　　　(c)

图 4.19　各种各样的 LED

发光二极管的驱动电压低、工作电流小。具有体积小、可靠性高、耗电省、寿命长和很强的抗振动冲击能力等优点，广泛用于仪器、仪表电器设备作电源信号指示，音响设备调谐和电平指示，汽车车灯、大屏幕显示屏等。

发光二极管的原理与光敏二极管相反。正向偏置通过电流时这种管子会发出光是由于电子与空穴直接复合时放出能量的结果。它的光谱范围比较窄，其波长由所使用的材料而定。不同半导体材料制造的发光二极管发出不同颜色的光，如磷砷化镓(GaAsP)发红光或黄光，磷化镓(GaP)发红光或绿光，氮化镓(GaN)发蓝光，碳化硅(SiC)发黄光，砷化镓(GaAs)

发不可见的红外线。另外，发光二极管还分为普通发光二极管、高亮度发光二极管、超高亮度发光二极管、闪烁发光二极管、变色发光二极管、压控发光二极管和负阻发光二极管等。

发光二极管的主要参数有：正向导通电压、反向电压、最大正向工作电流、反向电流、功耗及发光颜色等。它的伏安特性和普通二极管相似，死区电压 0.9~1.1V，正向工作电压 1.5~2.5V，工作电流 5~15mA，反向击穿电压较低，一般小于 10V。例如：国产普通发光二极管 BT102 的正向电压为 2.5 V 以下，最大正向工作电流为 20 mA，发光颜色为红色。BT103 参数基本与 BT102 相同，只是发绿色光。

发光二极管的极性判别可通过将其放在光源下，观察两个金属片的大小：通常金属片较大的一端为负(阴)极，较小的一端为正(阳)极。对于普通单色二极管，引脚较长的一端为正(阳)极，短的一端是负(阴)极，如图 4.20 所示。

图 4.20　LED 及表示符号

在实际应用中，发光二极管需要串联合适的限流电阻，电路图可参见思考与练习6题。

如果把发光二极管和光敏二极管组合在一起就构成二极管型光电耦合器件。不过实际工作使用的光电耦合器件更多是发光二极管和光敏晶体管组合而成的，外观与内部结构如图 4.21(a)所示，电路符号用"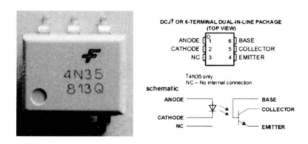"表示。

(a) 4N35光耦

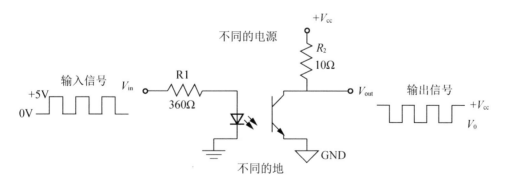

(b) 光电耦合器的隔离作用

图 4.21　光电耦合器

要说明的是，发光二极管与光敏晶体管之间只通过光来传递信号。二者之间并无电气上的联系，所以，控制发光二极管的前级电路和光敏晶体管驱动的后级电路之间电气上是隔离的。图 4.21(b)所示就是光电耦合器的一种典型应用。

红外发光二极管也是发光二极管中的一种：也有 PN 结构，有两根引脚，且有正、负极性之分。由于其内部材料不同于普通发光二极管，因而在其两端施加一定电压时，它发出的便是红外线而不是可见光。主要用于各种红外遥控器中作为遥控发射器件。

目前大量使用的红外发光二极管发出的红外线波长为 940nm(0.94μm)左右，管压降约 1.4V，工作电流一般小于 20mA。为了适应不同的工作电压，回路中常串有限流电阻。

红外发光二极管的外形与普通发光二极管 LED 相同，只是颜色不同，一般有黑色、深蓝、透明 3 种颜色。

判断红外发光二极管好坏的办法与判断普通二极管一样，但其发光效率要用专门的仪器才能精确测定，业余条件下只能粗略判定。

7) 变容二极管

变容二极管利用的是 PN 结的电容效应(PN 结中的电荷量随外加电压变化而改变时，就形成了电容效应，读者可参阅相关资料)，电路符号用"⟊"表示，如图 4.22 所示。

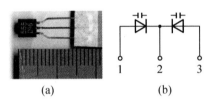

(a)　　　　　　　　　(b)

图 4.22　变容二极管及符号

变容二极管是利用 PN 结电容与其反向偏置电压关系制成的，所用材料多为硅或砷化镓单晶，并采用外延工艺技术。变容二极管上加的反偏电压愈大，其结电容愈小，主要用于自动频率控制、扫描振荡、调频和调谐等用途，是高频电路必不可少的元器件。

变容二极管的检测可使用万用表 $R \times 10k$ 电阻挡进行。无论红黑表笔怎样对调测量，变容二极管的两引脚间的电阻值均应为无穷大。如果在测量中发现万用表指针向右有轻微摆动或阻值为零，说明被测二极管有漏电或已被击穿。对于内部电路性故障，用万用表是无法检测的，必要时用替换法进行检测判断。

8) 稳压二极管(Zener Diode)

稳压管的电路符号用"⟊"表示，是一种特殊的面接触型半导体硅二极管，在反向偏置时只要达到一定的电压时就会导通，这个电压称为稳压值，用 V_Z 来表示，如图 4.23 所示。

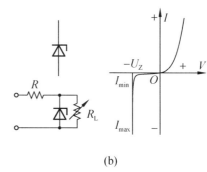

（a）　　　　　　　　　　　　（b）

图 4.23　稳压管、稳压管符号、电路及伏安特性

稳压二极管的两个管脚也有阳极、阴极之分，对应电路符号的两个极。通常在阴极一侧会有黑色环来标记，如图 4.24 所示。

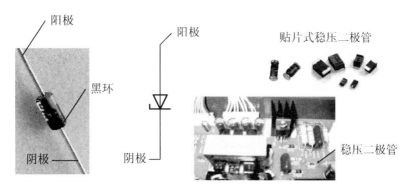

图 4.24　稳压二极管

和普通二极管相比，稳压管工作在 PN 结的反向击穿状态而不会损坏。当 I_Z 在较大范围内变化时，稳压管两端电压 V_Z 基本不变，即具有稳压特性。

稳压管的主要参数如下。

(1) 稳定电压 V_Z。稳压范围内管子两端的电压。由于制造工艺的原因，稳压值有一定的分散性。

(2) 动态电阻 R_Z。在正常工作范围内，端电压的变化量与相应电流变化量的比值，即 $R_Z = \dfrac{\Delta V_Z}{\Delta I_Z}$。稳压管的反向特性愈陡，$R_Z$ 愈小，稳压性能就愈好。

(3) 稳定电流 I_Z。稳压管正常工作时制造厂的测试电流值。

(4) 最大稳定电流 I_{Zmax}。允许通过的最大反向电流，若 $I > I_{Zmax}$ 时管子会因过热而损坏。

特别提示

稳压管正常工作的条件有两条：一是工作在反向击穿状态(稳压二极管击穿后电流急剧增大，使管耗相应增大)，当稳压管正偏时，它相当于一个普通二极管；二是稳压管中的电流要在稳定电流和最大允许电流之间，因此必须对击穿后的电流加以限制，以保证稳压二极管的安全，典型电路如图 4.23 所示。

稳压电流 I_Z 与稳压值 V_Z 的乘积不能超过器件的消耗功率 P_D(Power Dissipation)，比如 ZPD 系列消耗功率 $P_D = 0.5\mathrm{W}$，所以当使用 ZPD5.6 时(稳压值 $V_Z = 5.6\mathrm{V}$)，其稳压电流 I_Z 不能超过 $0.5\mathrm{W} \div 5.6\mathrm{V} \approx 89\mathrm{mA}$。

通过以上介绍，图 4.2 所示电饭煲的工作原理就不难理解了。为了方便今后使用，小结如下。

半导体器件在电子电路中的应用非常广泛，制造材料主要是硅或锗。晶体二极管简称二极管，是半导体器件中最普通、最简单的一种，其种类繁多，应用广泛。

二极管两根引脚有正、负极性之分。使用中如果接错，不仅不能起到正确作用，甚至还会损坏二极管本身及电路中的其他元器件。

二极管基本的特性是单向导通，即流过二极管的电流只能从正极流向负极，如图 4.25 所示。

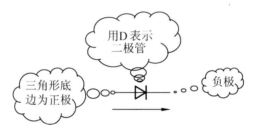

图 4.25　普通二极管及表示符号

普通二极管可以用在整流、限幅、检波等许多电路中。

无论哪种类型二极管，虽然它们的工作特性有所不同，但是都具有 PN 结的单向导电特性。表 4-1 所示为常用二极管家族一览。

表 4-1　二极管家族一览

划分方法及种类		解　　释
按功能	普通二极管	常见二极管
	整流二极管	专门用于整流的二极管
	光敏二极管	对光有敏感作用的二极管
	变容二极管	用于调谐的二极管
	发光二极管	专门用于指示信号及照明的二极管
	稳压二极管	专门用于直流稳压的二极管
按封装	塑料	大量使用的二极管
	金属	大功率整流二极管
	玻璃	检波二极管

拓展阅读

双向触发二极管

双向触发二极管的实物外形、电路符号及伏安特性如图 4.26 所示。它是 3 层、对称性质的二端半导体器件，等效于基极开路、发射极与集电极对称的 NPN 晶体管(晶体管知识后文详细介绍)。其正、反向伏安特性完全对称。

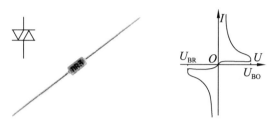

图 4.26　双向触发二极管

当器件两端的电压小于正向转折电压 U_{BO} 时，呈高阻态；当 $U > U_{BO}$ 时进入负阻区。同样，当 U 大于反向转折电压 U_{BR} 时，管子也能进入负阻区。

转折电压的对称性用 $\triangle U_B$ 表示，$\triangle U_B = U_{BO} - U_{BR}$。一般要求 $\triangle U_B < 2U$。双向触发二极管的正向转折电压值一般有 3 个等级：20~60V、100~150V、200~250V。由于转折电压都大于 20V，因此，用万用表电阻挡正反向测双向二极管时，表针均应不动($R \times 10k$)(但不能完全确定它就是好的，必要时使用替换法)。

双向触发二极管除用来触发双向晶闸管外(后文介绍)，还常用在过压保护、定时、移相等电路中。

思考与练习

1．在图 4.27 所示的电路中，已知 $E=3.6V$，$u_i = 6\sin\omega t V$，二极管的导通电压是 0.7V，试分别画出输出电压 u_o 的波形。

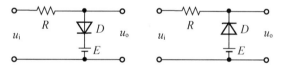

图 4.27　思考与练习 1 题

2．为什么用普通指针式万用表欧姆挡的不同量程测出的二极管阻值不同？

3．有两个稳压管 $U_{Z1}=6V$，$U_{Z2}=9V$，正向压降均为 0.7V。如果要得到 15V、9.7V、6.7V、3V 和 1.4V 几种稳定电压，这两个稳压管和限流电阻应如何联结？画出电路图。

4．光敏二极管在使用时是正向连接还是反向连接？变容二极管呢？

5．普通单色发光二极管的两个引脚不一样长时(未剪脚)，长脚是发光二极管的阳极还是短脚是阳极？

6．在图 4.28 所示的电路中，发光二极管是否会发光？为什么？

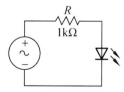

图 4.28　思考与练习 6 题

任务 4.2　检修电子灭蚊拍

教学目标

(1) 了解倍压整流原理。

(2) 理解晶体管电流分配及放大原理。

(3) 了解场效应管工作原理。

(4) 学习简单维修技术。

任务引入

电子灭蚊拍简称电蚊拍,其以实用、灭蚊效果好、无化学污染、安全卫生等优点,作为夏季灭蚊的好帮手,普遍受到人们的欢迎,其工作原理如图 4.29 所示。

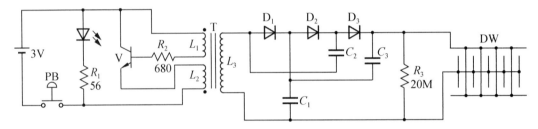

图 4.29　电子灭蚊拍工作原理

该电子灭蚊拍使用两节 1.5V 五号 AA 电池,电压 3V,电流 120mA。使用时,装上电池,手按住按键,挥舞蚊拍,蚊子碰触高压金属网即被击毙。

任务分析

电蚊拍主要由高频振荡电路、倍压整流电路和高压电击金属网 3 部分组成。按下电源开关 PB,LED 指示灯点亮,指示电蚊拍接通电源。由晶体管 V、电阻 R_2 和升压变压器 T 一次线圈 L_1、L_2 组成高频振荡电路。电路工作时,变压器 T 的二次线圈 L_3 产生约 500V 的交流电压。该电压经二极管 $D_1 \sim D_3$、电容 $C_1 \sim C_3$ 组成 3 倍压整流。倍压整流过程如下。

当变压器 T 的二次交流电源为正半周时,二极管 D_1 导通,向电容 C_1 充电;当电源为负半周时,D_1 截止,C_1 上的电压与 L_3 的电压叠加后,经二极管 D_2 对电容 C_2 充电。经过几个周期以后,C_2 充电到 L_3 电压的 $2\sqrt{2}$ 倍而达到稳定。之后,C_2 上的电压和 L_3 上的正半周电压叠加后经过 D_3 后加到 C_1 和 C_3 两端,叠加后的电压变成 L_3 电压的 $3\sqrt{2}$ 倍,即最终得到 1500V 左右直流高电压,加到电蚊拍的高压金属网 DW 上。

使用时,当蚊蝇触及金属网丝时,虫体引起短路,DW 放电拉弧,将其击晕、击毙。电路中的 R_3 为泄放电阻,并联在高压输出两端,以保证使用者的安全。

特别提示

倍压电路把交流电变成了直流电。

相关知识

一、晶体管

1947 年 12 月 23 日，在美国新泽西州墨累山的贝尔实验室里，3 位科学家——巴丁博士、布莱顿博士和肖克莱博士在作用半导体晶体把声音信号放大的实验时发现：通过一部分微量电流，竟然可以控制另一部分流过的大得多的电流，因而产生了放大效应。这个器件，就是在科技史上具有划时代意义的成果——晶体管。这 3 位科学家因此共同荣获了 1956 年诺贝尔物理学奖。

根据载流元素的不同晶体管分为双极型晶体管(电子和空穴两种载流元素)和场效应晶体管(电子或空穴)两种类型。双极型晶体管(简称晶体管，如图 4.30 所示)按制造材料划分为锗管和硅管两种类型，每一种又有 NPN 和 PNP 两种结构形式；场效应晶体管(FET)根据构造分为结型场效应晶体管(JFET)和 MOS 型场效应晶体管(MOSFET)，进一步还根据载流元素分为利用电子的 N 沟道和利用空穴的 P 沟道两种。

图 4.30　晶体管

晶体管主要用在模拟 IC、高频放大和电源方面，结型场效应晶体管主要用在音频放大等方面，MOS 型场效应晶体管主要用在 LSI 构成的设备中。

1. 双极型(Bipolar)晶体管

双极型晶体管是由两个背靠背、互有影响的 PN 结构成。两块 N 型半导体中间夹着一块 P 型半导体的管子称为 NPN 管；还有一种与它成对偶形式，两块 P 型半导体中间夹着一块 N 型半导体，称为 PNP 管。

双极型晶体管在工作过程中两种载流子都参与导电(所以称为双极型晶体管)，其共同特征就是具有 3 个电极("三极管"简称的来历)。其中，释放出载流子的部分为发射区，对应电极叫发射极(Emitter)，用 E 表示；收集载流子部分称为集电区，对应电极叫集电极

(Collector),用 C 表示;动作的基本控制部分称为基区,对应电极叫基极(Base),用 B 表示,如图 4.31 所示。

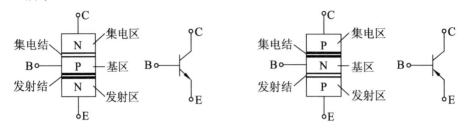

图 4.31 双极型晶体管结构示意图及符号

在制造晶体管时,有意识地使发射区的多数载流子浓度最高,其次是集电区,基区的最少而且严格控制杂质含量;面积上集电区最大,其次是发射区,基区做得很薄。这些特点构成晶体管具有放大作用的内部条件。

**特别提示**

集电区和发射区虽然是相同类型的杂质半导体,但一般不能互换。

1) 晶体管的电流分配与放大作用

以 NPN 型晶体管为例:当晶体管处在发射结正偏、集电结反偏(当 B 点电位高于 E 点电位零点几伏时,发射结处于正偏状态,而 C 点电位高于 B 点电位几伏时,集电结处于反偏状态)时,电子从发射区流向基区(电流方向相反),形成发射极电流 I_E,如图 4.32 所示。

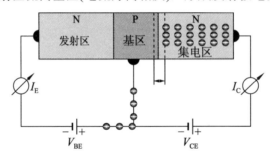

图 4.32 晶体管内部电子流动情况

由于基区很薄,其多数载流子空穴浓度很低,从发射极扩散过来的电子只有很少一部分和基区空穴复合形成基极电流 I_B,剩下的绝大部分都能扩散到集电结边缘。

由于集电结反向偏置,可将从发射区扩散到基并到达集电区边缘的电子拉入集电区,从而形成较大的集电极电流 I_C,电路如图 4.33 所示。

改变可调电阻 R_B:基极电流 I_B,集电极电流 I_C 和发射极电流 I_E 都会发生变化,通过观察测量结果可得出以下结论。

(1) $I_E = I_B + I_C$ (符合基尔霍夫电流定律)。

(2) $I_C = \bar{\beta} I_B$,即 I_C 与 I_B 维持一定比例关系,$\bar{\beta}$ 称为管子的直流放大系数。

(3) $\Delta I_C = \beta I_B$,$\beta = \Delta I_C / \Delta I_B$ 称为交流电流放大倍数(由于低频时 $\bar{\beta}$ 和 β 的数值相差不大,为方便起见,此处对两者不作严格区分)。

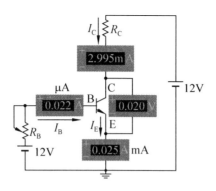

图 4.33　晶体管放大原理

这样：给一点点的基极电流就得到了很大的集电极电流，我们就说实现了电流的放大作用。

特别提示

晶体管是一种电流放大器件，但在实际使用中常常利用晶体管的电流放大作用，通过电阻转变为电压放大作用。

实际器件中，在不同的输出电流 I_C 下，表现出不同的直流放大系数(增益 h_{FE})，如 2N3904 型晶体管，在 $I_C=10mA$ 时，h_{FE} 最小为 100 倍；而当 $I_C=100mA$ 时，h_{FE} 最小只有 30 倍。这就是说晶体管放大电路的增益不能全靠 h_{FE}，否则电流条件变化时，电路的增益发生改变就不好办了。

晶体管可以看作一个水箱，如图 4.34 所示。对于 NPN 型晶体管它的 3 个引脚可以分别看作：

B——阀门，控制水箱流到出水口的水量大小；

C——蓄水的水箱；

E——排水口。

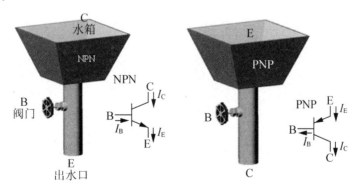

图 4.34　晶体管的比喻

B 极有微小的电流 I_B 就像阀门被打开一样，大量的水得以从水箱向下流出，这样使得 C 极和 E 极上出现较大的电流 I_C 和 I_E。

PNP 型晶体管道理一样，只不过 B 极微小的流出电流，决定了 E 极到 C 极的电流大小。

注意区分 NPN 型与 PNP 型晶体管 3 个引脚的电流方向不同，但在数值上都有

$$I_E = I_B + I_C$$

2) 晶体管的特性曲线与主要参数

(1) 特性曲线。晶体管的特性曲线用来描述晶体管各极电流与各极间电压的关系，它对于了解晶体管的导电特性非常有用。晶体管有 3 个电极，通常用其中两个分别作输入、输出端，第三个作公共端(相应的，分别称为共发射极、共集电极和共基极接法)，这样可以构成输入和输出两个回路。因为有两个回路，所以晶体管的特性曲线包括输入和输出两组曲线。

共发射极电路更具有代表性，其输入特性曲线及测试电路如图 4.35 所示。

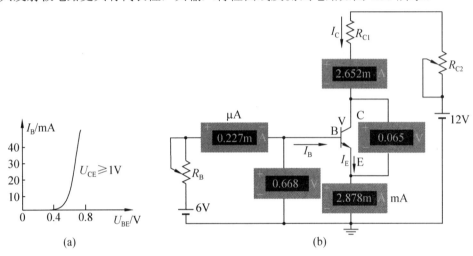

图 4.35　输入特性曲线与测量晶体管特性的电路

不同的 U_{CE} 对应有不同的输入特性曲线。$U_{CE}=0$ 时，C 极与 E 极相连，相当于两个二极管并联，输入特性曲线与二极管伏安特性曲线的正向特性相似；当 $U_{CE}>1V$ 以后，曲线基本保持不变。实际应用中，通常就用 $U_{CE}=1V$ 这条曲线来代表，图 4.35(a)给出的就是这条曲线。

从图中还可看出，晶体管发射结也有一个导通电压：对于硅管导通电压为 0.5～0.7V，锗管为 0.1～0.3V。

晶体管共发射极输出特性曲线是以 I_B 为参变量 I_C 与 U_{CE} 之间的关系曲线，如图 4.36 所示。

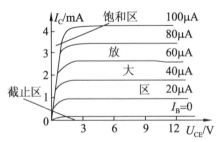

图 4.36　晶体管的输出特性曲线

由图 4.36 可见：输出特性可划分为 3 个区域，分别对应于 3 种工作状态。

① 放大区：发射结正向偏置，集电结反向偏置。此时：$I_C = \beta I_B$。

② 截止区：发射结反向偏置，集电结反向偏置。此时：$I_B \leq 0$，$I_C \approx 0$。

③ 饱和区：发射结正向偏置，集电结正向偏置。此时：$I_B > 0, u_{BE} > 0, u_{CE} \leq u_{BE}$。

由于电源电压极性和电流方向不同，PNP 管与 NPN 管的特性曲线是相反、"倒置"的。

(2) 晶体管的主要参数。晶体管的参数是表示其性能和使用依据的数据，主要参数如下。

① 电流放大倍数：分直流电流放大倍数和交流电流放大倍数。

② 极间反向电流：包括集电极—基极之间的反向饱和电流(在发射极开路情况下，集电极—基极之间的反向电流)I_{CBO} 和集电极—发射极之间的穿透电流(在基极开路情况下，集电极到发射极的电流)I_{CEO}。二者都是衡量晶体管性能的重要参数，都随温度变化而变化。由于 I_{CEO} 的数值要比 I_{CBO} 大很多，并且测量比较容易，故常把 I_{CEO} 作为判断晶体管质量的重要依据。

③ 极限参数：集电极最大允许电流 I_{CM}：β 下降到额定值的 2/3 时所允许的最大集电极电流；集射击穿电压 $U_{(BR)CEO}$：基极开路时，集电极、发射极间的最大允许电压；集电极最大允许功耗 P_{CM}：晶体管参数不超过允许值时集电极所消耗的最大功率。

集电极电流流过集电结会产生热量，结温升高。结温的高低意味着管子功耗的大小，是有一定限制的。集电极最大允许功率损耗 P_{CM} 是集电结结温达到极限时的功耗。一般来说，锗管允许的结温约为 70～90℃，硅管约为 150℃。

特别提示

使用环境的不同对集电极最大允许功率损耗要求不同：环境温度增高，P_{CM} 会下降；管子加装散热片，则 P_{CM} 可得到很大的提高。一般在环境温度为 25℃以下，把 $P_{CM}<1$ W 的管子称为小功率管；$P_{CM}>10$ W 的管子称为大功率管；功率介于两者之间的称为中功率管。

不同功率的晶体管其封装形式一般不同。

2. 场效应晶体管(Field Effect Transistor)

1926 年，美国物理学家 Julius E.Lilienfeld 申请了一个对往后一个世纪电子学的发展具有重要影响的专利——控制电流的方法和仪器(Method And Apparatus For Controlling Electric Currents)，如图 4.37 所示。正是这个专利第一次提出了场效应晶体管的工作原理。此后到 1960 年期间，两代场效应半导体器件——JFET 和 MOSFET 相继问世。

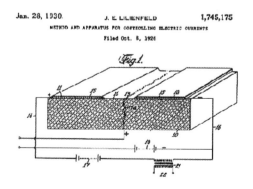

图 4.37　Julius E.Lilienfeld 和他的专利

手机、平板电脑中的几乎所有集成电路(Integrated Circuit)都是以场效应晶体管为基础制成的。场效应晶体管(利用电场控制半导体中载流子运动,因此称之为场效应管)简称为FET(Field Effect Transistor),是利用电子或空穴其中之一(因此称单极型)参与导电的半导体器件,根据内部结构不同,分为结型场效应晶体管(JFET)和MOS型场效应晶体管(金属氧化物半导体场效应管 MOSFET)两种。

场效应晶体管除了具有双极型晶体管体积小、重量轻、寿命长等优点外,还具有输入阻抗高、动态范围大、热稳定性能好、抗辐射能力强、制造工艺简单、便于集成等优点。在很多场合取代了双极型晶体管,特别是在大规模集成电路中,大都由场效应管构成,如图4.38所示。

图4.38 认识场效应晶体管

场效应晶体管对应的3个电极分别是源极(Source)、栅(Gate,门)极和漏(Drain,消耗)极,其工作原理及其测试方法如图4.39(左图是结型,右图是MOS型)所示。

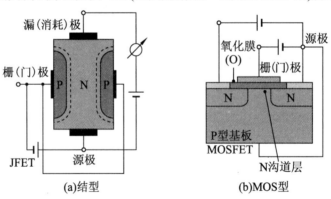

图4.39 场效应晶体管工作原理

对于FET,如果改变栅极电压的话,从源极到漏极流动的载流子数量就会改变。可以像理解晶体管工作原理一样:源极是水源、栅极(门极)是水闸、漏极是排水口。就像调节水流一样,只要栅极的开合情况一变,源极和漏极间的水流就可以调节。

1) 结型场效应晶体管

结型场效应晶体管(Junction Field Effect Transistor)简称为JFET,分为N沟道和P沟道两种类型,都属于耗尽型场效应管,如图4.40所示。

其工作原理是在PN接合处加上反向电压,利用产生的耗尽层实现电流的控制作用。在N型区域两端加上直流电压的话,电子从源极流向漏极。电子的通道宽度由两侧P型区加的反向电压大小决定——反向电压大,PN接合处的耗尽层会变宽,导电沟道宽度减小。这样,通过栅极的电压就控制了源极和漏极间电流。

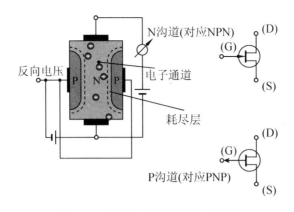

图 4.40　结型场效应晶体管及符号

　　结型场效应晶体管因为栅极电压即使为零也有电流流过(恒流)，噪音又非常低，所以常常用在音频放大电路中。其栅极基本不取电流，输入电阻很高，可达 $10^7\Omega$ 以上。如希望得到更高的输入电阻，可采用绝缘栅型场效应晶体管(MOSFET)。

　　2) MOS 型场效应晶体管

　　MOS 型场效应晶体管(MOS Field Effect Transistor)简称为 MOSFET。MOS 是指器件由 Metal Oxide Semiconductor(金属、氧化物和半导体)制成，如图 4.41 所示。

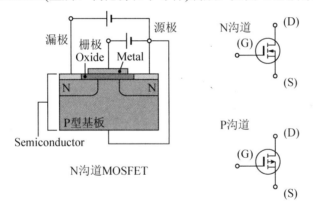

图 4.41　MOSFET 结构及符号

　　N 沟道 MOSFET 的 P 型基板中多数载流子(简称多子)是空穴，少数载流子(少子)是电子。如果栅极电压是零的话，PN 结把电流截断，源极和漏极间电流不能流动。当栅极加上电压后，P 型半导体的空穴把栅极氧化膜下 P 型半导体表面多数截流子空穴排斥开，形成空间耗尽层，如图 4.42 左图所示。

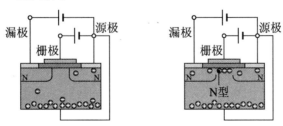

图 4.42　N 沟道 MOSFET 工作原理

当电压不断升高后，作为少数载流子的电子被拉到近旁，在表面形成薄的 N 型导电沟道，如图 4.42 右图所示，源极和漏极间电流就可以流动了。

由于 P 沟道和 N 沟道 MOSFET 相反，栅极加相反电压才可以工作，如图 4.43 所示。

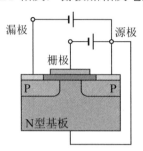

图 4.43　P 沟道 MOSFET

MOSFET 具有构造简单，动作高速，驱动容易的优点，但是容易损坏。不过随着精细加工技术的提高，已经逐步替换双极型晶体管而被日益广泛的应用。

 特别提示

晶体管与场效应晶体管的区别是晶体管(NPN型)的 C-B 极之间反向偏置，当在 B-E 极之间施加约 0.7V 电压，并且 C-E 极之间也正向偏置时，晶体管就会导通，电流得以从 C 极流向 E 极，这个电流的大小受到 B 极电流控制。

场效应晶体管在 G 极电压所产生的电场控制下工作具有非常高的输入阻抗。而 S-D 极的电流受到 G 极电压的控制，所以场效应晶体管是一个电压控制型的器件。

(1) CMOS。从上边分析可以知道：MOSFET 有从 P 型基板上 N 型区引出源极和漏极形成 N 沟道和 N 型基板上 P 型区引出源极和漏极形成 P 沟道两种。CMOS 是 N 沟道 MOS 和 P 沟道 MOS 组合而成的器件，如图 4.44 所示。CMOS 的 C(Complementary)就是互相补充的意思。

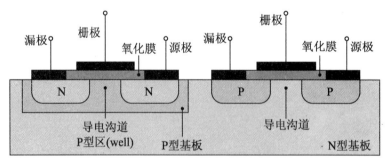

图 4.44　CMOS 的结构示意图

从图 4.44 中可以看出：N 型基板中制作出一块 P 型区(well，图 4.44 中左上部分)，在这块制作出的 P 区域中制作出 N 沟道 MOS，在原 N 型基板中制作 P 沟道 MOS(图 4.44 中右上部分)。

CMOS 的功耗非常低，很低的电压就可以动作，是当前半导体中应用最多的。

(2) BIMOS。BICMOS 是 Bipolar·CMOS 的简写，是双极型晶体管和 CMOS 组合而成

的器件。BICMOS 结合了双极型晶体管的高速和 CMOS 低功耗的优点，如图 4.45 所示。

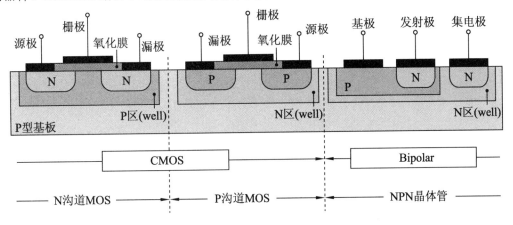

图 4.45　BICMOS 构造示意图

　　首先在 P 型基板上分别做出一个 N 区和一个 P 区，在其中作出相应的 P 沟道 MOS 和 N 沟道 MOS 两个管子；然后再在 P 型基板上作出一个 NPN 型双极型晶体管。

　　由于双极型晶体管和两个 CMOS 一同制作，所以制作程序比较复杂，而且双极型不能同 CMOS 集成度一起提高，因而这种器件不太普及。基于此种原因，BICMOS 的用途一般限于模拟信号处理中的语音带通滤波器等。

特别提示

　　MOS 型场效应晶体管由于它的输入电阻很高，而栅-源极间电容又非常小，极易受外界电磁场或静电感应而带电，而少量电荷就可在极间电容上形成相当高的电压将管子损坏。管子出厂时各管脚都绞合在一起或装在金属箔内，使 G 极与 S 极呈等电位，防止静电荷积累。因此，管子取出后不用时，全部引线应短接；在测量时也要格外小心，并尽可能采取相应的防静电措施。

　　MOS 型场效应晶体管在使用时要注意其分类，不能随意互换，而且要注意以下几方面内容。

　　(1) 焊接用的电烙铁必须良好接地，不具备条件时可将电烙铁拔离电源插座再焊接。

　　(2) 在焊接前先将电路板上电源线与地线短接，待 MOS 器件焊接完成后再恢复。

　　(3) 焊接 MOS 器件各引脚的顺序是漏极、源极、栅极，拆卸顺序相反。

　　(4) 电路板在装机之前先用接地良好的线夹子去碰触机器各接线端子，然后再把电路板接上去。

任务实施

　　通过以上学习，我们了解了构成图 4.29 所示电子灭蚊拍中所有的电子元器件，下边介绍维修知识。

　　电蚊拍工作于直流高压，会产生一定强度火花，因此严禁在充满易燃气体的场所使用和检修，通电时不要用手或导电金属棒接触高压电网，以防意外。

　　1. 电源开关

　　电蚊拍的电源开关一般采用轻触式微型按键开关，工作于 120～200mA 条件下。由于频繁操作以通断电源,所以较容易出问题。一般有以下两种损坏形式。

(1) 触点氧化接触不良,指示灯不亮,电蚊拍不工作。

(2) 簧片疲劳,触点粘死,指示灯常亮,一装上电池,电蚊拍就工作。

微型开关体积小,维修麻烦,但售价低廉,一般以换新为宜,必要时也可采用 WD40 进行修复。

2. 升压变压器

升压变压器损坏形式多为次级线圈 L_3 匝间绝缘击穿,具体表现为听不到通电瞬间“吱吱”音频声,碰触金属网时无火花。

用万用表 $R×1$ 挡测量 L_3 两端正常阻值约 80Ω。若断路或低于正常阻值均视为损坏。另一种检查方法是用刻刀把连接变压器次级敷铜箔刻断以切断负载电路,用万用表交流挡测量 L_3 两端输出电压,若无电压则视为损坏。修理方法如下。

焊开 T 各引脚,拆下变压器,拔出黑色磁心,掀去外绝缘。拆下次级漆包线并记录匝数,然后用同规格高强度漆包线重绕即可。所用漆包线也可以从交流接触器线圈(电工商店有售)中拆出取用。

3. 振荡晶体管

在检测变压器正常后,再测 L_3 两端电压。若电压仍然不正常,故障多数是振荡管 V 损坏。焊下振荡管,用万用表检测判别好坏(具体方法参见拓展阅读部分)。如损坏用原型号更换或用参数相近晶体管代换。

4. 倍压整流元件

倍压整流部分的电容 $C_1 \sim C_3$、二极管 $D_1 \sim D_3$ 任一元件击穿短路或开路,都会引起无高压或高压不足。引起损坏的主要原因是元件耐压不足或电气性能变差所致,需用万用表逐只检测。通常以 C_1 或 D_1 击穿较多见。电容损坏后,需用同规格涤纶电容器更换;二极管损坏,一般用 IN4007 硅整流管替换即可。

5. 电池盒及电池

电池盒故障多数是电池漏液,造成正极铜片或负极弹簧锈蚀氧化、接触不良,从而导致电蚊拍不工作,用小刀彻底刮掉锈蚀物后用无水酒精清洗干净即可。若长期不用电蚊拍,将电池取出是防止电极锈蚀氧化最好的方法。

电池久用耗电,若每节电池电压低于 1V(指示灯 LED 亮度较暗),会引起高压不足,灭蚊效果差,换新即可。

6. 高压金属网

久用或碰撞物体会造成高压金属网变形、松脱(可能造成瞬间短路而发出火花)。若接触性短路会引起整流元件、变压器损坏。为此,要经常检查保养,发现变形的钢丝需整形,松脱的要复位后用胶粘牢。

特别提示

　　电蚊拍金属网 DW 一般是 3 层结构，上下两层是同一电位，即使人体误碰两侧也不会引起短路(蚊虫由于身体小，透过网状结构会把两极连在一起)，使用非常安全。此外，通过高压的吸附作用可以把空中一定范围内或停留在墙上的蚊虫吸入网中杀死，而不会污染墙壁。

晶体管的封装与检测

　　图 4.46 所示是晶体管常见封装形式，在电路设计(参见附录 1)时要引起注意。

图 4.46　晶体管的封装形式

　　在晶体管使用之前，最好进行必要的检查：如果是大批量的使用，应使用晶体管特性仪等专门仪器并参照说明书进行；少量使用可用万用表完成，操作方法如下。

　　(1) 测两个 PN 结的好坏。B 极对 C 极和 E 极是两个 PN 结，若找不出 PN 结特性，说明晶体管已损坏，不再测量。找出两个 PN 结后，可同时确定基极 B。要说明的是有些特殊用途晶体管(如彩电中的行输出管内附阻尼二极管)用这种方法无效。要参照手册查对，避免把好管当坏管废弃。

　　(2) 确定晶体管是 PNP 型还是 NPN 型。基极确定之后，利用 PN 结原理确定出基极是 P 区还是 N 区。若基极是 N 区电极，则属 PNP 型管，若是 P 区电极，则属 NPN 型管。

　　(3) 测量 β 及区分 C、E。现在的万用表一般都有晶体管 β 值测试功能。把万用表拨到 h_{fe} 挡位，把已知管脚基极 B 和已知管型插入对应插孔固定，读出 β 值大小。由于仅 B 为已知，所以应把 C、E 对调后再测量一次。两次测量读数一次大一次小，大的读数便是真正的 β 值。此时 "C" 插孔中管脚就是集电极，"E" 孔中的是发射极。

思考与练习

1．某人在检修一台电子设备时，由于晶体管上标号不清，于是利用测量晶体管各电极电位的方法判断管子的电极、类型及材料。测得 3 个电极对地的电位分别为 $U_A = -6V$，$U_B = -2.2V$，$U_C = -2V$，试判断出 3 个引脚的电极、管子的类型和材料。

2．晶体管的 $P_{CM} = 120mW$，$I_{CM} = 25mA$，$U_{BR(CEO)} = 15V$。试问在下列几种情况下，何种是正常工作状态？

  ① $U_{CE} = 3V$，$I_C = 10mA$ ② $U_{CE} = 2V$，$I_C = 30mA$ ③ $U_{CE} = 9V$，$I_C = 20mA$

3．晶体管是由两个 PN 结组成的，是否可利用两个二极管连接组成一个晶体管使用？如何用万用表判断晶体管的 3 个电极？

4．试分析图 4.47 所示的光控报警器的工作原理。

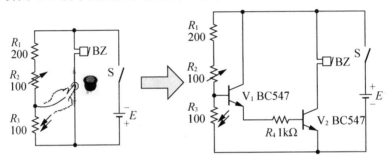

图 4.47　光控报警器

假设图 4.47 中蜂鸣器 BZ_1 的额定电压为 6V，额定电流为 50mA，晶体管 V_2 的增益 $h_{fe} = 50$，电位器 R_2 调节至中部，试计算光敏电阻 R_3 的阻值为多大时，蜂鸣器 BZ_1 开始报警。

5．场效应晶体管有哪些特点？使用 MOS 管时应注意哪些问题？

6．图 4.48(a)所示混音器的简单电路如图 4.48(b)所示，该设备有什么作用？试分析其工作原理并制作之。

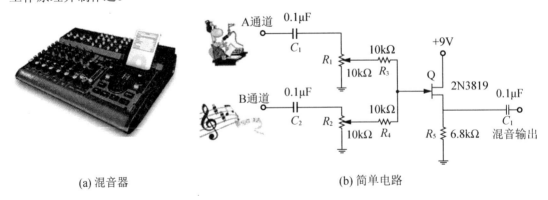

(a) 混音器   (b) 简单电路

图 4.48　混音器及简单电路

提示：最好使用两个差异比较大的音源信号(如一个是语音，另一个是音乐)作为通道 A

和通道 B 的输入信号。这样利用放大器还原混音器的输出信号，就能听到混音之后的效果。

任务 4.3　了解调光灯的工作原理

教学目标

(1) 了解晶闸管的基本构造、工作原理与主要参数。
(2) 了解双向晶闸管(TRIAC)的使用方法。
(3) 了解集成电路和贴片元件知识。

任务引入

图 4.49(a)所示为一个调光台灯，它可以通过一个电位器来调节白炽灯的亮度。调光灯并不是由电位器直接改变电压实现亮度调节的，而是利用晶闸管调节白炽灯的平均电压来获得不同的功率，市场上见到的调光灯电路大多如图 4.49(b)所示。其中单向晶闸管 D_1 使用 MCR100-6，二极管使用 1N4007，使用时灯泡应选择 60W 以下的白炽灯。

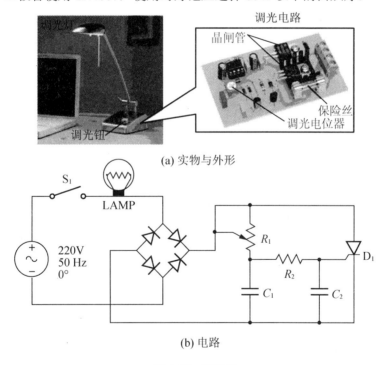

(a) 实物与外形

(b) 电路

图 4.49　调光灯

任务分析

图 4.49 所示电路的工作原理是当交流电流的正半周或负半周到来时，经过全桥整流，

变成直流电加到晶闸管上；同时，该电压通过电位器 R_1 给电容充电，当电容 C_1 上的电压达到一定数值后，触发晶闸管导通。调节电位器的旋钮，可以改变充电的时间，从而控制晶闸管的导通角。

图 4.49 只是个普通型调光台灯的电路，现在市场上还有一种所谓自动调光台灯：能根据周围环境照度强弱自动调整台灯发光量。当环境照度弱，它发光亮度就增大；环境照度强，发光亮度就减小。但只不过是在普通调光灯电路基础上加了一个光敏电阻而已，核心部分和普通调光灯电路相同。

相关知识

晶闸管广泛应用于电机控制、延时电路、加热控制、相位控制、继电控制等场合，种类很多，有普通型、双向型、可关断型以及快速型等，用途主要有以下几方面。

(1) 可控整流——把交流电流变换为大小可调的直流电流。

(2) 有源逆变——把直流电流变换成与电网同频率的交流电流。

(3) 交流调压——把电压固定的交流电压变换成大小可调的交流电压。

(4) 变频——把某一频率的交流电变换为另一频率的交流电。

(5) 无触点功率开关——取代接触器、继电器等。

一、普通晶闸管(SCR)

晶闸管是一种大功率变流器件，具有体积小、重量轻、耐压高、容量大、使用维护简单等优点，常用 SCR(Silicon Controlled Rectifier)表示，如图 4.50 所示。

(a)　　　　　　　　　　　　　　　　　　(b)　　　(c)

图 4.50　晶闸管的实物、符号和内部结构

从图 4.50 中可以看出：SCR 相当于两个二极管串联，有 3 个电极：阴极(K)、阳极(A)、控制极(G，又称门极)。电流只能从 A 到 K，但是一般情况下电流并不能通过。

SCR 的特点是在控制极 G 和阴极 K 间加上触发电压(大于该器件特性表列出的最低触发电压)，在这个电压所产生电流的带动作用下，从 A 到 K 电流开始流动(这时可以当作二极管对待)；如果不加触发电压的话，不管阴极和阳极间加的是直流还是交流电，都不会导通(不过有漏电流)，如图 4.51 所示。

图 4.51 中的实线表示的是从控制极(G)到阴极(K)的电流，虚线表示的是从阳极(A)到阴极(K)的电流。

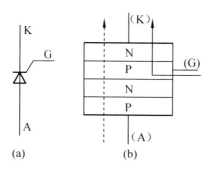

图 4.51 SCR 的符号及内部电流情况

一旦加上触发电压，如果从阳极到阴极的电流大于特性表上列出的维持电流，即使是触发电压去掉，电流也会持续。只有阳极和阴极间的电流反向或过零，电流才会中断。

在控制场合，A–K 间是"主回路"，控制极(G)接控制装置，控制极的电流比较小，这样就通过小电流实现了对大电流的控制。

1. 晶闸管的主要参数

1) 额定正向平均电流 I_F

在规定环境温度(40℃)及标准散热条件下，晶闸管处于全导通时可以连续通过的最大工频正弦半波电流的平均值。

由于晶闸管的过载能力很小，在选择晶闸管时要留有余地。

2) 维持电流 I_H

控制极断开后，维持晶闸管继续导通的最小电流。

3) 正向重复峰值电压 U_{FRM}

在控制极断路和晶闸管正向阻断的条件下，可以重复加在晶闸管两端的正向峰值电压，称为正向重复峰值电压。

4) 反向重复峰值电压 U_{RRM}

在额定结温和控制极断开时，可以重复加在晶闸管两端的反向峰值电压。

5) 控制极触发电压 U_G 和电流 I_G

在晶闸管的阳极和阴极之间加 6V 直流正向电压后，能使晶闸管完全导通所必须的最小控制极电压和控制极电流。

6) 浪涌电流 I_{FSM}

在规定时间内，晶闸管中允许通过的最大正向过载电流。此电流应不致使晶闸管的结温过高而损坏。

特别提示

在元件的寿命期内，浪涌次数是有一定限制的。

2. 晶闸管的应用——可控整流电路

可控整流电路指利用晶闸管的单向导电可控特性，把交流电变成大小能控制的直流电的电路。在可控整流电路中，最简单的是半波可控整流电路，如图4.52所示。与单相半波整流电路相比，用晶闸管代替了二极管。

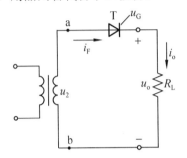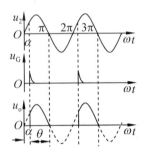

图4.52　半波可控整流电路与波形图

接通电源，在电压u_2正半周开始时，对应在图的α角范围内。此时晶闸管T两端具有正向电压，但是由于控制极上没有触发电压U_G，因此晶闸管不能导通。

经过α角度后，在控制极上加上触发电压，晶闸管导通。负载开始有电流通过，在负载两端出现电压U_o。α称为控制角，是晶闸管阳极从开始承受正向电压到出现触发电压U_G之间的角度。改变α角度，就能调节输出平均电压的大小。α角的变化范围称为移相范围。

u_2进入负半周后，晶闸管两端因承受反向电压而截止。晶闸管导通的角度称为导通角，用θ表示。由图可知$\theta = \pi - \alpha$，且导通角越大控制角越小。

设$u_2 = \sqrt{2} V_2 \sin \omega t$，负载电阻$R_L$上的直流平均电压为

$$U_o = \frac{1}{2\pi} \int_0^\alpha \sqrt{2} V_2 \sin \omega t \, \mathrm{d}(\omega t) = \frac{\sqrt{2}}{2\pi} V_2 (1 + \cos \alpha) = 0.45 V_2 \cdot \frac{1 + \cos \alpha}{2}$$

当$\alpha = 0$时，输出电压最高，$U_o = 0.45 V_2$，相当于普通二极管单相半波整流电压。若$\alpha = \pi$，$V_o = 0$，晶闸管全关断。

根据欧姆定律，负载电阻R_L中的直流平均电流为

$$I_o = \frac{U_o}{R_o} = 0.45 \frac{V_2}{R_L} \cdot \frac{1 + \cos \alpha}{2}$$

此电流即为通过晶闸管的平均电流。

特别提示

在这种SCR电路中，有些情况下不能提供由K到A的停止电流，这时可以使用GTO晶闸管简单地把A-K间的电流切断。

二、GTO 晶闸管(Gate Turn Off Thyristor)

GTO 是"Gate Turn Off"的略写，意思是通过 G 可以把电流关断。GTO 晶闸管整流器是对普通晶闸管整流器(SCR)稍微做了改变后制成的，如图 4.53 所示。

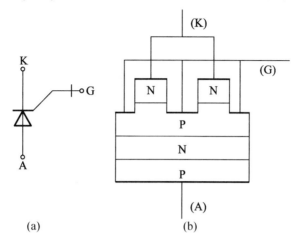

图 4.53　GTO 晶闸管符号及内部结构

GTO 晶闸管的工作原理是在从 G 到 K 的电流带动下，从 A 到 K 开始有电流产生，这点和普通 SCR 相同，如图 4.54 所示。

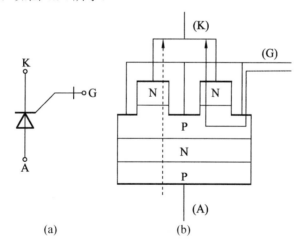

图 4.54　GTO 晶闸管内部电流情况

在图 4.54 中，从控制极(G)到阴极(K)的电流用实线表示，阳极(A)到阴极(K)的电流用虚线表示。和普通 SCR 相比，GTO 晶闸管主要是 A-K 间电流的切断方法不一样。

在 GTO 晶闸管中，为了切断 A-K 间的电流，在电流流动时，从阴极(K)到控制极(G)加一个反向电流，在这个反向电流的作用下，从阳极(A)到阴极(K)的电流就可以停止。

由于控制极需要的电流小，所以处理起来很容易，如图 4.55 所示。

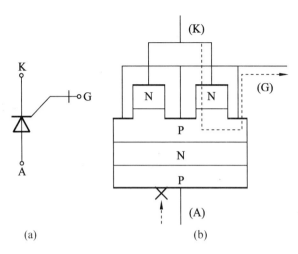

(a)   (b)

图 4.55   GTO 晶闸管的关断

三、双向晶闸管(TRIAC)

普通晶闸管实质上属于直流器件。要控制交流负载,必须要将两只晶闸管反极性并联,让每只 SCR 控制一个半波。为此需两套独立的触发电路,在使用上有些不便。双向晶闸管是在普通晶闸管的基础上发展起来的,它不仅能代替两只反极性并联的晶闸管,而且仅用一个触发电路,是目前比较理想的交流开关器件,其英文名称 TRIAC 就是三端双向交流开关的意思,如图 4.56 所示,工作原理这里不再赘述。

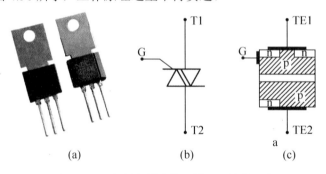

(a)   (b)   (c)

图 4.56   双向晶闸管实物、符号及结构示意

双向晶闸管广泛用于工业、交通、家电领域,实现交流调压、交流调速、交流开关、灯光调光等多种功能。此外,它还被用在固态继电器和固态接触器电路中。

双向晶闸管的 3 个电极分别是 T1、T2 和 G。因该器件可以双向导通,故控制极(门极)G 以外的两个电极统称为主端子,用 T1、T2 表示,不再划分成阳极或阴极。其特点是当 G 极和 T2 极相对于 T1 的电压均为正时,T2 是阳极,T1 是阴极;反之,当 G 极和 T2 极相对于 T1 的电压均为负时,T1 变成阳极,T2 为阴极。

双向晶闸管可在任何一个方向导通。下面介绍利用万用表 $R\times 1$ 挡判定双向晶闸管电极的方法,同时检查触发能力。

1. 判定 T2 极

由图 4.56 可见,G 极与 T1 极靠近,距 T2 极较远。因此,G-T1 之间的正、反向电阻都很小。在用 $R\times1$ 挡测任意两脚之间的电阻时，只有 G-T1 之间呈现低阻，正、反向电阻仅几十欧。而 T2-G、T2-T1 之间的正、反向电阻均为无穷大。这表明，如果测出某脚和其他两脚都不通，该脚肯定是 T2 极。

2. 区分 G 极和 T1 极

(1) 找出 T2 极之后，首先假定剩下两脚中某一脚为 T1 极，另一脚为 G 极。

(2) 把黑表笔接 T1 极，红表笔接 T2 极，电阻为无穷大。接着用红表笔尖把 T2 与 G 短路，给 G 极加上负触发信号，电阻值应为十欧左右，证明管子已经导通，导通方向为 T1→T2。再将红表笔尖与 G 极脱开(但仍接 T2)，如果电阻值保持不变，就表明管子在触发之后能维持导通状态。

(3) 把红表笔接 T1 极，黑表笔接 T2 极，然后使 T2 与 G 短路，给 G 极加上正触发信号，电阻值仍为十欧左右，与 G 极脱开后若阻值不变，则说明管子经触发后，在 T2→T1 方向上也能维持导通状态，因此具有双向触发性质。由此证明上述假定正确，否则假定与实际不符，需重新作出假定，重复以上测量。

特别提示

在识别 G、T 的过程中同时就可检查双向晶闸管的触发能力：如果按哪种假定去测量，都不能使双向晶闸管触发导通，证明管子已损坏。

为可靠起见，这里只用 $R\times1$ 挡检测，而不用 $R\times10$ 挡。这是因为 $R\times10$ 挡电流较小，采用上述方法检查 1A 的双向晶闸管还比较可靠，但在检查 3A 或 3A 以上双向晶闸管时，管子很难维持导通状态，一旦脱开 G 极，即自行关断，电阻值又变成无穷大。

任务实施

通过以上学习，我们可以很容易理解图 4.49 所示调光灯的工作原理。实际使用表明：这种电路可以控制的功率有限，一般小于 40W，否则很容易损坏。下边给出一种性能更好一些，可以控制更大功率电器的电路，如图 4.57 所示。

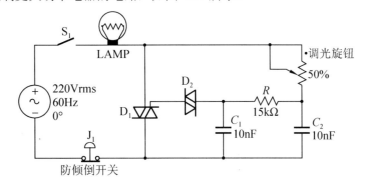

图 4.57　使用双向晶闸管的调光电路

在图 4.57 中，S_1 为总开关；J_1 为防倾倒开关(灯意外倾倒时电源自动切断)；D_1 是双向晶闸管；D_2 是双向触发二极管(DIAC)。双向触发二极管 D_2 与双向晶闸管 D_1 等元件构成台灯调光电路。通过调节电位器(阻值越大，C_1 充电越慢，D_1 在每个周期内导通的时间越晚)，可以改变双向晶闸管的导通角，从而改变通过灯泡的电流(平均值)实现连续调光。如果将灯泡换成电熨斗或电热褥还可实现连续调温。该电路在双向晶闸管加散热器的情况下，可控负载功率可达 500W。

 拓展阅读

贴片元件与集成电路

1. 贴片元件

一般电子元器件都有两条以上的引脚，但有一种元器件没有引脚，即所谓无脚元器件，英文为 LeadLess，表示无引脚，简记成 LL。无脚元器件的安装方式与一般有脚元器件不同，它几乎是贴在电路板上的，所以它又称为贴片元器件。贴片元器件装配方式与有引脚元器件安装方式完全不同：贴片元器件直接装在电路板的铜箔电路板一面，它与线路之间用胶粘合，它的两端电极与铜箔线路之间用焊锡焊上，参见模块 1 中热敏电阻的应用部分。

贴片元器件种类很多，如贴片电阻、贴片电容、贴片电感、贴片变压器、贴片二极管、贴片晶体管等。

贴片电阻在表面会用 3 位或 4 数表示电阻标称值，如 213 表示 $21×10^3\Omega$=2.1kΩ。贴片排阻是多个电阻按一定电路规律封装在一起的元件，又称网络电阻。排阻内各电阻阻值大小相等，用于一些电路结构相同、电阻值相同的电路中，如图 4.58(b)所示。

(a)   (b)

图 4.58　贴片电阻与贴片排阻

贴片电容在其表面不会标出标称容量，通常比贴片电阻厚一些，体积稍大一些。根据这两点可以分辨贴片电阻和贴片电容。

贴片电感外形与贴片电阻、电容相近，在其表面采用字母、数字混标法或 3 位数表示法标出标称电感值。如 $R47$ 为 0.47μH，$6R8$ 为 6.8μH，101 为 100μH；贴片变压器与传统变压器相比体积大大减小，是电子元器件小型化的典范，如图 4.59 所示。

(a)   (b)

图 4.59　贴片电感与贴片变压器

贴片二极管两个电极在两端，负极在表面已经标出(在负极一端标出一条杠)，可以方便地分辨贴片二极管的正、负引脚。贴片二极管中不仅有普通二极管，还有贴片稳压二极管、贴片开关二极管、贴片 LED、贴片桥堆等。

贴片晶体管有 3 个很短的引脚，分布成两排。其中一排中只有一根引脚，这是集电极，其他两根引脚分别是基极和发射极。贴片晶体管中不仅有低频晶体管，还有特高频晶体管等。

2. 集成电路

集成电路是把电阻、电容、二极管、晶体管等各种半导体元件最大限度地集积在半导体基板上的电路，如图 4.60 所示。

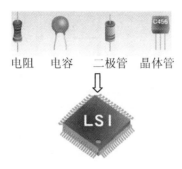

电阻　电容　二极管　晶体管

图 4.60　集成电路

集成电路内部有一块小小的乌亮方片，是半导体硅芯片。硅芯片上装有许许多多用显微镜才能看清的亮晶晶小点，这些小点构成电路的晶体管、电阻等元器件。

集成电路根据集成度分为小规模集成电路 SSI(Small Scale Integrated Circuit，晶体管数目＜100)、中规模集成电路 MSI(Medium Scale Integrated Circuit，晶体管数 $10^2 \sim 10^3$)、大规模集成电路 LSI(Large Scale Integrated Circuit，晶体管数目 $10^3 \sim 10^5$)、超大规模集成电路 VLSI(Very Large Scale Integrated Circuit，晶体管数目 $10^5 \sim 10^7$)和 ULSI(Ultra Large Scale Integrated Circult，晶体管数目 $10^7 \sim 10^9$)。

LSI 本来是大规模集成电路的意思，现在不区分集成度，作为全部集成电路的总称被使用。图 4.61 所示是 LSI 的发展状况，从图中可以看出，集成度大体上以 3 年 4 倍的速度在提高。

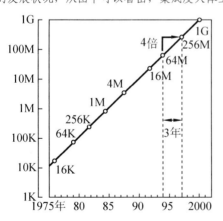

图 4.61　LSI 技术的进步(以 DRAM 内存为例)

有关 LSI 集成度的发展进度，是美国英特尔公司的创始人——高登·摩尔 1965 年根据自己的经验提出的，称为 "摩尔定律"：半导体中晶体管的数目大约每两年翻一倍。晶体管数量翻倍带来的好处可以总结为更快、更小、更便宜。根据摩尔定律，芯片设计师的主要任务便是缩小晶体管的大小，然后让相同大小的芯片能够容纳更多的晶体管。晶体管的增加可以让设计师为芯片添加更多的功能，从而节约成本。

【LSI 的分类】

LSI 按功能大致分为存储器 LSI 和逻辑 LSI 两类。存储器 LSI 是用来记忆、保存信息的，分为切断电源后信息会丢失的挥发性(Volatile Memory)RAM 和具有掉电后信息仍可保持的非挥发性 ROM；逻辑 LSI 是进行运算和控制的 IC，大致分为处理器、ASIC 和系统(System On A Chip)LSI，如图 4.62 所示。

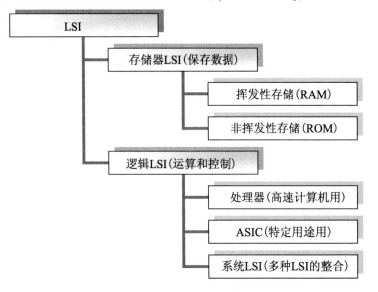

图 4.62　LSI 的分类

处理器 LSI 主要用在算术和逻辑运算速度都非常高的计算机中，由执行运算和控制功能的 CPU、完成记忆功能的存储器和外部进行输入输出的 I/O 接口 3 部分构成。处理器 LSI 如果是由一个单独芯片完成的称为 MPU(Micro Processor Unit，微处理器单元)。其最大特点在于它的通用性，反应在指令集和寻址模式中，作为核心主要用在计算机中；如果把 MPU 的功能再加上记忆功能和输入输出功能后集成在一块芯片上，就构成 MCU(Micro Control Unit，微控制器单元)，侧重于控制，主要在家电产品和工业用机器的控制方面使用，如图 4.63 所示。

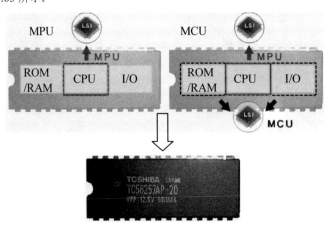

图 4.63　微处理器 LSI

ASIC(Application Specific Intergrated Circuits)即专用集成电路，是指应特定用户要求和特定电子系统需要而设计、制造的集成电路。目前用 CPLD(复杂可编程逻辑器件)和 FPGA(现场可编程逻辑阵列)来进行 ASIC 设计是最为流行的方式之一，参见附录 2。它们的共性是都具有用户现场可编程特性，都支持边界扫描技术，但两者在集成度、速度以及编程方式上具有各自的特点。ASIC 的特点是面向特定用户需求，品种多、批量少，要求设计和生产周期短。作为集成电路技术与特定用户整机或系统技术紧密结合的产物，与通用集成电路相比具有体积更小、重量更轻、功耗更低、可靠性提高、性能提高、保密性增强、成本降低等优点。

系统(System On A Chip)LSI 是把存储器、微处理器和 ASIC 等各种 LSI 整合在一块芯片上的 LSI，简称为 SOC。在便携式音频设备(MP3、MP4、手机等)和数码相机等产品中用得非常多。系统 LSI 由各种功能模块 LSI 组合构成，这种功能块也称为 IP(Intellectual Property)，即知识产权。由于 IP 全部由自己公司一家设计制作，所以设计制造大规模的系统 LSI 需要大量的时间和财力，非常困难，因此常常和符合标准的其他公司的 IP 组合以便在短时间内制作出更高性能的系统 LSI。

思考与练习

1．某一电阻性负载，要求直流电压 75V，电流 30A，现采用单相半波可控整流电路，直接由 220 V 交流电源供电。试求晶闸管的导通角和电流有效值。

2．试用万用表判断 SCR 的好坏和极性。

3．导通的晶闸管，如果取消控制极的触发信号，还能导通吗？

4．晶闸管是怎样调整输出电压大小的？

5．分析图 4.64 所示报警电路的工作原理。

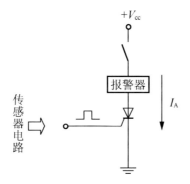

图 4.64　报警电路

项目 5

晶体管放大电路

↘ 引言

放大电路的功能是利用晶体管的电流控制作用或场效应晶体管电压控制作用，将直流电源的能量部分地转化为按输入信号规律变化且有较大能量的输出信号，从而实现把微弱的电信号(简称信号，指变化的电压、电流、功率)不失真地放大到所需数值的目的。放大电路的实质是一种用较小的能量去控制较大能量转换的装置。

任务 5.1　制作调频无线话筒

教学目标

(1) 掌握基本放大电路及特点。

(2) 掌握放大电路的静态和动态分析方法。

(3) 了解温度对放大电路的影响。

(4) 了解电子制作知识。

任务引入

话筒根据声音转换原理分为动圈式话筒(Moving Microphone)、电容式话筒(Capacitor Microphone)、驻极体话筒(Electret Microphone)、炭粒式话筒(Carbon Microphone)等，按输出阻抗可以分为低阻型(<2kΩ)和高阻型(>2kΩ)。目前常见话筒外形及其典型参数如图5.1所示。

典型参数
阻抗：500Ω±30% (at 1kHz)
灵敏度：-54dB±3dB (0dB=1V/Pa at 1kHz)
指向性：心型
频率响应：80Hz-11kHz

(a) 动圈式话筒

典型参数
阻抗：220Ω±20%一平衡
灵敏度：-36dB±3dB
指向性：超心形
频率响应：40 Hz~20 kHz

(b) 电容式话筒

常用驻极体话筒的主要参数

型号	工作电压范围(V)	输出阻抗(Ω)	频率响应(Hz)	固有噪声(μV)	灵敏度(dB)	尺寸(mm).	方向性
CRZ2-9	3~12	≤2000	50~10000	≤3	-54~-66	φ11.5mm×19mm	
CRZ2-15	3~12	≤3000	50~10000	≤5	-36~-46	φ10.5mm×7.8mm	
CRZ2-15E	1.5~12	≤2000					
ZCH-12	4.5~10	1000	20~10000	≤3	-70	φ13mm×23.5mm	
CZⅡ-60	4.5~10	1500~2200	40~12000	≤3	-40~-60	φ9.7mm×6.7mm	全向
DGO9767CD	4.5~10	≤2200	20~16000		-48~-66	φ9.7mm×6.7mm	
DGO6050CD	4.5~10	≤2200	20~16000		-42~-58	φ6mm×5mm	
WM-60A	2~10	2200	20~20000		-42~-46	φ6mm×5mm	
XCM6050	1~10	680~3000	50~16000		-38~-44	φ6mm×5mm	
CM-18W	1.5~10	1000	20~16000		-52~-66	φ9.7mm×6.5mm	
CM-27B	2~10	2200	20~18000		-58~-64	φ6mm×2.7mm	

(c) 驻极体话筒

图 5.1　常见的话筒及其典型参数

图 5.1(c)所示的驻极体电容式话筒在各种声控装置、电子玩具、耳麦、数码摄像机中得到广泛应用。图 5.2 所示是一个调频无线话筒的电路图。其中的 MIC 采用的就是驻极体电容式话筒。

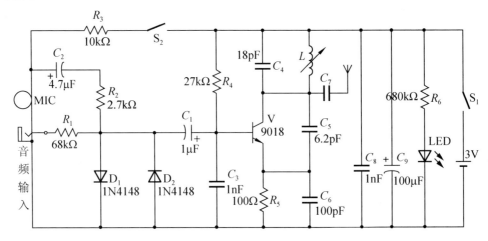

图 5.2　调频无线话筒电路原理

任务分析

该话筒具有工作稳定、声音清晰、简单易制、功耗较小的特点。发射半径大于 20m，使用两节 5 号电池，能连续工作较长时间。

这里，高频晶体管 V 和电容 C_3、C_5、C_6 组成一个高频振荡器。晶体管集电极的负载 C_4、L 组成一个谐振单元，其谐振频率就是无线话筒的发射频率。调节电感 L 的大小(拉伸或者压缩线圈)，可使发射频率处于 88～108MHz 之间(调频收音机频率接收范围)。发射信号通过 C_7 耦合到天线发射出去。

R_4 是晶体管 V 的基极偏置电阻，给晶体管提供一定的基极电流，使 V 工作在放大区，R_5 是直流反馈电阻，起到稳定晶体管工作点的作用。

该话筒的工作原理是通过改变晶体管的基极和发射极之间电容来实现调频的。当声音信号电压加到晶体管的基极上时，晶体管的基极和发射极之间电容会随着声音电压信号大小发生同步的变化，同时使晶体管的发射频率发生变化，实现频率调制。

理解该电路的核心是了解放大电路的基本原理，这是学习和应用复杂电子电路的基础。

相关知识

根据输入和输出回路公共端的不同，放大电路有 3 种基本形式：共射极放大电路、共集电极放大电路和共基极放大电路。共射极放大电路既有电压放大作用又有电流放大作用，输入电阻居 3 种电路之中，输出电阻较大，适用于一般放大；共集电极放大电路只有电流放大作用而没有电压放大作用，常作为多级放大电路的输入级(输入电阻高)和输出级(输出电阻低)，因其放大倍数接近于 1 还可用于信号的跟随；共基极放大电路只有电压放大作用而没有电流放大作用，输入电阻小，高频特性好，适用于宽频带放大电路。

一、基本共射极放大电路

1. 基本共射极放大电路的组成

图 5.3 所示为最基本的共射极放大电路。各元件的作用如下。

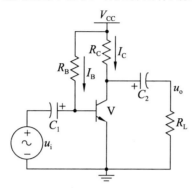

图 5.3　基本共射极放大电路

(1) 电源 V_{CC}。放大电路的能量来源，提供电流 I_B 和 I_C，一般在几伏到十几伏之间。

(2) 晶体管 V。放大电路的核心，用基极电流 I_B 控制集电极电流 I_C，即 $I_C = \beta I_B$，实现电流放大。

(3) 基极电阻 R_B。又称偏置电阻，和电源 V_{CC} 配合，用来调节基极偏置电流 I_B，使晶体管有一个合适的工作点，一般为几十千欧到几百千欧。

(4) 集电极负载电阻 R_C。一般为几千欧，其作用是将集电极电流 I_C 的变化转换为电压的变化，从而引起 U_{CE} 的变化，产生输出电压后加到负载 R_L 上。

(5) 电容 C_1、C_2。用来传递交流信号，起到耦合的作用；同时，又使放大电路和信号源及负载间的直流电流相互隔离，起隔直作用。为了减小传递信号的损失，C_1、C_2 应选得足够大，一般为几微法至几十微法，通常采用电解电容器。

2. 放大电路中电压、电流的方向及符号规定

(1) 直流分量。如图 5.4(a)中波形所示，用大写字母和大写下标表示。如 I_B 表示基极的直流电流。

(2) 交流分量。如图 5.4(b)中波形所示，用小写字母和小写下标表示。如 i_b 表示基极的交流电流。

(3) 总变化量。如图 5.4(c)中波形所示，是直流分量和交流分量之和，即交流叠加在直流上，用小写字母和大写下标表示。如 i_B 表示基极电流总的瞬时值，其数值为 $i_B = I_B + i_b$。

(4) 交流有效值。用大写字母和小写下标表示。如 I_b 表示基极正弦交流电流的有效值。

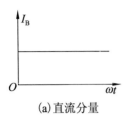
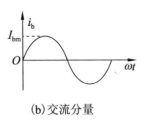
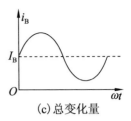

| (a)直流分量 | (b)交流分量 | (c)总变化量 |

图 5.4　放大电路中的符号规定

3. 工作原理

(1) 输入信号 u_i 直接加在晶体管 V 的基极和发射极之间，引起基极电流 i_B 做相应的变化。当 $u_i=0$ 时，电路各处的电压、电流都是不变的直流，此时电路的状态为直流状态或静止工作状态，简称静态；当正弦信号 $u_i \neq 0$ 时，电路中各处的电压、电流是变动的，电路处于交流状态或动态工作状态，简称动态。简言之，动态就是在静态值的基础上叠加了变化的交流值。

(2) 通过晶体管 V 的电流放大作用，V 的集电极电流 i_C 也将变化。

(3) i_C 的变化引起 V 的集电极和发射极之间的电压 u_{CE} 变化。

(4) u_{CE} 中的交流分量 u_{ce} 经过 C_2 传送给负载 R_L，成为交流输出电压 u_o，实现了电压放大作用。

可见，放大电路由两大部分组成：一是直流通路，其作用是为晶体管处在放大状态提供发射结正向偏压和集电结反向偏压；二是交流通路，其作用是把交流信号输入→放大→输出。

4. 基本分析方法

由于放大电路由直流通路和交流通路两部分叠加而成，所以分析方法也相应分为静态分析和动态分析两步。

1) 静态直流分析

静态分析就是要找出一个合适的静态工作点 Q。通常由放大电路的直流通路来确定，如图 5.5 所示。静态分析通常有以下两种方法。

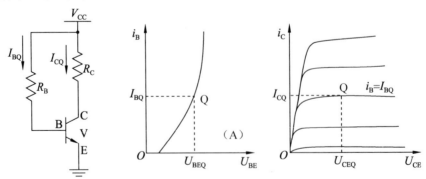

图 5.5　放大电路的静态分析

(1) 估算法。由 $I_{BQ} = \dfrac{V_{CC} - U_{BE}}{R_B} \approx \dfrac{V_{CC}}{R_B}$，$I_C \approx \beta I_B$ 可以得到 $U_{CEQ} = V_{CC} - I_{CQ}R_C$。

结论：求 Q 点思路为 $I_{BQ} \rightarrow I_{CQ} \rightarrow U_{CEQ}$。

饱和状态判别及特点是：若 $U_{CE} \leqslant 0.3V$，说明晶体管已处于或接近饱和状态，此时 I_{CQ} 称为集电极饱和电流 I_{CS}，集电极与发射极间电压称为饱和电压 U_{CES}。一般地，硅管的 U_{CES} 取 0.3V，锗管取 0.1V。

(2) 图解分析法。在晶体管的特性曲线上直接用作图方法来分析放大电路的工作情况，称为图解法(Graphical Analysis Method)。图解法既可作静态分析，也可作动态分析，步骤如下。

① 用估算法求出基极电流 I_{BQ} (如 40μA)。

② 根据 I_{BQ} 在输出特性曲线中找到对应的曲线。

③ 作直流负载线(DC Load Line)。

根据集电极电流 I_C 与集、射极间电压 U_{CE} 的关系式 $U_{CE} = V_{CC} - I_C R_C$ 可画出一条直线。该直线在纵轴上的截距为 V_{CC}/R_C，在横轴上的截距为 V_{CC}，其斜率为 $-1/R_C$，只与集电极负载电阻 R_C 有关，称为直流负载线。

**特别提示**

直流负载线划定了一个给定的晶体管电路所能达到的 V_{CE}、I_C 参数，可以帮助我们理解一些重要的概念。

④ 求静态工作点 Q，并确定 U_{CEQ}、I_{CQ} 的值。晶体管的 I_{CQ} 和 U_{CEQ} 既要满足 $I_B=40μA$ 的输出特性曲线，又要满足直流负载线，因而晶体管必然工作在它们的交点 Q 上，该点就是静态工作点。由静态工作点 Q 便可在坐标上查得静态值 I_{CQ} 和 U_{CEQ}，如图 5.6 所示。

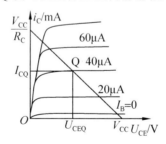

图 5.6　图解法求静态工作点

(3) 电路参数对静态工作点的影响如下。

① R_B 增大时，I_B 减小，Q 点降低，晶体管趋向于截止。

② R_B 减小时，I_B 增大，Q 点升高，晶体管趋向于饱和。

这两种情况下晶体管均会失去放大作用。

2) 动态交流分析

在分析电路时，一般用交流通路来研究放大电路的动态性能。所谓交流通路，就是交流电流所流通的途径，在画法上遵循两条原则：将电路图中的耦合电容 C_1、C_2 视为短路；电源 V_{CC} 的内阻很小，对交流信号而言视为短路。

(1) 图解法。图解过程如图 5.7 所示，具体步骤如下。

① 根据静态分析方法，求出静态工作点 Q。

② 根据 u_i 在输入特性曲线上求 u_{BE} 和 i_B。

③ 作交流负载线。

④ 由输出特性曲线和交流负载线求 i_C 和 u_{CE}。

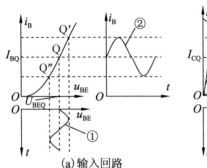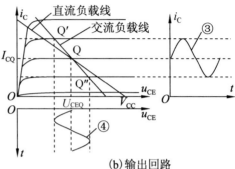

(a) 输入回路　　　　　　　　(b) 输出回路

图 5.7　动态分析图解

从图解分析过程，可得出如下几个重要结论。

① 放大器中的 u_{BE}、i_B、i_C 和 u_{CE} 各个量都由直流分量和交流分量两部分组成。

② 由于 C_2 的隔直作用，u_{CE} 中的直流分量 U_{CEQ} 被隔开，放大器的输出电压 u_o 等于 u_{CE} 中的交流分量 u_{ce}，且与输入电压 u_i 反相。

③ 放大器的电压放大倍数可由 u_o 与 u_i 的幅值或有效值之比求出。负载电阻 R_L 越小，交流负载电阻 R'_L 也越小，交流负载线就越陡，使 U_{om} 减小，电压放大倍数下降。

④ 静态工作点 Q 设置得不合适，会对放大电路的性能造成影响。若 Q 点偏高，当 i_b 按正弦规律变化时，Q′ 进入饱和区，造成 i_c (或 u_{ce}) 的波形与 i_b (或 u_i) 的波形不一致，输出电压 u_o (即 u_{ce}) 的负半周出现平顶畸变，称为饱和失真；若 Q 点偏低，则 Q″ 进入截止区，输出电压 u_o 的正半周出现平顶畸变，称为截止失真。

(2) 微变等效电路法。所谓放大电路的微变等效电路法，就是在满足一定条件的情况下，把非线性元件晶体管所组成的放大电路等效为一个线性电路，也就是把晶体管线性化，等效为一个线性元件。这样，就可用线性电路的方法来分析晶体管放大电路。线性化等效的条件是晶体管在小信号(微变量)情况下工作。这样就能在静态工作点附近的小范围内，用直线段近似地代替晶体管的特性曲线。

① 晶体管的微变等效方法如下。

a. 输入端的微变等效。当输入信号很小时，在静态工作点 Q 附近的工作段可认为是直线，当 U_{CE} 为常数时，从 B、E 极看进去，晶体管就是一个线性电阻，称为晶体管的输入电阻，如图 5.8 所示。即 $r_{be} = \dfrac{\Delta U_{BE}}{\Delta I_B}\bigg|_{U_{CE}} = \dfrac{u_{be}}{i_b}\bigg|_{U_{CE}}$

低频小功率晶体管的输入电阻常用下式估算：

$$r_{be} = 200(\Omega) + (1+\beta)\frac{26\text{mV}}{I_E\text{mA}}$$

式中，I_E 是发射极电流的静态值。r_{be} 一般从几百到几千欧，对交流而言是一个动态电阻。

b. 输出端的微变等效。晶体管的输出特性是一族曲线，当晶体管工作于放大状态时，是一组近似等距离的平行直线，如图 5.9 所示。

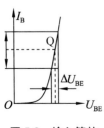

图 5.8　输入等效

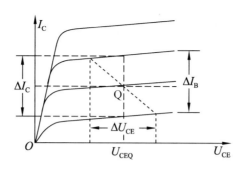

图 5.9　输出等效电阻

ΔI_C 受 ΔI_B 的控制，且

$$\beta = \frac{\Delta I_C}{\Delta I_B}\Big|_{U_{CE}} = \frac{i_c}{i_b}\Big|_{U_{CE}}$$

当 I_B 为常数时，ΔU_{CE} 与 ΔI_C 之比

$$r_{ce} = \frac{\Delta U_{CE}}{\Delta I_C}\Big|_{I_B} = \frac{u_{ce}}{i_c}\Big|_{I_B}$$

称为晶体管的输出电阻。在小信号情况下，r_{ce} 也是一个常数。由于 r_{ce} 很高，约为几十千欧到几百千欧，所以在计算中常常忽略。

最后获得的晶体管微变等效电路如图 5.10 图示。

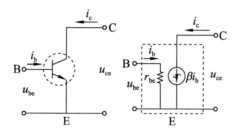

图 5.10　晶体管的微变等效电路

② 用微变等效电路法进行动态性能分析如下。

通过放大电路的交流通路和晶体管的微变等效,图 5.3 所示的放大电路转变为图 5.11 所示的微变等效电路。

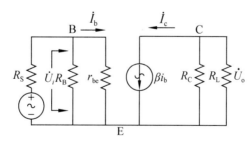

图 5.11　放大电路的微变等效

动态指标可用微变等效电路求得。

a.　电压放大倍数 A_u。设输入是正弦信号，图中的电压和电流都可用相量表示，如图 5.11 所示。

$$\dot{U}_i = r_{be}\dot{I}_b$$

$$\dot{U}_o = -R'_L\dot{I}_c = -\beta R'_L\dot{I}_b$$

式中，$R'_L = R_L \| R_C$

故放大电路的电压放大倍数为

$$A_u = \frac{\dot{U}_o}{\dot{U}_i} = -\beta\frac{R'_L}{r_{be}}$$

式中，负号表示输出电压相位与输入相反。当放大电路输出端开路(未接 R_L)时，$A_u = \dfrac{\dot{U}_o}{\dot{U}_i} = -\beta\dfrac{R_C}{r_{be}}$，比接 R_L 时高。可见 R_L 愈小，则电压放大倍数愈低。

A_u 是衡量放大器放大能力的指标，其大小除与 R'_L 有关外，还与 β 和 r_{be} 有关。

特别提示

在保持静态 I_E 一定的条件下，β 值大的管子其 r_{be} 也大，但两者不是成比例地增长，而是随 β 的增大 β/r_{be} 值也在增大，但增大越来越小。也就是随着 β 的增大，电压放大倍数增大的越来越少。当 β 足够大时，电压放大倍数几乎与 β 无关。此外，在 β 一定时，只要把 I_E 增大一些，却能把电压放大倍在一定范围内有明显提高，而往往用 β 较高的管子反而达不到这个效果，不过 I_E 的增大是有限制的。

b. 输入电阻 r_i。放大电路对信号源(或对前级放大电路)来说，是一个负载，可用一个电阻来等效代替。这个电阻一方面是信号源的负载电阻，另一方面也是放大电路的输入电阻 r_i。

$$r_i = \frac{\dot{U}_i}{\dot{I}_i} = \frac{\dot{U}_i}{\dot{I}_{R_B} + \dot{I}_b} = R_B /\!/ r_{be} \approx r_{be}$$

输入电阻是表明放大电路从信号源吸取电流大小的参数。电路的输入电阻愈大，从信号源取得的电流愈小，因此一般总是希望得到较大的输入电阻。

c. 输出电阻 r_o。放大电路对负载(或后级放大电路)来说，是一个信号源，可以将它进行戴维宁等效，等效电源的内阻即为放大电路的输出电阻 r_o。输出电阻是动态电阻，与负载无关。

$$r_o = \frac{\dot{U}_o}{\dot{I}_o}$$

输出电阻是表明放大电路带负载能力的参数。电路的输出电阻愈小，负载变化时输出电压的变化愈小，也就是放大电路带负载的能力愈强，因此，一般总是希望得到较小的输出电阻。

放大电路的输出电阻是从放大电路的输出端看进去的一个电阻。因晶体管的 r_{ce} 很高，已略去，故

$$r_o \approx R_C$$

R_C 一般为几千欧，因此共发射极放大电路的输出电阻较高。

二、分压式射极偏置放大电路

上边介绍的基本共发射极放大电路，V_{CC} 和 R_B 一定，U_{BE} 基本固定不变，故也称固定偏置电路。在这种电路中，由于晶体管参数 β 和 I_{CEO} 等随温度而变，而 I_{CQ} 又与这些参数有关，当温度发生变化时，会导致 I_{CQ} 的变化，使静态工作点不稳定。为了稳定静态工作点，这里介绍分压式偏置(Voltage Divider Bias)电路，如图 5.12 所示。

分压式偏置电路与基本共发射极放大电路的区别是晶体管发射结电压 U_{BE} 的获得方式不同。

1. 静态分析

分压式偏置放大电路的直流通路如图 5.13 所示。

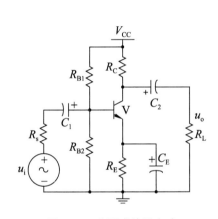

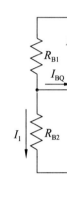

图 5.12   分压式偏置电路   图 5.13   分压式偏置放大电路的直流通路

如果 $I_1 \gg I_B$ (I_1 是流经 R_{B1}、R_{B2} 的电流)，就可近似地认为基极电位：

$$U_B = \frac{R_{B2}}{R_{B1} + R_{B2}} V_{CC}$$

也就是说：利用 R_{B1} 和 R_{B2} 组成的分压器把基极电位加以固定。在此条件下，当温度上升时，$I_C(I_E)$ 将增加。由于 I_E 的增加，在 R_E 上产生的压降 $I_E R_E$ 也要增加，使外加于管子的 U_{BE} 减小(因 $U_{BE} = U_B - I_E R_E$，而 U_B 又被 R_{B1} 和 R_{B2} 所固定)，由于 U_{BE} 的减小使 I_B 自动减小，这就牵制了 I_C 的增加，从而使 I_C 基本恒定。

这种电路中，I_1 愈大于 I_B 及 U_B 愈大于 U_{BE}，稳定 Q 点的效果愈好。为兼顾其他指标，设计时，一般选取：

$$I_1 = (5 \sim 10)I_B(\text{硅管}); \quad I_1 = (10 \sim 20)I_B(\text{锗管})$$
$$U_B = (3 \sim 5)\text{V}(\text{硅管}); \quad U_B = (1 \sim 3)\text{V}(\text{锗管})$$

根据图 5.13 求得放大电路的静态值为

$$U_B = \frac{R_{B2}}{R_{B1} + R_{B2}} V_{CC}$$

$$I_{CQ} \approx I_{EQ} = \frac{U_B - U_{BEQ}}{R_E}$$

$$I_{BQ} = \frac{I_{CQ}}{\beta}$$

$$U_{CEQ} \cong V_{CC} - I_{CQ}(R_C + R_E)$$

通过以上分析可见：固定偏置电路在估算静态工作点过程中 I_C 和 U_{CE} 随晶体管β值而变化，一旦更换了晶体管，就需要重新调整基极偏置电阻，以确保原有静态工作点 Q 不变；而分压式偏置电路中晶体管的β值不参与 I_C 和 U_{CE} 的运算过程，即 I_C 和 U_{CE} 不受β值影响，更换不同β值的晶体管后，直流工作点也能基本不变，所以在实际应用中被广泛采用。

虽然分压式偏置电路能适应不同β值的晶体管来维持直流工作点的相对稳定，但不等于电路中晶体管的β值可随意选择，因为β值还会影响到诸如电压放大倍数、输入输出电阻等参数。

2. 动态分析

该电路动态性能指标一般用微变等效电路法来确定，具体步骤如下。

(1) 画出微变等效电路，如图 5.14 所示。

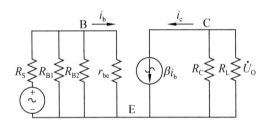

图 5.14　分压式偏置放大电路的微变等效电路

(2) 求电压放大倍数 A_u、输入电阻 r_i、输出电阻 r_o。

$$r_{be} \approx 200\Omega + (1+\beta)\frac{26(mV)}{I_E(mA)}$$

$$\dot{A}_u = \frac{u_o}{u_i} = -\frac{\beta(R_C // R_L)}{r_{be} + (1+\beta)R_E} = -\frac{\beta(R_C // R_L)}{R_{in}} \text{（包括 } R_E \text{ 时，即没有旁路电容 } C_E \text{ 时）}$$

$$r_i = R_{b1} // R_{b2} // R_{in} = R_{b1} // R_{b2} //[r_{be} + (1+\beta)R_E]$$

$$r_o = R_C$$

在图 5.12 所示的分压偏置电路中，电容 C_1、C_2 作为耦合电容实现信号的传递。另一个电容 C_E 与发射极电阻 R_E 并联，这个电容称为旁路电容(Bypass Capacitpor，与心脏搭桥相似，原理上相通)。在交流分析中，旁路电容 C_E 视为短路，E 极电流不会通过 R_E，而是全部经过电容 C_E 进入地中。

旁路电容 C_E 既保留了电阻 R_E 在偏置电路中设置静态工作点的角色，又能在交流分析中提高放大器的电压增益。

另一方面，旁路电容的存在一方面降低了输入电阻，另一方面对稳定电压增益无益。因为，在 R_E 被全部旁路后，根据电压增益计算式 $\dot{A}_u = \frac{u_o}{u_i} = -\frac{\beta(R_C // R_L)}{r_{be}}$，分母 r_{be} 是一个受发射极电流影响的量，还会因温度的变化而改变，这使得放大器的电压增益不稳定。在没有旁路电容的情况下，在电压增益计算式中如果 R_E 远大于 r_{be}，r_{be} 的影响就变得非常有限。但是 R_E 过大，电压增益会变小。折中办法可以让发射极电

阻 R_E 部分被旁路。原来的 R_E "拆成" 了 R_{E1} 和 R_{E2}，其中只有 R_{E2} 被电容 C_E 旁路，如图 5.15 所示。由于 R_{E1} 和 R_{E2} 串联可保证静态工作点不变。在交流分析中，没有被旁路的电阻 R_{E1} 留在了 E 极上。

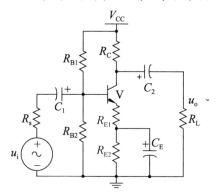

图 5.15　稳定电压增益

在选择旁路电容时，通常需要保证其 10 倍的容抗小于或等于 R_E 的阻值。

三、共集电极放大电路(射极输出器)

上边两种共射极放大电路，输入电阻低、输出电阻高，而通常需要输入电阻高、输出电阻低。解决这一问题的有效方法就是采用共集电极放大电路。

1. 电路组成及特点

共集电极放大电路如图 5.16 所示。

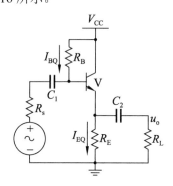

图 5.16　共集电极放大电路

从图 5.16 中可以看出：交流信号从基极输入，从发射极输出。集电极是输入、输出回路的公共端，故称为共集电极电路。由于被放大的信号从发射极输出，故该电路又名"射极输出器"。其工作原理是电源 V_{CC} 给晶体管 V 的集电结提供反偏电压，又通过 R_B 给发射结提供正偏电压，使晶体管 V 工作在放大区。u_i 通过输入耦合电容 C_1 加到晶体管 V 的基极，u_o 通过输出耦合电容 C_2 送到负载 R_L 上。

2. 静态分析

共集电极放大电路的直流通路如图 5.17 所示($u_i = 0$，C_1 和 C_2 断开)。

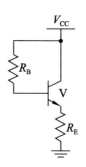

图 5.17　共集电极放大电路的直流通路

由 $\qquad$ $V_{cc} = I_{BQ}R_B + U_{BE} + (1+\beta)\,I_{BQ}\,R_E$

可推出 $\qquad$ $I_{BQ} = \dfrac{V_{cc} - U_{BE}}{R_B + (1+\beta)R_E}$

而 $\qquad$ $I_{CQ} = \beta I_{BQ}$

故 $\qquad$ $U_{CEQ} \cong V_{CC} - I_C R_E$

3. 共集电极电路的动态分析

共集电极放大电路的微变等效电路如图 5.18 所示。

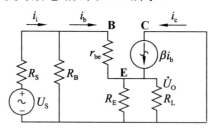

图 5.18　共集电极放大电路的微变等效电路

(1) 电压放大倍数 A_u

$$U_o = (1+\beta)I_b R_E//R_L = (1+\beta)I_b R'_L\,,\quad U_i = I_b r_{be} + (1+\beta)I_b R'_L$$

$$A_u = \frac{U_o}{U_i} = \frac{(1+\beta)R'_L}{r_{be} + (1+\beta)R'_L} \leqslant 1$$

这说明：共集电极放大电路没有电压放大作用，但具有电流放大功能，式中无负号表示输出电压与输入电压同相位，即射极与基极同相位，故称射极输出器(电压跟随器)。

(2) 输入电阻 r_i。r_i 是从输入端往里看的等效电阻，包括 R_B、r_{be}、R_E 和 R_L。

$$r_i = \frac{U_i}{I_i} = R_B//[r_{be} + (1+\beta)R'_L]\ \ (R'_L = R_E//R_L)$$

(3) 输出电阻 r_o。输出电阻 r_o 是从输出端往放大器里面看进去的等效电阻。

当 $R_S=0$ 时 $\qquad$ $r_o = \dfrac{U_o}{I_o} = R_E//\dfrac{r_{be}}{1+\beta}\,(U_S=0,\ R_L=\infty)$

4. 射极输出器的特点和用途

射极输出器的电压放大倍数小于 1，但约等于 1，即电压跟随。但射极输出器具有较高的输入电阻和较低的输出电阻，这是射极输出器最突出的优点。因此常用作多级放大器的第一级或最末级，也可用于中间隔离级。用作输入级时，其较高的输入电阻可以减轻信号源的负担，提高放大器的输入电压；用作输出级时，其较低的输出电阻可以减小负载变化对输出电压的影响，并易于与低阻抗负载相匹配，向负载传送尽可能大的功率。

至此，无线话筒的工作原理就不难理解了。

话筒采集到的交流声音信号通过 C_2 耦合和 R_2 匹配后送到晶体管的基极。D_1 和 D_2 两个二极管反向并联，起双向限幅作用(1N4148 是硅管，导通电压 0.7V 左右。如果信号电压超过 0.7V 就会被二极管导通分流，这样可以确保声音信号的幅度限制在正负 0.7V 之间)，因为过强的信号会产生失真甚至无法正常工作。

电路中 LED 发光二极管用来指示工作状态。调频话筒得电工作时点亮，R_6 是发光二极管的限流电阻。C_8、C_9 是电源滤波电容(大电容一般是采用卷绕工艺制作的，等效电感较大，并联一个小电容 C_8 可以使电源的高频内阻降低)。

此外，该电路还可作无线发射器使用：从电视机(或 MP3 随身听等)耳机插孔通过连接线引入音频输入插座即可。

以下是制作过程中需要注意的几个地方。

1. 元件选用

用来采集外界声音信号的驻极体小话筒 MIC，灵敏度非常高，可以采集微弱的声音。它的外形和测试方法如图 5.19 所示。

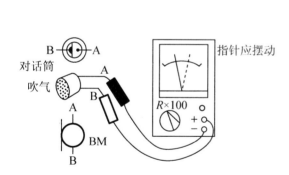
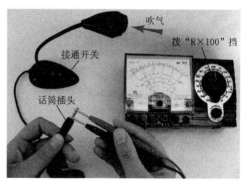

图 5.19　驻极体话筒检测

上面有防尘网的一面是受话面。话筒底部有两个接点：与金属外壳相连的是负极接点，使用中应接地或接电源；四周悬空的是正极接点，接信号端。

这种话筒必须要有直流偏压才能工作，这里通过电阻 R_3 提供(R_3 的阻值越大，话筒采集声音的灵敏度越弱)。驻极体话筒灵敏度越高，无线话筒的效果越好(对话筒吹气时，万用表指针摆动越大，驻极体话筒越灵敏)。

电感线圈 L 可用直径 0.5mm 的漆包线在圆珠笔笔芯上密绕 10 圈，用小刀将线圈两端刮去漆皮后用电烙铁上锡。可点上一些石蜡油固定线圈然后抽出圆珠笔笔芯，形成空心线圈。

2. 调试

(1) 先检查印刷电路板焊接情况。应无短路和虚、假焊现象，然后可接通电源。

(2) 用万用表直流电压挡测量晶体管 V 基极与发射极间电压，应为 0.7V 左右。将线圈 L 两端短路，电压应有一定变化，说明电路已经振荡。

(3) 打开收音机，拉出天线，波段开关置于调频(FM)波段(频率范围为 88~108MHz)，将无线话筒天线搭在收音机上。

(4) 慢慢转动收音机调谐旋钮，同时，对话筒吹气或讲话，直到收音机收到信号声为止。若收音机在调谐范围内收不到信号，可拉伸或压缩线圈 L，改变其宽度，再仔细调谐直至收到清晰的信号。然后逐渐拉开无线话筒和收音机间的距离再进行调整。注意在调试中无线话筒发射频率应避开调频波段内的广播电台频率。

(5) 将无线话筒电路板装入机壳。机壳可以自制，但要注意把开关、插座、发光二极管露在壳外，以方便使用。

拓展阅读

驻极体话筒的电气参数与微型无线麦克风

一、驻极体话筒的电气参数

驻极体话筒是利用驻极体材料制成的一种特殊电容式"声—电"转换器件。其主要特点是体积小、结构简单、频响宽、灵敏度高、耐震动、价格便宜。在为电路选择驻极体话筒时，需要考虑以下几个电气参数(详见图 5.1(c))。

(1) 额定电压、电流。一般驻极体话筒的额定电压为 2~10V，具体可查阅其技术手册。驻极体话筒的功耗很小，通常只有 500μA，一般不考虑它的电能消耗。

(2) 灵敏度(Sensitivity)。灵敏度指话筒在一定强度的声音作用下输出电信号的大小，单位为 dB。通常定义话筒在 1Pa 声压下输出电压为 1V 时的灵敏度为 0dB，具体型号话筒的灵敏度是以这个标准为基准得出的一个相对值。常用驻极体话筒的灵敏度为 −40~−50dB。

(3) 输出阻抗(Output Impedance)。话筒两个管脚之间的阻抗称为输出阻抗。600Ω以下为低阻抗器件，10kΩ以上为高阻抗器件。一般的驻极体话筒阻抗为 2.2kΩ，属于中等阻抗范围，专业级的话筒阻抗都在 200Ω以下。

(4) 信噪比(Signal-to-Noise Ratio，SNR)，用来描述噪声信号的干扰程度。信噪比等于有用信号与噪音信号的功率比值，通常使用 dB 为单位。一般驻极体话筒的信噪比都在 60dB 以上。

(5) 频率范围(Frequency Response)。驻极体话筒可对频率在 100~10000Hz 范围内的声音信号有较好的响应。

二、驻极体话筒的引脚识别

驻极体话筒的底面一般均是印制电路板，如图 5.20 所示。

对于印制电路板上面有 2 部分敷铜的驻极体话筒，与金属外壳相通的部分为"接地端"，另一端为"电源/信号输出端"(有"漏极 D 输出"和"源极 S 输出"之分)。对于印制电路板上面有 3 部分敷铜的驻极体话筒，除了与金属外壳相通的敷铜仍为"接地端"外，其余 2 部分敷铜分别为"S 端"和"D 端"。有时引线式话筒的印制电路板被封装在外壳内部，无法看到(如国产 CRZ2-9B 型)，这时可通过引线来识别：屏蔽线为"接地端"，屏蔽线中间的 2 根芯线分别为"D 端"(红色线)和"S 端"(蓝色线)。如果只有 1 根芯线(如国产 CRZ2-9 型)，则该引线为"电源/信号输出端"。

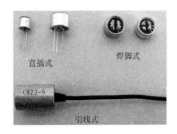
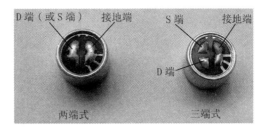

图 5.20　驻极体话筒的引脚

三、微型无线麦克风

无线发射和接收原理与语音信号一般在 20~20kHz 之间，属于低频信号，需要调制(Modulation)到高频率载波上。最为常见的调制方式为幅度调制(Amplitude Modulation，AM)和频率调制(FM)。

幅度调制(AM)利用高频载波的幅度来反映低频的有用信号，工作原理如图 5.21 所示。

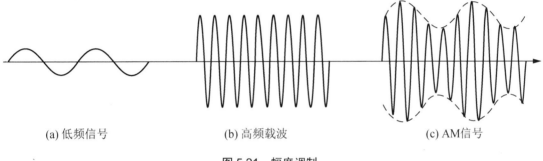

(a) 低频信号　　　　　　(b) 高频载波　　　　　　(c) AM信号

图 5.21　幅度调制

频率调制(FM)则是利用高频载波的频率变化来反映低频有用信号，工作原理如图 5.22 所示。

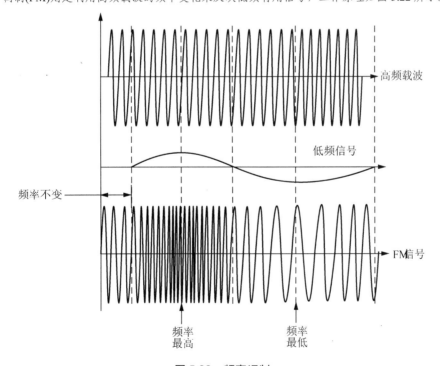

图 5.22　频率调制

在幅度调制试中，有用信息蕴藏在 AM 信号的幅度变化之中，在传播过程中容易受到干扰而丢失。而 FM 信号的有用信息蕴藏在频率变化之间，与信号幅度变化无关，保真度和可靠性较 AM 要高。

图 5.23 所示微型无线麦克风电路仅包含 10 个元器件，该电路的本质是利用 LC 电路与放大器构成一个振荡器，把语音信号以电磁波形式发送出去，完成后整个装置体积可做到 1 个 1 元硬币大小，但其发射距离可达 50m，发射频率在 80～108MHz，用普通 FM 收音机完全可以接收。

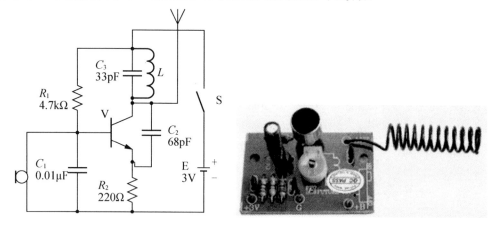

图 5.23　微型无线麦克风电路

在制作过程中，天线使用 25cm 长，直径 1mm 的导线即可。电感可用 0.5mm 绝缘带皮导线在直径 1cm 的骨架上绕制，其他均为成品器件。

制作完成后，调整电感的匝数或匝距可改变该话筒发射频率，从而使调频收音机可以接收到。

思考与练习

1. 为什么放大电路能把小能量的电信号放大到所要求的程度？试说明组成放大电路的基本原则？

2. 电路如图 5.24 所示，已知晶体管 $\beta=50$，$V_{CC}=12V$，晶体管饱和管压降 $U_{CES}=0.5V$。

(1) 在下列情况下，用直流电压表测量晶体管的集电极电位，应分别为多少？(提示：静态直流分析时 $u_i=0$，$U_{BE}=0.7\,V$)。

① 正常情况　　② R_{B1} 短路　　③ R_{B1} 开路　　④ R_{B2} 开路　　⑤ R_C 短路

(2) 计算该电路的电压放大倍数、输入电阻、输出电阻。

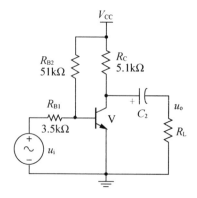

图 5.24　思考与练习 2 题

3．有人在修理一个固定偏置共射极放大器时，换上了一个 β 值比原管小的晶体管后电路出现了失真现象，请找出原因，并说明失真的性质。

4．热敏电阻可与另一个电阻构成分压器，而分压器的输出电压就可以反映热敏电阻实测的温度。某热敏电阻 R_2 在温度为 $44\sim56\,℃$ 的特性(变化范围 $2.7\sim1.2\text{k}\Omega$)如图 5.25(b)所示。试分析图 5.25(a)所示电路的工作原理。

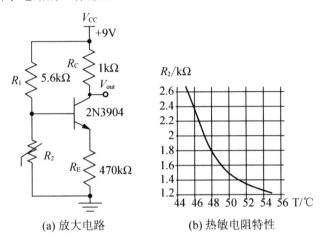

(a) 放大电路　　　　　(b) 热敏电阻特性

图 5.25　思考与练习 4 题

任务 5.2　设计酒精检测报警控制电路

教学目标

(1) 了解多级放大电路。

(2) 理解差动放大电路的意义及作用。

(3) 了解功率放大电路。

任务引入

近年来，驾驶员酒后驾驶引发的交通事故越来越多。图 5.26 所示是一种性能稳定抗干扰能力强的酒精气味检测报警器。当驾驶员饮酒上车后，该检测器接触到酒精气味，立即发出响亮而又连续不断的"酒后别开车"的语音报警声并切断车辆点火电路，强制车辆熄火。

该报警器既可安装在各种机动车上用来限制驾驶员酒后驾车，又可组装成便携式，供交通人员在现场使用，检测驾驶员是否酒后驾驶，具有很大的实用性。

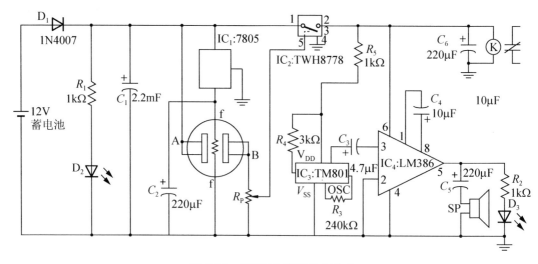

图5.26 酒精检测报警控制电路

从图5.26中可以看出，电源电路由蓄电池、二极管D_1、电阻R_1、电源指示发光二极管D_2、滤波电容C_1、C_2和三端稳压集成器IC_1组成；酒敏检测电路由酒敏传感器、电位器R_P和电子开关集成电路IC_2组成；语音电路由电阻器R_3、R_4、R_5和语音集成电路IC_3组成；音频放大输出电路由电容器C_3、C_4、C_5、音频功率放大集成电路IC_4、扬声器SP、发光二极管D_3和限流电阻R_2组成；点火系统控制电路由电容器C_6和继电器K组成。

蓄电池12V电压经D_1隔离、C_1滤波后分为4路：一路经R_1限流降压后将D_2点亮，作为电源指示；一路直接加至酒敏传感器的A端；一路经IC_1稳压为+5V，作为酒敏传感器f，f之间加热器的工作电源；另一路经IC_2为语音电路、音频放大输出电路和K提供工作电源。

在酒敏传感器未检测到酒精气体时，A、B两端之间呈现高阻状态，R_P的中心抽头为低电平，IC_2内部电子开关处于关断状态，语音电路、音频放大输出电路和继电器K均不工作，K的常闭触头接通点火系统工作电源，发动机可以正常起动。

当酒敏传感器检测到酒精气体后，A、B两端之间的电阻值变小，B极的电压升高，使R_P中心抽头变为高电平，当该信号电压达到1.6V时，IC_2内部电子开关接通，IC_3得电，输出连续不断的"酒后别开车"语音警示信号，不过非常微弱。经4.7μF电容C_3输入IC_4：LM386加以放大，由扬声器SP发出响亮的报警声，并驱动D_3闪烁发光报警；同时继电器K通电吸合，常闭触头断开。点火系统工作电源被切断，发动机无法起动或强制熄火。调节R_P阻值，可以改变酒敏检测控制器的灵敏度。

一、多级放大电路(Multistage Amplifer)

由于实际待放大的信号一般都在毫伏或微伏级，非常微弱，例如本例中语音集成电路

IC$_2$ 输出的报警信号。要把这些微弱信号放大到足以推动负载(如喇叭、显像管、指示仪表等)工作单靠一级放大器常常不能满足要求,一般是将两个或两个以上基本放大电路单元连结起来组成多级放大器,使信号逐级放大到所需要的程度。其中,每个基本放大电路单元为多级放大器的一级,如图 5.27 所示。

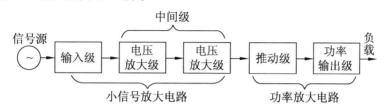

图 5.27　多级放大电路的组成

特别提示

一个晶体管代表一级。

1. 多级放大电路的基本耦合方式及其特点

放大电路级与级之间的连结方式叫耦合方式。常用的耦合方式有直接耦合、阻容耦合、变压器耦合和光电耦合等。

(1) 直接耦合:耦合电路采用直接连接或电阻连接,不采用电抗性元件。直接耦合放大电路存在温度漂移问题,但因其低频特性好,能够放大变化缓慢的信号且便于集成而得到越来越广泛的应用。直接耦合电路各级静态工作点之间会相互影响,应注意静态工作点的稳定问题。

(2) 阻容耦合:将放大电路前一级的输出端通过电容接到后一级的输入端。阻容耦合放大电路利用耦合电容隔离直流,但其低频特性差,不便于集成,因此仅在分立元件电路中采用。

(3) 变压器耦合:将放大电路前一级的输出端通过变压器接到后一级的输入端或负载电阻上。采用变压器耦合也可以隔除直流,传递一定频率的交流信号,各放大级的静态工作点互相独立,但低频特性差,不便于集成。变压器耦合的优点是可以实现输出级与负载的阻抗匹配,以获得有效的功率传输。常用作调谐放大电路或输出功率很大的功率放大电路。

(4) 光电耦合:以光信号为媒介来实现电信号的耦合与传递。光电耦合放大电路利用光电耦合器将信号源与输出回路隔离,两部分可采用独立电源且分别接不同的"地",因而,即使是远距离传输,也可以避免各种电气干扰。

2. 多级放大电路指标的估算

图 5.28 所示电路为两级阻容耦合放大电路。第一级的输出信号通过电容 C_3 耦合到下一级的输入电阻上,故称为阻容耦合。

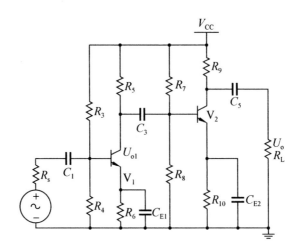

图 5.28　两级阻容耦合放大电路

由于各极之间通过耦合电容与下级输入电阻连接，因而各级静态工作点互不影响，其静态分析计算方法与单级放大电路相同。下边主要进行动态分析。

由于前后级之间的耦合电容数值较大，通常取几微法到几十微法，故耦合电容对交流信号可视为短路，所以

(1) 前一级的输出电压可认为是后一级的输入电压，即 $\dot{U}_{o1} = \dot{U}_{i2}$。

(2) 后一级的输入电阻是前一级的负载电阻，即 $R_{L1} = r_{i2}$。

(3) 整个放大电路总的电压放大倍数等于各级电压放大倍数的乘积。

因为：

$$A_u = \frac{\dot{U}_o}{\dot{U}_i} = \frac{\dot{U}_{o1}}{\dot{U}_i} \cdot \frac{\dot{U}_o}{\dot{U}_{i2}} = A_{u1} A_{u2}$$

**特别提示**

由于多级放大器的电压放大倍数等于各级电压放大倍数相乘，所以多级放大器的放大倍数递增速率远远高于级数的增加。如两级放大器，若每级放大倍数均为 90，则电路总的电压放大倍数

$$A_u = 90 \times 90 = 8100 \text{ 倍}$$

在通信及音响系统中，人耳对声音的感觉远远小于放大倍数的增加，或者说，多级放大器的电压放大倍数增加速率极不符合人的感官体验。为了解决这一矛盾，人们把电压放大倍数用"分贝"(dB)表示，即，

$$A_u(\text{dB}) = 20\lg\left|\frac{U_o}{U_i}\right|(\text{dB})$$

本例中 8100 倍的放大电压倍数换算成分贝表示的话仅为：$20\lg 8100 \approx 71.2\text{dB}$。

(4) 电路总输入电阻就是第一级的输入电阻，即 $r_i = r_{i1}$。

(5) 电路总输出电阻是最后一级的输出电阻，即 $r_o = r_{o2}$ (本例只有两级)。

特别提示

计算前级的电压放大倍数时必须把后级的输入电阻考虑到前级的负载电阻之中。如计算第一级的电压放大倍数时，其负载电阻就是第二级的输入电阻。

3. 频率特性和频率失真

一般情况下,放大电路的输入信号都是非正弦信号,其中包含有许多不同频率的谐波成分。由于放大电路含有电容元件(耦合电容、布线电容及 PN 结的结电容),它们的容抗将随频率的变化而变化,从而使放大电路对不同频率信号放大倍数不一样。也就是说当频率太高或太低时,微变等效电路不再是线性电路,输出电压与输入电压的相位发生了变化,电压放大倍数也将降低。通常把放大器的放大倍数与输入信号频率之间的关系曲线称为放大器的幅频特性,如图 5.29 所示。

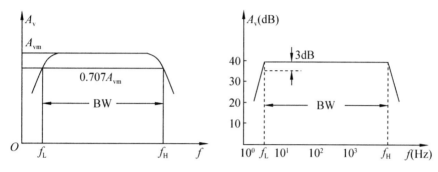

图 5.29 放大电路的幅频特性

把图 5.29 中曲线可分 3 段来讨论,即低频段、中频段和高频段。

中频段:电压放大倍数近似为常数。

低频段:耦合电容和发射极旁路电容容抗增大,不能视为短路,因而电压放大倍数减小。

高频段:晶体管结电容以及电路中分布电容等的容抗减小,不能视为开路,使电压放大倍数降低。

图 5.29 中 f_H 和 f_L 为电压放大倍数下降到中频段电压放大倍数的 $\dfrac{1}{\sqrt{2}}$ =0.707 倍时所对应的两个频率,分别称为上限频率和下限频率。差值($f_H - f_L$)称为通频带,用"BW"表示。

由于 $20\lg(\dfrac{1}{\sqrt{2}}) = -3(dB)$,因此,在工程上通常把 $f_H - f_L$ 的频率范围称为放大电路的"-3dB"通频带(简称 3dB 带宽)。

除了电压放大倍数会随频率变化改变外,在低频和高频段,输出信号对输入信号的相位移也要随频率的改变而改变。相位移与频率的函数关系称为相频特性。幅频特性和相频特性统称为频率特性或频率响应。当输入信号包含多种谐波分量的非正弦信号时,若谐波频率超出通频带,输出信号波形将产生失真。这种失真因为与放大电路的频率特性有关,故称为频率失真。

二、差动放大电路

1. 直接耦合及零点漂移

如果传输的信号频率较低或者说是直流信号的话,只能采用直接耦合方式。但直接耦合使得各级静态工作点(Q 点)互相影响,若前级 Q 点发生变化,则会影响到后面各级的 Q

点。由于各级的放大作用，第一级微弱变化的信号经多级放大器的放大，输出端会产生很大的变化。

特别地，当放大器输入信号短路时，由于环境温度的变化等原因，输出将随时间缓慢变化，这种输入电压为零，输出电压偏离零值的变化称为"零点漂移"，简称"零漂"。显然，这种输出不反映输入信号的变化，严重时会淹没真正的信号，给电子设备造成错误动作。因环境温度变化对零漂影响最大，故常称零漂为温漂。

零漂是影响直接耦合放大电路性能的主要因素之一，为了解决零漂，人们采取了多种措施，如采用温度补偿电路、使用稳压电源以及精选电路元件等方法。其中，最有效且广泛采用的方法是输入级采用差动放大电路。

2. 差动放大电路

差动放大器是利用参数匹配的两个晶体管组成对称形式的电路结构来进行补偿，以达到减小温度漂移的目的，其典型电路如图 5.30 所示。

1) 静态分析

当输入信号 $u_i = u_{i1} - u_{i2} = 0$ 时，由于左右两半电路参数完全对称，两管的电流相等，两管的集点极电位也相等，所以输出电压 $u_o = u_{o1} - u_{o2} = 0$。当温度发生变化时，由于电路对称，所引起的两管集电极电流的变化必然相同。例如，温度升高时，两管电流均增加，则集电极电位均下降，由于它们处于同一温度环境，因此两管的电流和电压变化量均相等，其输出电压仍然为零。

这说明：差动放大电路在零输入时具有零输出；静态时，温度变化依然保持零输出，即能抑制"零点漂移"。

特别提示

为了克服电路元件参数不可能完全对称造成的静态时输出电压不为零的现象，在实际电路中都设计有调零电路，将放大电路调到零输入时输出为零，如图 5.31 所示。

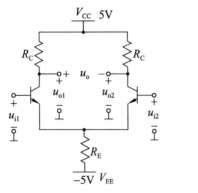 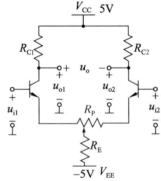

图 5.30　差动放大电路　　　　图 5.31　带调零的差动放大电路

如果 $u_{i1} \neq 0$，$u_{i2}=0$，电路变成图 5.32 所示的电路。此时会使晶体管 V_1 的发射极 E 电压升高，变为

$$V_{E1}=u_{i1}-0.7$$

由于两只晶体管的 E 极相连，所以 V_{E1} 的升高也使 V_{E2} 升高。由于晶体管 V_2 的 B 极接地，V_{E2} 的升高会使 V_{BE2} 减小，这样晶体管 V_2 的 C 极电流 I_{C2} 也减小，于是晶体管 V_2 的 C 极电压 u_{o2} 升高。最后的效果是晶体管 V_1 的 C 极电流 I_{C1} 变大，而 V_1 的 C 极电压变小。

如果 $u_{i1}=0$，$u_{i2}\neq0$，电路变成图 5.33 所示的电路。此时会使晶体管 V_2 的发射极 E 电压升高，变为

$$V_{E2}=u_{i2}-0.7$$

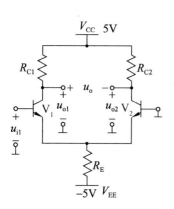

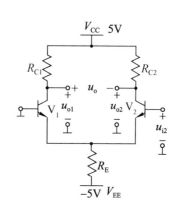

图 5.32 $u_{i1}\neq0$，$u_{i2}=0$ 时的等效电路　　　　图 5.33 $u_{i1}=0$，$u_{i2}\neq0$ 时的等效电路

由于两只晶体管的 E 极相连，所以 V_{E2} 的升高也使 V_{E1} 升高。由于晶体管 V_1 的 B 极接地，V_{E1} 的升高会使 V_{BE1} 减小，这样晶体管 V_1 的 C 极电流 I_{C1} 也减小，于是晶体管 V_1 的 C 极电压 u_{o1} 升高。最后的效果是晶体管 V_2 的 C 极电流 I_{C2} 变大，而 V_2 的 C 极电压变小。

2) 动态分析

u_{i1} 和 u_{i2} 有以下几种输入形式。

(1) 共模输入(Common-mode Input)。两个输入信号大小相等且极性相同，即 $u_{i1}=u_{i2}=u_{ic}$。这样的输入信号称为共模输入信号。此时 $u_{o1}=u_{o2}=A_u u_{ic}$，$u_o=u_{o1}-u_{o2}=0$。

共模电压放大倍数：
$$A_c=\frac{u_o}{u_{ic}}=0$$

这说明电路对共模信号无放大作用，即完全抑制了共模信号。实际上，差动放大电路对零点漂移的抑制就是该电路抑制共模信号的一个特例。所以差动放大电路对共模信号抑制能力的大小，也就是反映了它对零点漂移的抑制能力。

(2) 差模输入(Differential Input)。两输入端加的信号大小相等、极性相反，即 $u_{i1}=-u_{i2}=\frac{1}{2}u_{id}$。这样的输入信号称为差模信号。此时因两侧电路对称，故放大倍数相等。若电压放大倍数用 A_d 表示，由于 $u_{o1}=A_d u_{i1}$，$u_{o2}=A_d u_{i2}$，故 $u_o=u_{o1}-u_{o2}=A_d(u_{i1}-u_{i2})=A_d u_i$，即差模电压放大倍数：

$$A_d=\frac{u_o}{u_i}=A_{d1}$$

可见差模电压放大倍数等于单管放大电路的电压放大倍数。也就是说，差动放大电路用多一倍的元件为代价，换来了对零点漂移的抑制能力。

(3) 比较输入。所谓比较输入是指两个输入信号电压的大小和相对极性是任意的，既非共模，又非差模。比较输入可以分解为一对共模信号和一对差模信号的组合，即

$$u_{i1} = u_{ic} + u_{id}$$
$$u_{i2} = u_{ic} - u_{id}$$

式中，u_{ic} 为共模信号，u_{id} 为差模信号。由以上两式可解得

$$u_{ic} = \frac{u_{i1} + u_{i2}}{2}$$

$$u_{id} = \frac{u_{i1} - u_{i2}}{2}$$

对于线性差动放大电路，可用叠加定理求得输出电压：

$$u_{o1} = A_c u_{ic} + A_d u_{id}$$
$$u_{o2} = A_c u_{ic} - A_d u_{id}$$
$$u_o = u_{o1} - u_{o2} = 2A_d u_{id} = A_d(u_{i1} - u_{i2})$$

上式表明，输出电压的大小仅与输入电压的差值有关，而与信号本身大小无关，这就是差动放大电路的差值特性。

对于差动放大电路来说，差模信号是有用信号，要求对差模信号有较大的放大倍数；共模信号是干扰信号，因此对共模信号的放大倍数越小越好。对共模信号的放大倍数越小，就意味着零点漂移越小，抗共模干扰的能力越强，当用作差动放大时，就越能准确、灵敏地反映出信号的偏差值。

在一般情况下，电路不可能绝对对称，即 $A_C \neq 0$。为了全面衡量差动放大电路放大差模信号和抑制共模信号的能力，引入共模抑制比，以 K_{CMR} 表示。

共模抑制比(Common-Mode Rejection Radio)定义为差模电压放大倍数 A_d 与共模电压放大倍数 A_c 之比的绝对值，即：$K_{CMR} = \left| \dfrac{A_d}{A_c} \right|$。

或用对数形式表示为：$K_{CMR} = 20\lg \left| \dfrac{A_d}{A_c} \right|$。

共模抑制比越大，表示电路放大差模信号和抑制共模信号的能力越强。

例：人体心电信号的幅度大约为 2mV，由于在输入放大电路之前，导线暴露在环境当中，市电的 50Hz 工频干扰会耦合到导线中形成共模噪音信号，幅度约为 5mV。为了能在示波器上观察到正确的心电信号，并且要求心电信号的幅度为 5V，噪音信号不超过 50mV，则需要共模抑制比多大的放大电路？

心电信号的增益为(差模增益)

$$A_d = \frac{5V}{2mV} = 2500$$

50Hz 工频噪音的增益最大为(共模增益)

$$A_c = \frac{50mV}{5mV} = 10$$

运放的共模抑制比至少为

$$K_{CMR} = 20\lg \left| \frac{A_d}{A_c} \right| = 20\lg \frac{2500}{10} \approx 47.96\,dB$$

差动放大电路中射极电阻 R_E 的作用是为了提高整个电路以及单管放大电路对共模信号的抑制能力；负电源 U_{EE} 的作用是为了补偿射极电阻 R_E 上的直流压降，使发射极基本保持零电位。由于恒流源动态电阻非常大，比发射极电阻 R_E 对共模信号具有更强的抑制作用，所以电路通常改进为图 5.34 所示的样子。

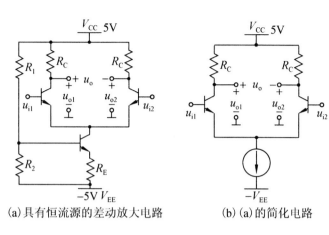

(a)具有恒流源的差动放大电路　　(b)(a)的简化电路

图 5.34　差动放大电路的改进

(4) 其他输入形式。上边介绍的全是差动放大电路双端输入双端输出的使用方式。除了这类方式，另在一些实际应用中，有时要求差动放大电路的输入端有一端接地，称为单端输入(Single-ended Input)；有时又要求在输出端有一端接地，此时称为单端输出。所以差动放大电路除了使用双端输入双端输出方式外还有 3 种输入输出方式组合：双端输入单端输出，单端输入双端输出，单端输入单端输出。

① 双端输入单端输出。双端输入单端输出方式是差动放大电路的基本输入输出方式。在双端输入单端输出方式电路中输出 u_o 与输入 u_{i1} 极性(或相位)相反，而与 u_{i2} 极性(或相位)相同。所以 u_{i1} 输入端称为反相输入端，而 u_{i2} 输入端称为同相输入端，如图 5.35 所示。

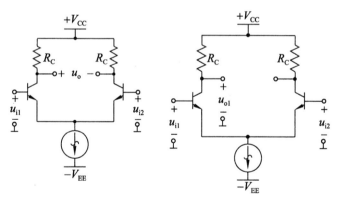

图 5.35　双端输入双端输出与双端输入单端输出的比较

② 单端输入双端输出。单端输入式差动放大电路的输入信号只加到放大电路的一个输入端，另一个输入端接地，如图 5.36 所示。

由于两个晶体管发射极电流之和恒定，所以当输入信号使一个晶体管发射极电流改变时，另一个晶体管发射极电流必然随之作相反的变化，情况和双端输入时相同。此时由于恒流源等效电阻或发射极电阻 R_E 的耦合作用，两个单管放大电路都得到了输入信号的一半，但极性相反，即为差模信号。所以，单端输入属于差模输入。

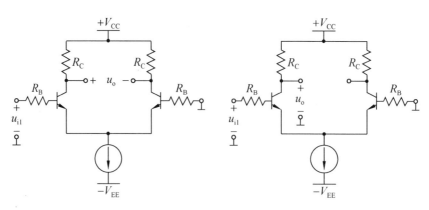

图 5.36　单端输入双端输出与单端输入单端输出

③ 单端输入单端输出。单端输出式差动电路,输出减小了一半,所以差模放大倍数亦减小为双端输出时的二分之一。此外,由于两个单管放大电路的输出漂移不能互相抵消,所以零漂比双端输出时大一些。但由于恒流源或射极电阻 R_E 对零点漂移有极强烈的抑制作用,零漂仍然比单管放大电路小得多。所以单端输出时仍常采用差动放大电路,而不采用单管放大电路。

三、功率放大电路

利用功率放大器(10W 以下的称为小功率放大器)可以驱动功率器件,如电机、扬声器等。功率放大器的使用非常普通,如许多人都在利用多媒体音箱连接计算机或 MP3 播放器等音源来欣赏音乐或看电影。图 5.37 所示为多媒体音箱的外观和内部电路。其中,图 5.37(a)所示为有源音箱的外观,如果拆开,会看到有类似图 5.37(b)所示的音频放大器电路板、散热板、变压器等。

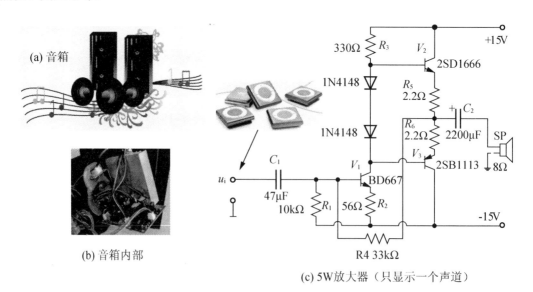

图 5.37　多媒体音箱

手持式扩音器(Bullhorn)常常用在导游、指挥中使用，如图 5.38 所示。它可以把讲话人的声音进行一定的放大。

图 5.38　手持式扩音器

功率放大电路的任务是向负载提供足够大的功率，这就要求不仅要有较高的输出电压，还要有较大的输出电流。由于功率放大电路中的晶体管通常工作在高电压大电流状态，晶体管的功耗也比较大(功率放大电路中的晶体管处在大信号极限状态)，因此对晶体管的各项指标必须认真选择，尽可能使其得到充分利用。

1. 功率放大电路的特点和要求

(1) 功率放大电路的非线性失真要比小信号电压放大电路严重得多。

(2) 功率放大电路从电源取用功率较大，为提高电源利用率，必须尽可能地提高功率放大电路的效率(负载得到的交流信号功率与直流电源供出功率的比值)。

(3) 因晶体管可能工作在非线性区，故对功率电路只能用图解法，而不能用等效电路分析法。

2. 功率放大电路的类型

根据静态偏置不同，功率放大电路一般分为甲类(Class A)、乙类(Class B)和甲乙类(Class AB)3 种类型，如图 5.39 所示。

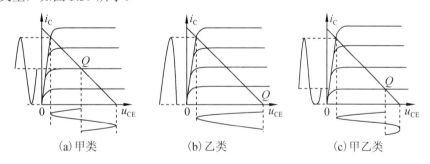

(a) 甲类　　　　　　　　(b) 乙类　　　　　　　　(c) 甲乙类

图 5.39　功率放大电路的类型

甲类功率放大电路的静态工作点设置在交流负载线中点，如图 5.39(a)所示。在工作过程中，晶体管始终处在导通状态。这种电路功率损耗较大，效率较低，最高只能达到 50%。

特别提示

由于甲类功率放大电路可以实现高精度地对输入信号进行放大以及拥有很大的带宽，尽管效率比较低，但受到音响发烧友的钟情今天仍然占有一席之地。

乙类功率放大电路的静态工作点设置在交流负载线的截止点，如图 5.39(b)所示，晶体管仅在输入信号的半个周期导通。这种电路功率损耗减到最少，效率大大提高。

甲乙类功率放大电路的静态工作点介于甲类和乙类之间，如图 5.39(c)所示。晶体管有不大的静态偏流，失真情况和效率介于甲类和乙类之间。

3. 互补对称功率放大电路

互补对称式功率放大电路有两种形式。采用单电源及大容量电容器与负载耦合，而不用变压器耦合的称为 OTL(Output Transformer Less)无输出变压器互补对称功率放大器；采用双电源不需要耦合电容的直接耦合互补对称电路，称为 OCL(Output Capacitor Less)无输出电容耦合互补对称功率放大器，两者工作原理基本相同。

1) OCL 功率放大电路

图 5.40 所示为无输出电容(OCL)乙类双电源互补对称功率放大电路原理与工作波形图。

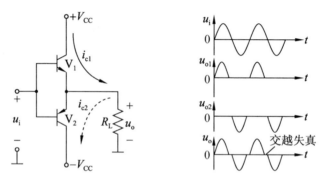

图 5.40　OCL 功率放大电路结构与工作波形

在图 5.40 中：V_1 为 NPN 型管，V_2 为 PNP 型管，要求 V_1、V_2 的特性对称一致。

静态($u_i=0$)时，由于没有设置基极偏置电压，V_1、V_2 均处于截止状态，故 I_B、I_C 和 U_{BE} 均为零，电路工作在乙类工作状态。从电路形式看，两个晶体管都接成射极输出器形式，具有输入电阻高，输出电阻低的特点，可与低阻负载 R_L 直接匹配。

动态($u_i \neq 0$)时，在 u_i 的正半周 V_1 导通而 V_2 截止，V_1 以射极输出器形式将正半周信号输出给负载；在 u_i 的负半周 V_2 导通而 V_1 截止，V_2 以射极输出器的形式将负半周信号输出给负载。可见：在输入信号 u_i 的整个周期内，V_1、V_2 两管轮流交替地工作，互相补充，使负载获得完整的输出信号波形，故称互补对称电路。

 **特别提示**

这种由互补管(NPN+PNP)合作形成的放大电路称为推挽放大器(Push-pull Amplifier)。推挽放大器就好像兄弟两人在锯大树一样，如图 5.41 所示。

NPN 用力向右拉锯子相当于输入信号的正半周期，接着 PNP 用力向左拉锯子相当于输入信号的负半周期。NPN 与 PNP 你推我拉(挽)，你拉(挽)我推，充分利用了锯子，在最短的时间内就可以把树锯倒。

图 5.41　推挽放大

从图 5.40 所示工作波形可以看到，在输入信号波形过零的一个小区域内输出波形产生了失真，这种失真称为交越失真(Crossover Distortion)。产生交越失真的原因是由于 V_1、V_2 发射结静态偏压为零，放大电路工作在乙类状态。当输入信号 u_i 小于晶体管发射结死区电压时，两个晶体管都截止，在这一区域内输出电压为零，波形失真。

特别提示

之所以出现交越失真，是因为两个晶体管都没有经过偏置而全靠输入信号将晶体管"顶开"工作。

为了减小交越失真，可给 V_1、V_2 发射结加适当正向偏压，以便产生一个不大的静态偏流，使 V_1、V_2 导通时间稍微超过半个周期，即工作在甲乙类状态，如图 5.42 所示。

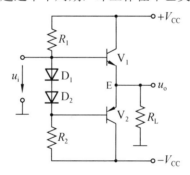

图 5.42　OCL 功率放大电路的改进

图 5.42 中二极管 D_1、D_2 用来提供偏置电压，使静态时晶体管 V_1、V_2 都已微导通，但因它们对称，V_1 发射极流出的电流完全流入 V_2 的发射极，负载中仍无电流流过，U_E 仍为零。

**特别提示**

如果二极管 D1、D2 的特性与晶体管 V1、V2 的特性匹配，还可以很好地克服温度变化对静态工作点的影响。

2) OTL 功率放大电路

OTL 无输出变压器互补对称功率的大电路采用单电源供电，电路如图 5.43 所示。

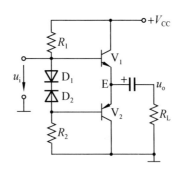

图 5.43　OTL 功率放大电路

因电路对称，静态时两个晶体管发射极连接点电位为电源电压的一半，负载中没有电流。动态时，u_i 的正半周 V_1 导通而 V_2 截止，V_1 以射极输出器形式将正半周信号输出给负载，同时对电容 C 充电；在 u_i 的负半周 V_2 导通而 V_1 截止，电容 C 通过 V_2、R_L 放电，V_2 以射极输出器形式将负半周信号输出给负载。电容 C 在这时起到负电源的作用。为了使输出波形对称，必须保持电容 C 上的电压基本维持在 $V_{CC}/2$ 不变，因此 C 的容量必须足够大。

 **特别提示**

由于功率放大电路两个输出大功率管管型不同，一个为 PNP，一个为 NPN，要求其特性一致时很难配对，而采用复合管(亦称达林顿晶体管 DT(Darlington Transistor，1953 年，贝尔实验室的工程师 Sidney Darlington 发明)可以很好地解决这一问题，如图 5.44 所示。

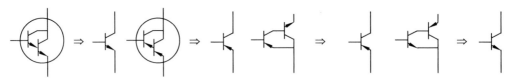

图 5.44　复合管

将前一级 V_1 的输出接到下一级 V_2 的基极，两级管子共同构成了复合管。另外，为避免后级 V_2 管子导通时，影响前级管子 V_1 的动态范围，V_1 的 CE 不能接到 V_2 的 BE 之间，必须接到 CB 间。采用复合结构后，在互补对称电路中 V_2 为大功率管，由于其型号相同，和异型管相比更易配对，而 V1 尽管为异型管，但其功率较小，也易于配对。

达林顿管广泛应用于音频功率输出、开关控制、电源调整、继电器驱动、高增益放大等电路中。它的工作原理可用图 5.45(b)所示的水箱来理解。只要大轮转动一个很小的角度，就可以较大程度地打开阀门，水流就能从水箱下泻。

达林顿管具有非常高的直流增益 h_{FE}，如 BC372 在 $I_C=100mA$ 时 h_{FE} 可达 25000。

达林顿管正向偏置电压 V_{BE} 是普通晶体管的 2 倍，这个问题是两只晶体管的 B-E 极串联结构所带来的：$V_{BE(Dar)}\approx1.4V$。

达林顿管的 C-E 极之间的饱和电压 $V_{CE(sat)}$ 较晶体管高，带来的是功耗的增加，在电路符号中晶体管 Q_2 是不能达到饱和的，因为 Q_2：$V_{CE2}= V_{BE2}+ V_{CE1}$

所以 V_{CE2} 一定会比 V_{CE1} 大 0.7V 左右。以达林顿管 BC372 为例，在 $I_C =250mA$ 时，其 $V_{CE(sat)}=1V$，明显高于普通晶体管的 0.2V 左右的电压。

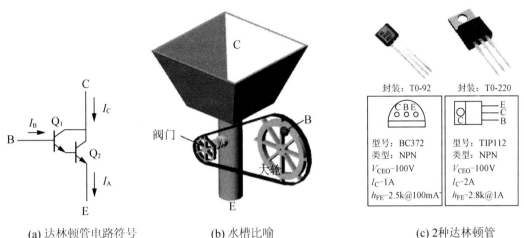

(a) 达林顿管电路符号　　　　　(b) 水槽比喻　　　　　(c) 2种达林顿管

*注：图示的h_{FE}为25℃下的参数，"k"代表×1000。

图 5.45　达林顿管

3. 集成功率放大电路

目前有很多种 OCL、OTL 功率放大集成单元电路，这些电路使用简单、方便。下边以 LM386(酒精检测报警控制电路中的 IC₄)为例加以介绍。

LM386 是美国国家半导体公司生产的音频功率放大器，主要应用于低电压消费类产品，内部电路结构如图 5.46 所示。

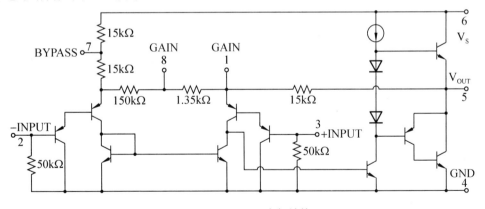

图 5.46　LM386 内部结构

LM386 外围元件最少时，电压增益约为 20 倍。在①脚和⑧脚之间增加一只外接电阻和电容，便可将电压增益调整为任意值，直至 200 倍，且失真很小。输入端以地为参考，同时输出端被自动偏置到电源电压的一半。在 6V 电源电压下，它的静态功耗仅为 24mW，使得 LM386 特别适用于电池供电的便携场合。

1) 主要参数

电路类型：OTL	输出功率：$1W(V_{CC}=16V，R_L=32\Omega)$
电源电压范围：5~18V	电压增益：20~200(26~46dB)
静态电源电流：4mA	带宽：300kHz
输入阻抗：50kΩ	总谐波失真：0.2%

2) 引脚图

LM386 的封装形式有塑封 8 引线双列直插式和贴片式两种，引脚排列如图 5.47 所示。

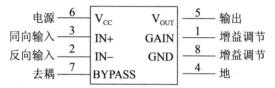

图 5.47　LM386 引脚功能

其中，引脚②是反相输入端，引脚③为同相输入端；引脚⑤为输出端；引脚⑥、④是电源和地线；引脚①和⑧是电压增益设定端；引脚⑦和地线之间接旁路电容，通常取 10μF。

3) 应用

图 5.48 左图所示是外接元件最少的用法，增益为 26dB(放大倍数 20 倍)，利用 R_W 可以调节扬声器的音量。输出端 10Ω电阻和 0.05μF 的电容用于相位补偿；图 5.48 所示是最大增益用法，⑦脚上接的是旁路电容。由于引脚①和⑧交流通路短路，所以放大倍数为 200 倍。

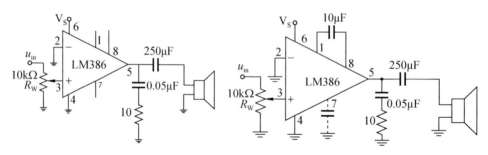

图 5.48　LM386 最少元件用法和最大增益用法

任务实施

图 5.26 中 R_1~R_5 均使用 1/4W 金属膜电阻器；R_P 选用小型合成碳膜电位器或可变电阻器；C_1~C_6 均选用耐压值为 16V 的铝电解电容器；D_1 选用 1N4007 型硅整流二极管；D_2 和 D_3 选用 Φ5mm 的高亮度发光二极管，其中 D_2 选绿色、D_3 选红色。

IC_1 选用 LM7805 型三端集成稳压器。其功能是输出稳定的 5V 电压，从而保证该传感器工作的稳定性和具有较高的灵敏度(其使用方法与工作原理在模块 4 中详细介绍)。

IC_2 选用 TWH8778 型大功率电子开关集成电路。TWH8778 是一种设计新颖的开关器件，其工作原理是当⑤脚(EN-控制端)为数字高电平时(≥1.6V，<6V)，输入端①脚(IN)至输出端(②③脚-OUT)接通，反之断开。测试 WH8778 的好坏可用万用表 R×100 电阻挡。当

红表笔接④脚(GND)，黑表笔分别接其他各脚的阻值为：①脚无穷大、②脚无穷大(③脚与②脚是连通的)、⑤脚 14kΩ；当黑表笔接④脚(GND)，红表笔分别接其他各脚的阻值为：①脚 3kΩ、②脚(③脚)无穷大、⑤脚 12kΩ。

IC_3 选用内储"酒后别开车"语音信息的语音集成电路，例如 TM801 等型号。

IC_4 选用 LM386 型音频功率放大集成电路。

SP 选用 1W、8Ω的电动式扬声器。

K 可选用 JRX-13F 型 12V 直流继电器。

酒敏传感器使用 QM-NJ9 型酒敏传感器件。其技术性能如下。

(1) 适用范围：检测空气中散发的酒精。

(2) 加热电压：　5V±0.2V。

(3) 消耗功率：<0.75W。

(4) 响应时间：<10s；恢复时间≤60s。

(5) 环境条件：−20～+50℃。

该传感器的测试电路如图 5.49 所示。

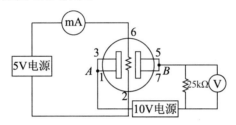

图 5.49　传感器的测试电路

测试前应先接通电源，预热 5～10min。待其工作稳定后测量一下 A—B 之间的电阻，看其在洁净空气中的阻值和含有酒精空气中的阻值差别是否明显，一般要求差别越大越好。

 拓展阅读

扬声器的使用

扬声器(Loudspeaker)的电路符号是 ⊏⧏ ，是一种把电信号转换成声音的元器件，在音箱、电视等许多场合都有应用。

1. 数字投音器

近年来市场上出现了图 5.50 所示的数字投音器，它由许多独立的扬声器组成。投音器放在电视下面，通过延时控制不同的扬声器，使声音传播到特定的方向，利用客厅墙壁的反射使声音到达听众位置时产生空间感，仿佛从前后 4 个方向(图中的 1、2、3、4)发出，从听觉上感觉好像客厅里有多个音箱一般。

2. 扬声器的工作原理

扬声器工作原理如图 5.51 所示。当电信号通过接线端输入扬声器线圈后产生变化的磁场，与扬声器中永磁体产生的磁场相互作用，随电信号变化而产生轴向往复运动的线圈带动扬声器表面纸盆震动，挤压空气后产生声波。

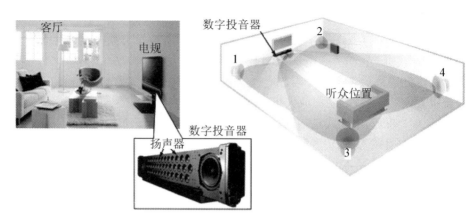

图 5.50　数字投音器

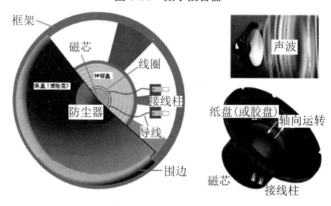

图 5.51　扬声器的工作原理

3. 扬声器的种类

扬声器大多数是动圈型(Moving-coil)。图 5.52 所示为一些常见的扬声器外观。根据扬声器所能还原声音的频率范围不同，可分为低音扬声器(体积一般较大)、中音扬声器和高音扬声器(体积一般较小)。

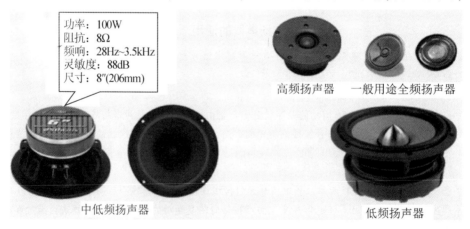

图 5.52　常见的扬声器

4. 扬声器的电气参数

选择扬声器时，需要考虑以下若干电气参数。

(1) 额定功率。范围为 200mW～500W，一般要与功率放大器的输出功率匹配。

(2) 阻抗。一般 4Ω、8Ω常见。最好与功率放大器输出阻抗接近，以有利于功率传递。

(3) 频响范围。与扬声器种类有关。

(4) 灵敏度。衡量扬声器电声能量转换效率的参数，单位为 dB。高于 90dB 的被视为高灵敏度扬声器，普通扬声器的灵敏度大多在 87～93dB 之间。

思考与练习

1. 在图 5.53 所示两级直接耦合放大器中：$\beta_1=30$，$\beta_2=50$，$V_{CC}=15V$，$R_{B1}=360$ kΩ，$R_{C1}=5.6$ kΩ，$R_{C2}=2$kΩ，$R_E=750$Ω。试

(1) 估算该放大电路的静态工作点。

(2) 估算该电路总的电压放大倍数 A_u。

(3) 求该电路的输入电阻 r_i 和输出电阻 r_o。

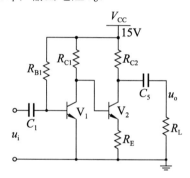

图 5.53　思考与练习 1 题

2. 设放大器电路的输入信号为正弦波，问：在什么情况下，电路的输出波形出现既饱和又截止的失真?在什么情况下会出现交越失真？用波形示意图说明这两种失真的区别。

3. 在图 5.54 所示的差动放大电路中，已知 $u_{i1}=60mV$，$u_{i2}=50mV$，$u_o=-200\,mV$。试求：

(1) 差模输入信号量和共模输入信号量。

(2) 该电路的差模电压放大倍数。

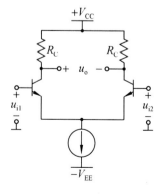

图 5.54　思考与练习 3 题

4. 哑音器[(图 5.55(a)]连接在吉他等乐器和放大器之间可以改变乐曲的原本音质,使乐曲更为沙哑和富有沧桑感。其电路如图 5.55(b)所示。

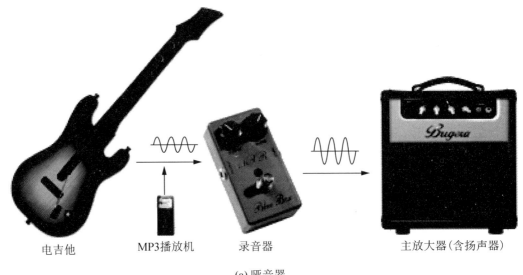

(a) 哑音器

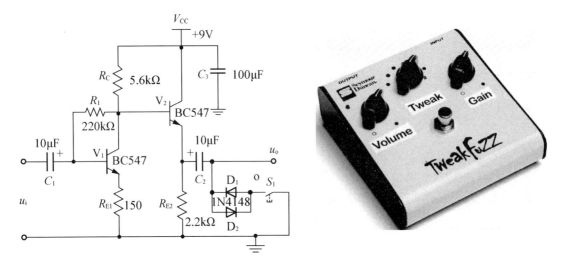

(b) 哑音器电路

图 5.55 哑音器及电路

试分析其组成与工作原理。

提示:哑音器通常放在吉他手的脚下,开关 S_1 为效果开关。

5. 试分析图 5.37(c)所示功率放大电路的工作原理。

项目 6

集成运算放大器

↘ 引言

随着半导体技术的发展，可将很多的晶体管、电阻元件和引线制作在面积非常小的硅片上，称为集成电路。集成运算放大器是一种高放大倍数的多级直接耦合放大电路，最初用于信号运算，所以称为运算放大器，简称集成运放。如今，其用途早已不限于运算，由于习惯，仍沿用此名称。集成运放工作在放大区时，其输入与输出呈线性关系，称为线性集成电路。

任务 6.1　了解电流-电压变换器

教学目标

(1) 了解集成运算放大器的性能特点。

(2) 掌握"理想运放"、"虚短"、"虚断"的概念。

(3) 了解基本运算电路的工作原理。

(4) 认识反馈。

任务引入

在某些测量电路中，传感器输出的只是电流信号(如用以控制数码相机镜头曝光时间的光线检测器用光电池的输出)，而不是电压信号，这时可以通过运算放大器将电流信号转换成电压信号。图 6.1 所示就是一个将测量传感器输出的电流信号转换成电压信号的电路。

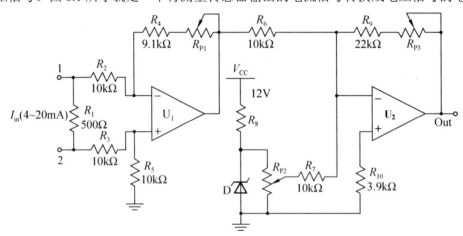

图 6.1　电流-电压变换电路

　**任务分析**

电流-电压变换器用来将电流信号变换为成正比的电压信号，主要用途如下。

(1) 可作为微电流测量装置来测量漏电流。

(2) 在使用光敏电阻、光电池等恒电流传感器的场合，是一个常见的光检测电路。

(3) 可作为电流信号的相加器，这在数字/模拟转换器中是一种常见的输出电路形式。

该电路由两级放大器组成，第一级由 U_1 组成差动式放大器，第二级由 U_2 组成放大倍数为 2.5 的电压放大器。电路输入端输入从测量传感器传来的 4~20mA 检测电流，经电路变换后输出-10V~+10V 的电压信号。要理解这个电路的工作原理，必须要对集成运放知识有一定认识。

一、集成运算放大电路的基本组成

任何一种集成运算放大器，不管其内部电路结构如何复杂，总是由差分输入级、高增益中间放大级、输出级、偏置电路及恒流源和保护电路等几部分组成，如图 6.2 所示，右边是集成运放的电路符号(上文在介绍 LM386 外围电路时使用过)。

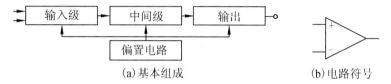

图 6.2　集成运放原理

输入级一般采用差动放大器以减小零点漂移(它的两个输入端构成整个电路的反相输入端和同相输入端)；中间级主要完成电压放大任务；输出级以提高带负载能力为目的，一般由射极输出器或互补射极输出器组成。偏置电路向各级提供稳定的静态工作电流。

从运放的结构可知，运放具有两个输入端 U_+、U_- 和一个输出端 U_o。这两个输入端一个称为同相端，另一个称为反相端。这里同相和反相只是输入电压和输出电压之间的关系，若输入正电压从同相端输入，则输出端输出正的输出电压；若输入正电压从反相端输入，则输出端输出负的输出电压。从反相端输入刚好相反。

二、集成运放的技术参数

1. 开环电压增益 A_{VD}

集成运放在不加负反馈(Negative Feedback)时的差模直流电压增益简称开环电压增益，用 A_{VD} 表示。它是放大器开环时的输出电压与输入差动电压 $U_+ - U_-$ 之比，即 $A_{VD} = \dfrac{U_o}{U_+ - U_-}$，如图 6.3 所示。

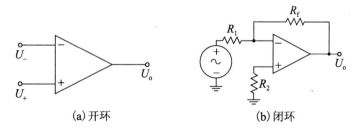

图 6.3　开环与闭环

在实际应用中，集成运放一般接成闭环状态，如图 6.3(b)右图所示。闭环放大器的闭环增益或称闭环放大倍数，用 A_F 来表示

$$A_F = \frac{A_{VD}}{1 + A_{VD}F}$$

式中，F 表示输出信号反馈到输入端的百分比，称为反馈系数。当 $A_{VD}F \gg 1$ 时，称为深度负反馈。此时，闭环增益 $A_F = 1/F$，说明闭环放大器的闭环增益 A_F 只与反馈系数有关，而与 A_{VD} 无关。$A_{VD}F \gg 1$ 这个条件，可以通过运用高增益的运算放大器配合一定深度的负反馈来实现。

特别提示

在设计电路时选用高增益运放通过对负反馈深度的调节，可以使电路的设计调试变得简单；在大批量生产时不必一件件挑选运放元器件，并能解决互换性问题。用高增益运放组装的电路还具有较高的温度稳定性。

不过，并不是选用的运放增益越高越好。在满足 $A_{VD}F \gg 1$ 的条件下，应尽量选用增益较低的运放，以降低成本。

2. 输入偏置电流 I_{IB}

输入偏置电流是指在标称电源电压及室温 25℃下，使运算放大器静态输出电压为零时流入(或流出)两输入端电流的平均值，即 $I_{IB} = (I_{IB+} + I_{IB-})/2$。这个指标越小越好。只有当运放具有极高的输入电阻和极小的输入偏置电流时，才近似认为它的输入端不吸收电流。

3. 输入失调电流 I_{IO}

输入失调电流是指在标称电源电压及室温 25℃下，输入信号为零时运算放大器两输入端偏置电流的差值，即 $I_{IO} = |I_{IB+} - I_{IB-}|$。输入失调电流反映了集成运放输入对管的不对称度，越小越好。

特别提示

任何一种集成运放都存在着一定的失调电流，在设计时使两输入端对地的等效电阻严格相等已无实际意义。只需选择电阻的标称值使 $R_2 = R_1 // R_f$ 即可，如图 6.3 右图所示。

4. 输入失调电压 U_{IO}

输入失调电压是指在标称电源电压及室温 25℃下，当输入电压为零时，集成运放的输出电压 U_{OO} 折合到输入端的数值，是集成运放分挡的一个重要的指标。

特别提示

为了使集成运放在电路中有趋于零的输出电位，大多数运放均有调零引出脚，通过外接调零电位器进行调零。当然，并非一切运算电路都需调零，在非线性应用中以及对闭环增益较低且精度要求不高的线性电路中就不一定要求调零。

5. 输入失调电压温漂 dU_{IO}

输入失调电压温漂是指在规定的工作温度范围内，器件的输入失调电压 U_{IO} 相对温度 $T(℃)$的关系曲线的平均斜率。它说明失调电压温漂值随温度的不同而不同，参数表内所给值是指其绝对值。

　　集成运放的失调及温漂不仅降低放大器的增益，而且降低其分辨率。虽然放大器的失调可通过调零装置予以补偿，但任何调零装置都无法跟踪并补偿运算放大器的温度漂移。因此器件的失调电压温漂成为评价"高精度"运算放大器(或称"低漂移"运放)的一项重要参数指标。

特别提示

　　在设计应用电路时，对于要求较高的直流放大或运算电路，应采用低漂移器件以保证精度。对于其他一般电路，则可不必要求用低漂移器件，只需一般器件即可。

　　6. 差模输入电压范围 U_{IDR}、共模抑制比 K_{CMR} 及共模输入电压范围 U_{ICR}

　　1) 差模输入电压范围 U_{IDR}

　　所谓"差模输入电压"，是指在差分放大电路两个输入端上所加的两个对地输入信号电压之差，即 $U_{IDR} = U_{i+} - U_{i-}$。这类放大器的输出电压 U_o 仅与其差模输入信号成比例，而与这两个信号本身的大小无关。对于由差分电路组成输入级的运算放大器，差模输入电压就是它的有效输入信号，其输出电压与差模信号之间的比例系数即集成运放的开环电压增益 A_{VD}。

　　"差模输入电压范围"被定义为运算放大器两个输入端之间所能承受的最大电压。超过这个允许值，集成运放输入级的某一侧晶体管会出现击穿，从而使运放的输入特性恶化，甚至发生永久性损坏。

　　2) 共模抑制比 K_{CMR}

　　当两个大小相等、极性相反的直流信号或是一对幅值相等、相位相反的交流信号被加到运算放大器的两个输入端时，我们就把这种成对出现，但对差分电路两边晶体管作用相反(使一边晶体管注入电流增大，另一边减小)的信号称为差模输入信号。差模输入信号是需要加以放大的有用信号。而在运算放大器两输入端上出现的不仅大小相等，而且极性和相位也完全相同的信号，称为共模输入信号。在运放中，共模信号是应该加以抑制的无用信号。

　　共模抑制比通常被定义为集成运放的差模电压增益 A_{VD} 与共模电压增益 A_{VC} 之比，用符号 K_{CMR} 表示，即 $K_{CMR} = A_{VD} / A_{VC}$。有时也用分贝数表示，即 $K_{CMR} = 20\lg(A_{VD} / A_{VC})$。

　　在集成运放应用中，温度的升高对运放输入级的影响可以看作是一种共模干扰。所以器件的共模抑制比 K_{CMR} 越大，对温度影响的抑制能力就越大。

　　3) 共模输入电压范围 U_{ICR}

　　所谓"共模输入电压范围"，是指运算放大器输入端所能承受的最大共模电压。它通常被定义为当共模输入电压增大到使集成运放的共模抑制比 K_{CMR} 下降到正常情况的一半时，所对应的共模电压值。

特别提示

共模输入电压范围保证集成运放的输入级各晶体管都工作在线性放大区，而不进入饱和区。对于各类集成运放的输入级电路形式不同，它们的共模输入电压范围也不同。

在设计同相放大器时，由于同相输入时运放要承受和输入信号电压 U_i 相等的共模电压，因此应选用 $U_{ICR} > U_i$ 的运放电路。

7. 开环输入电阻 r_{id} 及开环输出电阻 r_{os}

集成运放的"开环输入电阻"一般被定义为开环运算放大器在室温下，加在它两个输入端之间的差模输入电压变化量 ΔU_{id} 与由它所引起的差模输入电流变化量 ΔI_d 之比，用符号 r_{id} 表示。

在大多数情况下，集成运放的开环输入电阻越大越好，而且常把集成运放看成是理想器件，即认为它的开环输入电阻"无穷大"。

特别提示

由于集成运放所采用的输入电路不同，因此它们的输入电阻有较大的差异。有的运放 r_{id} 仅几十千欧，有的运放可达 $10^6 M\Omega$ 以上。

"开环输出电阻"一般被定义为开环运算放大器在室温下其输出电压变化与输出电流变化之比。一般总是希望输出电阻愈小愈好，以使它具有较好的带负载的能力。集成运放均具有较低的开环输出电阻，一般约为 200Ω。

特别提示

当利用集成运放接成各种线性应用电路时，因为都采用较深的电压负反馈，电路的闭环输出电阻在电压负反馈作用下就变得非常之小，以至在大多数应用场合下均可认为其闭环输出电阻为零。

8. 输出峰-峰值电压 U_{opp}

输出峰-峰值电压，也称最大输出电压或称输出电压摆幅。一般被定义为运算放大器在额定电源电压和额定负载下，不出现明显削波失真时所得到的最大峰值输出电压，常用 U_{opp} 表示。一般常规运放的 U_{opp} 指标比正、负电源电压各低 $2\sim3V$。

特别提示

运放的 U_{opp} 指标与电源电压、负载电阻以及失真条件有极为密切的关系。在同样的电源电压条件下，负载电阻 R_L 较小时，在同样输出电压下运放会输出更大的电流。这时功放管的饱和压降也将相应增大，使运放的输出峰-峰值电压减小。可见，只有在手册规定的额定负载电阻下，才能保证器件有足够的输出电压幅度。

9. 电源电压范围

电源电压范围通常不作为集成运放的一项技术指标，但熟悉器件的电源电压适应范围对合理选用器件及设计电路是有益的。器件对电源电压的适应能力与运放内部偏置电路的设置有关。

10. 静态功耗

集成运放的"静态功耗"一般被定义为在额定电源电压及空载条件下，当输入信号为零，输出电压也为零或为规定的电位时所消耗的电源功率。

特别提示

对于使用电池工作的各种便携式仪器仪表来说，静态功耗是一个很重要的技术指标。此外就器件本身来说，工作在小电流下也可避免因自身发热而造成工作不稳定。

集成运放其他技术参数可参阅具体器件手册。

特别提示

当准备设计一套电路时，需要合理选用元器件，即在保证电路技术指标的前提下使用便宜而性能相同或相近的元器件以降低成本。在制作电路时，需要充分利用自己手头已有的元器件来提高电路的性能或解决元器件的代用。

三、反馈的概念和负反馈的应用

反馈是将放大电路输出量(电压或电流)的全部或一部分通过反馈网络以一定方式回送到输入回路的过程。由于反馈，从而改变了输入量，进而改变了输出量。引入反馈的放大电路称为反馈放大电路或闭环放大电路，相应无反馈的放大电路称为开环放大电路。

1. 反馈类型

反馈放大电路的一般结构框图如图 6.4 所示。

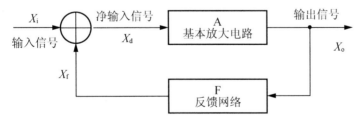

图 6.4 反馈放大器框图

取出输出信号的全部或部分称为"取样"。取样信号既可以是输出电压也可以是输出电流。反馈信号为电压的称为电压反馈；反馈信号为电流的称为电流反馈。若反馈为交流量，实现的是交流反馈；若反馈量是直流量，则实现的是直流反馈。

对反馈放大器来说，从输入端看反馈信号：回送到输入端的信号是以电流形式叠加，进而影响基本放大器的净输入电流，这种反馈称为并联反馈；反馈信号回送到放大器的输入端时，信号是以电压形式叠加的，进而影响基本放大器的净输入电压，这种反馈称为串联反馈。

反馈信号回送到输入端后，净输入信号是原输入信号与反馈信号叠加的结果。若反馈使净输入信号 X_d(电流或电压)增加，为正反馈；反馈使得净输入量 X_d(电流或电压)减小，为负反馈。

正反馈主要运用于振荡电路，放大器中应用的大都是负反馈。引入负反馈的主要目的是为了改善放大器性能或稳定输出信号。直流负反馈一般用于稳定放大器静态工作点，交流负反馈用于改善放大器性能。根据取样信号和反馈信号在输入端叠加的形式，将反馈放大器大体分为 4 种结构类型，如图 6.5 所示。

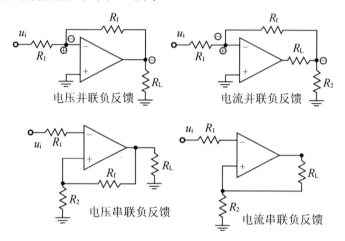

图 6.5　负反馈类型

特别提示

(1) 正负反馈极性判断采用瞬时极性法判别：即根据反馈信号与原信号极性相同或相反识别。放大器一般运用的都是负反馈。

(2) 电压、电流反馈判断：将负载短接，反馈信号消失的为电压反馈，否则为电流反馈；电压反馈采样点对地为输出电压，就是电压反馈，否则为电流反馈。

(3) 串、并联反馈：输入信号与反馈信号加在放大器的两个不同输入端，为串联反馈；输入信号与反馈信号并接在同一输入端上为并联反馈。

2. 负反馈对放大器的影响

在如图 6.4 所示的负反馈放大器的方框示意图中，用方框 A 代表开环放大器即未引入反馈的基本放大器，A 也同时表示放大器的开环放大倍数；用方框 F 代表反馈网络，F 同时也表示反馈系数。箭头标示了信号的流动方向。

1) 信号基本关系

净输入信号　　　　　　$X_d = X_i - X_f$

开环增益(即开环放大器的放大倍数)　　　$A = \dfrac{X_O}{X_d}$

反馈系数　　　$F = \dfrac{X_{\mathrm{f}}}{X_{\mathrm{O}}}$

闭环增益　　　$A_{\mathrm{f}} = \dfrac{X_{\mathrm{O}}}{X_{\mathrm{i}}} = \dfrac{X_{\mathrm{O}}}{X_{\mathrm{d}} + X_{\mathrm{f}}} = \dfrac{X_{\mathrm{O}}}{X_{\mathrm{d}} + FX_{\mathrm{O}}} = \dfrac{AX_{\mathrm{d}}}{X_{\mathrm{d}} + AFX_{\mathrm{d}}} = \dfrac{A}{1 + AF}$

式中，"$1+AF$"称为反馈深度，它反映了反馈的强弱。当满足$AF \gg 1$时

闭环增益　　　$A_{\mathrm{f}} = \dfrac{A}{1 + AF} \approx \dfrac{A}{AF} = \dfrac{1}{F}$

此时，称放大器工作于"深度负反馈"状态。

2) 负反馈对输入输出的影响

(1) 稳定输出量。引入电压负反馈，可以稳定输出电压；引入电流负反馈，可以稳定输出电流。

引入反馈信号为交流量，负反馈将稳定输出信号的交流成分；引入反馈信号为直流量，负反馈将稳定输出信号的直流成分。

(2) 改变输入电阻。串联负反馈使输入电阻增大$(1+AF)$倍；并联负反馈使输入电阻减小$(1+AF)$倍。

当信号带负载能力较弱，要求后继电路输入阻抗较高时，负反馈应采用串联连接。

(3) 改变输出电阻。电压负反馈使输出电阻减小$(1+AF)$倍；电流负反馈使输出电阻增大$(1 +AF)$倍。

3) 负反馈对运算放大器性能的影响

(1) 提高放大倍数的稳定性。稳定性是放大电路的重要指标之一。在输入一定的情况下，放大电路由于温度等各种因素的变化会引起增益发生改变。引入负反馈，可以提高放大器增益的稳定性，反馈越深，稳定性越高。尤其当放大器工作于深度负反馈时，闭环增益只决定于反馈系数，而与放大器本身性能无关。

(2) 展宽频带。由于放大器本身的一些参数受信号频率影响，因此放大电路对不同频率的信号呈现出不同的放大倍数。负反馈具有稳定闭环增益的作用，因而对于频率增大或减小引起放大倍数的变化同样具有稳定作用。也就是说，它能减小频率变化对闭环增益的影响，从而展宽闭环增益的频带。

特别提示

负反馈对放大电路性能的改善是以牺牲放大倍数为代价的。因此，只有当基本放大电路的放大倍数足够大时，才可以考虑引入负反馈。对于理想运算放大器其理想开环放大倍数为无穷大，因而不但可以引入负反馈，而且一般均工作于深度负反馈状态。

四、集成运放的应用

集成运算放大器是通过负反馈来控制其放大倍数的高增益放大器，若不加负反馈，其增益可达几万倍到几十万倍，一般称为开环增益(Open Loop Gain)。这样高的放大倍数若不控制是无法使用的，因此运算放大器在应用中一般要引入负反馈，使其形成闭环(Closed Loop)，以获得所需要的放大倍数。引入负反馈后的放大倍数称为闭环增益。通过负反馈不仅可获得所需增益，放大器各种性能也能得到相应改善，如增益稳定性的提高、带宽增大、失真率降低和改变输入、输出电阻等。

1. 理想集成运放

在运算放大器的应用中，通常总是要引入一个"理想运算放大器"的概念。所谓理想运算放大器是指：

(1) 开环电压增益 $A_{VD}=\infty$。

(2) 开环输入电阻 $r_{id}=\infty$。

(3) 带宽=∞。

(4) 共模抑制比 $K_{CMR}=\infty$。

(5) 开环输出电阻 $r_{os}=0$。

(6) 输入失调电流、输入失调电压及温漂为零。

在实际应用中，只要上述参数中的第(1)、(2)项符合或接近它的参数要求，就可按照理想运算放大器来对待。对于目前的集成运放，它的开环增益和输入电阻基本上符合理想运算放大器的要求。理想运算放大器概念的确立，为研究和使用运算放大器提供了极大的方便。

(1) 由于 $A_{VD}=Uo/(U_+-U_-)$，而理想集成运放的 $A_{VD}\to\infty$，因此 $U_+-U_-\approx 0$，$U_+=U_-$。可见，理想运算放大器同相输入端和反相输入端电位近似相等，电路上好似短接，但实际两输入端并未短接，因此称为"虚短(Virtual Shot)"。

(2) $R_{id}=\infty$。运放输入电阻"无穷大"，就好像断开一样，造成无论信号源如何，输入端都无电流流入，两输入端相当于断路，但电路实际上并未断开，因此称这种现象为"虚断(Virtual Open)"。

特别提示

虚短与虚断是理想运算放大器的重要特征，是分析运算放大器的重要依据。

2. 集成运放的应用基础

运算放大器的应用分为作为反相放大器的应用和作为同相放大器的应用两种。

1) 反相放大器

运算放大器作为反相放大器(Inverting Amplifier)的应用如图 6.6 所示。

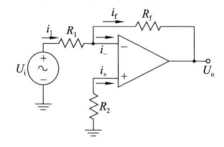

图 6.6　反相放大器

在该电路中，输入信号电压通过 R_1 加到运放反相输入端，同相输入端接地。输出电压 U_o 通过反馈电阻 R_f 加到反相输入端。根据理想运算放大器原理：$I_-=0$，$U_-=U_+$。

由于 $i_1 = i_- + i_f$，而 $i_- = 0$，所以 $i_1 = i_f$。

又由于 $U_- = U_+$，而 U_+ 通过 R_2 接地，所以 $U_- = U_+ = 0$，称为虚地。

这样，可以求出

$$i_1 = \frac{U_i - U_-}{R_1} = \frac{U_i}{R_1}, \quad i_f = \frac{U_- - U_o}{R_f} = -\frac{U_o}{R_f}$$

于是

$$\frac{U_i}{R_1} = -\frac{U_o}{R_f} \Rightarrow \frac{U_o}{U_i} = -\frac{R_f}{R_1} \Rightarrow U_o = -\frac{R_f}{R_1} U_i$$

上述结果表明：在反相放大器应用中，放大器的放大倍数等于反馈电阻 R_f 与输入电阻 R_1 之比，而与运算放大器自身的放大倍数无关。调整 R_f 与 R_1 的比值关系(实践中一般调整 R_f 的阻值)，便可很方便地调节放大器的放大倍数。式中的负号表示输出电压与输入电压为反相关系。图中反馈电阻的引入使得净输入减小(输出信号与输入信号相位相反，反馈叠加的结果减小了输入量，这种反馈称为负反馈；若反馈信号使得输入量增大，则为正反馈)。运算放大器一般工作于负反馈状态。

特别提示

对反相放大器的电路分析最后转化为对一条简单电阻网络的分析：输出输入关系决定于外电路，这使得运放的设计、使用十分灵活方便。

电阻 R_1 和 R_f 的阻值实际中并不能任意配置。例如在同样输入信号下，理论上 $R_1 = 1\Omega$，$R_f = 20\Omega$ 与 $R_1 = 100\text{k}\Omega$，$R_f = 200\text{k}\Omega$ 工作情况相同。但实际中由于负载匹配问题，阻值过小或过大均会引起运放工作异常。实际应用的反相放大器电路如图 6.6 所示，图中 R_2 为平衡电阻，可以改善运放性能，其阻值为 $R_1 /\!/ R_f$。

2) 同相比例放大器

运算放大器作为同相放大器(Non-inverting Amplifier)的应用如图 6.7 左图所示。信号电压直接从同相端输入，输出电压 U_o 通过电阻 R_f 反馈到反相端，形成负反馈(若反馈引至同相端，则为正反馈。正反馈的结果会使运放处于饱和输出状态，即只要输入量不为零，输入量就会通过正反馈逐渐增大，使输出最终达到极限值)。因此反相端虽然没有外加输入信号，由于反馈作用，仍然要使 $U_- = U_+$。

由于 $i_- = 0$，所以 $i_R = i_f$，于是输出电压

$$U_o = i_R(R_1 + R_f)$$

而 $i_f = \dfrac{U_-}{R_1} = \dfrac{U_+}{R_1} = \dfrac{U_i}{R_1}$，故 $U_i = i_f R_1 = i_R R_1$，则放大倍数为 $\dfrac{U_o}{U_i} = 1 + \dfrac{R_f}{R_1}$，也就是

$$U_o = (1 + \frac{R_f}{R_1})U_i$$

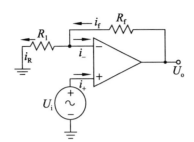
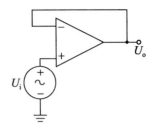

图 6.7　同相放大器

与反相放大器比较，同相放大器的放大倍数同样与放大器本身增益无关，而仅取决于 R_f 与 R_1 之比，但数值为正。这说明输出与输入同相，而且在数值上比反相放大器多 1。

若将反馈电阻 R_f 与 R_1 电阻去掉，就成为图 6.7 右图所示的电路。此时，可以认为 $R_1 = \infty$、$R_f = 0$，于是可以得到 $U_o = U_i$，即输出电压随输入电压的变化而变化，简称电压跟随器 (Voltage Follower)。同相放大电路的特点是输入电阻高，输出电阻很低，因此电压跟随器常用于阻抗变换或充作信号缓冲器(Buffer)使用。由于应用广泛，半导体器件生产厂家已经专门生产了内部已连接好的电压跟随器成品电路，如图 6.8 所示。

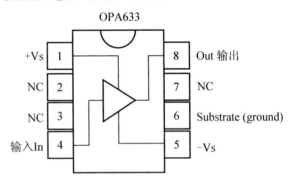

图 6.8　跟随器

 **特别提示**

电压跟随器把输出信号 100%反馈到了反相输入端，电压增益为 1，但它不是可有可无的，因为它有巨大的输入阻抗(典型值为 50MΩ)和较小的输出阻抗(典型值只有零点几欧)。

运算放大器基本电路有反相放大器及同相放大器，在实际使用中应如何选择呢？

反向运算放大器的输入电阻由阻值 R_1 决定，因此输入电阻不高，要求信号源有一定的负载能力，同相比例放大器输入电阻极高，故对信号源要求不高，适于较小信号的放大；从放大器工作原理上，反相运算放大器有"虚地"现象，同相运算放大器有"虚短"现象；从放大系数上看，反相运算放大，放大倍数可小于等于 1，而同相运算放大器只能大于等于 1；从相位上：一个为反相输出，一个是同相输出。

如果要求输出信号与输入反相，当然要采用反相放大器；若放大电路放大的是交流信号，同时也无相位要求，则既可以采用同相放大器也可采用反相放大器。但究竟采用哪种较好，还要根据具体情况来分析。

采用反相放大器的优点是运放不管有无输入信号，其两输入端电位始终近似为零，两输入端之间仅有低于微伏级的差动信号(或称差模信号)。而同相输入放大器两个输入端之间除有极小的差模信号外，同时还存在较大的共模电压。虽然运放有较大的共模抑制比，但多少也会因共模电压带来一些误差。

使用同相放大器对交流信号进行放大需要为输入信号提供一个到地的回路，电容 C_1 耦合输入信号，

电阻 R_2 连接同相输入端与地，提高运放的直流稳定性和防止饱和。此时同相放大器的输入阻抗比原来小得多，等于电阻 R_B 的阻值(100kΩ)。除掉直流成分，在反馈组件中添加一个容量稍大的电容 C_1，直流电压增益接近 1，如图 6.9 所示。

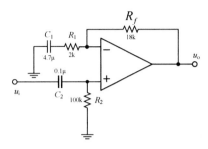

图 6.9　使用同相放大器对交流信号进行放大

3) 差分输入

差分放大电路是指将输入信号同时加到运算放大器的同相输入端和反相输入端，如 6.10 所示。

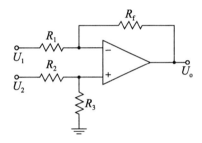

图 6.10　差分输入

输出与输入电压之间的关系可通过叠加原理求出：

(1) 使 $U_2=0$，只考虑 U_1 的作用

这时
$$U_o' = -\frac{R_f}{R_1}U_1$$

(2) 使 $U_1=0$，只考虑 U_2 的作用

此时，同相输入端的电压 $U_+ = \frac{R_3}{R_2+R_3}U_2$，进而

$$U_o'' = (1+\frac{R_f}{R_1})U_+ = (1+\frac{R_f}{R_1})\frac{R_3}{R_2+R_3}U_2$$

(3) 二者共同作用时

$$U_o = U_o' + U_o'' = -\frac{R_f}{R_1}U_1 + (1+\frac{R_f}{R_1})\frac{R_3}{R_2+R_3}U_2$$

其中，第一项是反相输入作用结果；第二项是同相输入作用结果。若 $R_3 = R_f, R_2 = R_1$，则上式可简化为

$$U_o = \frac{R_f}{R_1}(U_2 - U_1)$$

进一步，使 $R_f = R_3 = R_1 = R_2$，则 $U_o = (U_2 - U_1)$，这是一个减法运算电路。

图 6.11 所示就是一种利用该原理制作的温度测量电路。图 6.11 中由 R_4、R_5、Rt 及 R_P

组成电桥电路。R_t 是热敏电阻(如铂电阻 Pt200)。测量温度从 0～500℃，输出 0～5V。为了保证在 0℃时输出为零，设置电位器 R_P 来调整(称为调零电位器，即在 0℃环境下，调整 R_P，使输出 U_o=0V。此时连运放的失调电压也一同调整了)。在 500℃时铂电阻的阻值是 283.8Ω。根据这些参数就可以设计运放各电阻的参数。

3. 集成运算放大器的应用

1) 加法运算电路

反相加法运算电路如图 6.12 所示。

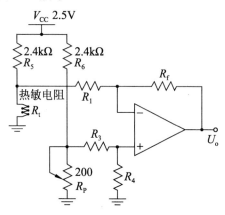

图 6.11 利用差分输入制作温度测量装置

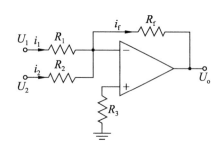

图 6.12 加法电路

由图有 $i_1 + i_2 = i_f$， $i_1 = \dfrac{U_1}{R_1}$， $i_2 = \dfrac{U_2}{R_2}$， $i_f = -\dfrac{U_o}{R_f}$， 所以有

$$U_o = -R_f\left(\dfrac{U_1}{R_1} + \dfrac{U_2}{R_2}\right)$$

若 $R_1 = R_2 = R$ 则有， $U_o = -\dfrac{R_f}{R}(U_1 + U_2)$。输出电压 U_o 与输入电压 U_1、U_2 的和成比例。该电路的特点是便于调节。因为同相端接地，反相端是"虚地"。

特别提示

加法器实际上就是把多个输入信号通过输入电阻送入到反相放大器中。基于这一思想，可以设计出图 6.13 所示的混音器。其中，u_{in1} 和 u_{in2} 可以输入麦克风信号。经过反相器放大后再送入加法器；u_{in3} 和 u_{in4} 可以是普通的音源信号，也同样进入加法器。

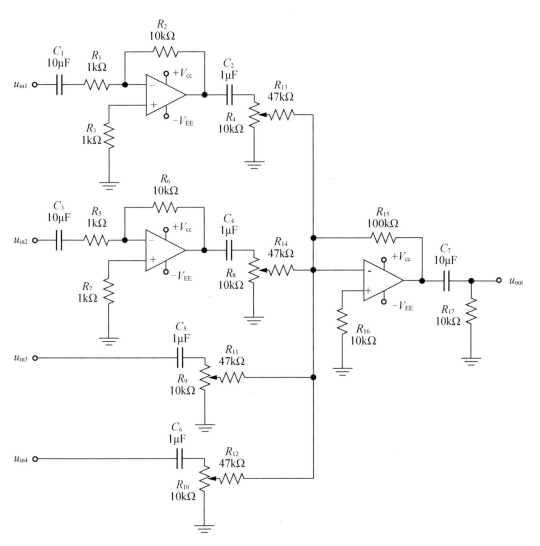

图 6.13　运放混音器

经过加法器的相加运算，不同的信号被混合在一起从 u_{out} 输出，该混合信号进行功率放大后驱动扬声器，人们就可听到不同音源的混合音了。

2) 微分运算电路

微分运算电路如图 6.14 所示，下面推导该电路输出电压的表达式。

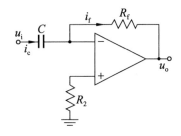

图 6.14　微分运算电路

根据"虚短"、"虚断"的概念，$U_- = U_+ = 0$，为"虚地"。电容两端的电压 $u_C = u_i$，由 $i_f = i_C = C\dfrac{du_i}{dt}$，得到输出电压

$$u_o = -i_f R_f = -R_f C \frac{du_i}{dt}$$

可见，输出电压 u_o 与输入电压 u_i 的微分成正比。

3) 积分运算电路

积分运算电路如图 6.15 所示。

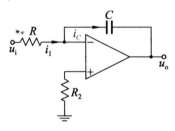

图 6.15 积分电路

利用"虚地"的概念，有 $i_1 = i_f = \dfrac{u_i}{R}$，所以

$$u_o = -u_c = -\frac{1}{C}\int i_f dt = -\frac{1}{RC}\int u_i dt$$

可见，输出电压 u_o 与输入电压 u_i 的积分成正比。若输入电压为常数，则有

$$u_o = -\frac{u_i}{RC}t$$

4) 测量放大器

在仪器仪表等测量装置电路中，经常会碰到一种由 3 个运算放大器组成的差动放大器。由于这种电路主要用于仪器中，所以也称为仪器放大器电路，如图 6.16 所示。

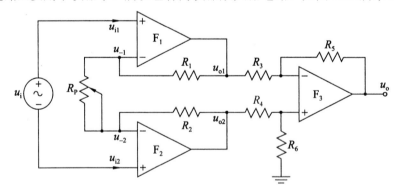

图 6.16 仪用放大器

在图 6.16 中，F_1、F_2 都是同相放大器。F_3 是差分放大器，它把 F_1、F_2 输出的差动信号转变成单端信号后输出。在实际应用中，F_3 接成减法器：$R_3 = R_4 = R_5 = R_6$ 时 $u_O = (u_{o2} - u_{o1})$。

当 $R_1 = R_2 = R$ 时，由图知：$u_i = u_{i1} - u_{i2} = u_{-1} - u_{-2}$

所以 $\qquad u_i = u_{-1} - u_{-2} = \dfrac{R_P}{2R + R_P}(u_{o1} - u_{o2})$

即 $\qquad u_o = -(1 + \dfrac{2R}{R_P})u_i$

故该放大器的放大倍数为 $-(1+2\dfrac{R}{R_{\mathrm{P}}})$。改变 R_{P} 的数值，就可改变电路的放大倍数。

特别提示

图 6.16 所示的仪用放大器如果用分立元件来做生成的共模抑制比不会让人特别满意，原因是几个要求阻值相等的电阻很难做到严格相等，因此，许多集成电路厂商专门开发了该电路的集成电路。图 6.17 所示为 INA128 仪用放大器的内部结构与外观。有了先进制造工艺的保证，仪用放大器的运放参数、电阻阻值可以按设计要求作得非常精确，有力地保证了放大器的高输入阻抗(可达 $10^{10}\Omega$)和高共模抑制比(可达 130dB)。

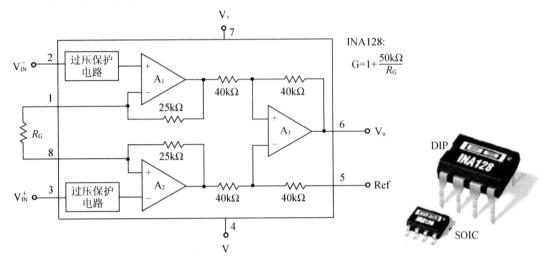

图 6.17　仪用放大器 INA128

从图 6.17 可以看出，反馈电阻固定为 25kΩ，控制电压增益的电阻 R_{G} 以外接形式接入，因此，INA128 仪用放大器的电压增益计算公式为

$$A_{\mathrm{V}} = (1+\frac{50\mathrm{k}}{R_{\mathrm{G}}})$$

可见，只要选取不同的外接电阻，就可以方便地设定 INA128 仪用放大器的电压增益。

仪用放大器作为微弱信号，特别是生物电信号的放大尤为合适。图 6.18 所示为 INA128 仪用放大器用于采集和放大人体心电信号的示意图。

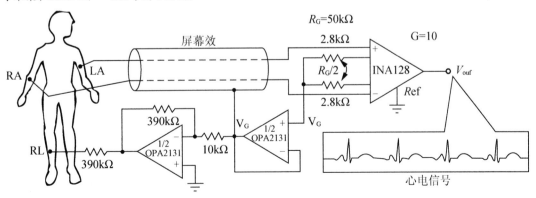

图 6.18　仪用放大器 INA128 应用实例

除 INA128 外，AD521、AD620 等都是较常用的仪用放大器。

5) 对数放大器

超声在临床上广泛应用于软组织成像。如图 6.19 所示，超声探头发出的超声波可穿透皮肤到达体内的器官并反射形成回波，超声系统可把回波变换成对应的图像以供医生诊断。

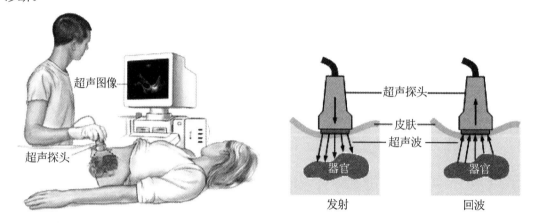

图 6.19　超声成像

超声波在穿过皮肤等软组织时，其能量或者说超声的强度(Intensity)会随着深度的增加而呈指数式衰减。超声波经过软组织的回波信号需要由超声放大系统放大后才能用于成像，但是这种指数式衰减，使得前边介绍的线性放大器(反相、同相、差分放大器中的运放均工作于线性区，均属于线性放大器)不再适用，解决的方法就是使用对数放大器(Log Amplifier)电路。因为对数放大器的增益在输入信号较小时比输入信号较大时要大。这样一来，深度较小的回波信号虽然幅度较大，但经过对数放大器后并没有被过大的放大，而深度较大的弱回波信号被对数放大器放大到了适当的范围。

对数放大器具有对数特性，其输出信号 u_{out} 的幅度为输入信号 u_{in} 幅度的对数：

$$u_{\text{out}} = -K\ln(u_{\text{in}})$$

式中，K 为常数，ln 为以 e 为底的自然对数(e=2.7182818…)。

如果把二极管的伏安特性曲线局部放大，如图 6.20 所示。由于二极管的结构特性，当正向电压 $V_{\text{F}}<0.7\text{V}$，正向电流 I_{F} 与正向电压 V_{F} 呈现指数关系，其关系式为

$$I_{\text{F}} \approx I_{\text{R}}\text{e}^{\frac{\text{q}V_{\text{F}}}{\text{k}T}}$$

式中，I_{R} 为反向漏电流，q 是电子电量，k 是玻尔兹曼常数，T 是温度(单位：开尔文)。

对上式两边取对数，并根据对数特性，得

$$V_{\text{F}} = \frac{\text{k}T}{\text{q}}\ln(\frac{I_{\text{F}}}{I_{\text{R}}})$$

使用这一结果，构成的对数放大器电路如图 6.21 所示。

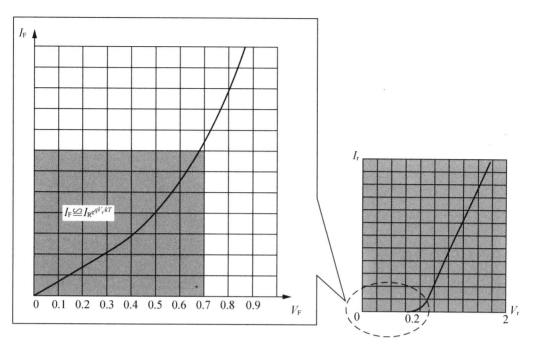

图 6.20 二极管伏安特性曲线中的指数部分

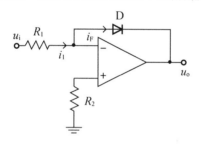

图 6.21 对数放大器电路

利用"虚地"的概念，有 $i_1 = i_f = \dfrac{u_i}{R_1}$，所以

$$u_o = -V_F = -\frac{kT}{q}\ln(\frac{I_F}{I_R}) = -\frac{kT}{q}\ln(\frac{u_i}{R_1 I_R})$$

可见：输出电压 u_o 与输入电压 u_i 的对数成正比。

 任务实施

在图 6.1 中，运算放大器 U_1 接成一个差动放大器，4～20mA 的输入信号电流由 1、2 端输入，通过阻值大小为 500Ω 的电阻 R_1 后变成 2～10V 的输入电压。

U_1 通过 R_4 和 R_{P1} 组成一个放大倍数为 1 的差动放大器，其放大倍数由 $(R_4+R_{P1})/R_2$ 确定。调节 R_{P1}，可使放大器的放大倍数准确地调整为 1。

输入电压加至放大器 U_1 的两个输入端，经过放大并反相后，在输出端输出 $(-2 \sim -10)$V 的电压。这一电压又通过 R_6 加至放大器 U_2 的输入端进行进一步放大。

运算放大器 U_2 实际上是一个加法器，它的反相输入端有两个输入信号：一个是由 U_1 输入的测量电压信号，即通过 R_6 输入的-2～-10V 电压信号；另一个是由基准电压电路经 R_7 输入的基准电压信号，这个基准电压值为 6V。

基准电压电路由稳压管 D、降压电阻 R_8 及调节电位器 R_{P2} 组成。电源电压经 R_8 降压后加至稳压管 D，经稳压管将输入电压稳定，再经 R_{P2} 将其调整至 6V，经 R_7 加至放大器 U_2 的反相输入端。

在 U_2 的反相输入端，由 U_1 输出的-2～-10V 电压和由 R_{P2} 输出的 6V 固定电压相加：当放大器 U_1 输出-2V 时，与 6V 相加后变为+4V；当放大器 U_1 输出-10V 时，与 6V 相加后变为-4V。这样，当放大器 U_1 输入端电流在 4～20mA 范围内变化时，放大器 U_2 反相输入端电压对应地在+4V～-4V 的范围内变动。这个输入电压经过放大器 U_2 的 2.5 倍放大后，使输出端输出-10～+10V 的电压信号。

放大器 U_2 的放大倍数可通过 R_{P3} 进行调整。

拓展阅读

运算放大器与有源滤波器

由电阻、电容组成的滤波器(也称为无源滤波器)增加运放后可构成有源滤波器，如图 6.22 所示。

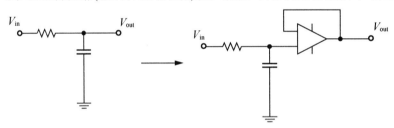

图 6.22　无源滤波器和有源滤波器

有源滤波器有低通、高通、带通、带阻等不同类型，有巴特沃斯(Butterworth)、切比雪夫(Chebyshev)、贝济埃(Bessel)3 种不同特性。

对比图 6.23 所示的二阶巴特沃斯高通滤波器，其截止频率为 1kHz 和图 6.24 所示的二阶的切比雪夫高通滤波器，其截止频率仍然为 1kHz。

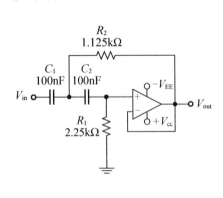
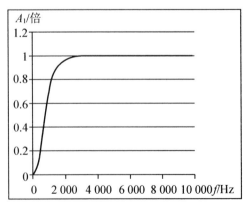

图 6.23　巴特沃斯(Butterworth)高通滤波器

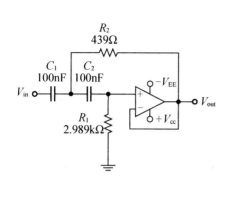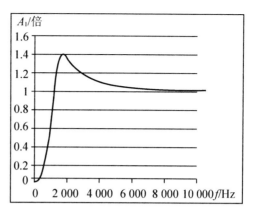

图 6.24　切比雪夫(Chebyshev)高通滤波器

　　两个滤波器的电路结构完全相同，但从电路参数上看两个滤波器的电阻不同，巴特沃斯高通滤波器的 R_1=2.25kΩ，R_2=1.125kΩ，而切比雪夫高通滤波器的 R_1=2.989kΩ，R_2=439Ω。虽然电阻不同，但是这两个滤波器的截止频率均为 1kHz。

　　正是这两个电阻参数不同，造就了相同电路结构的不同频率特性。巴特沃斯滤波器在拐点处比较平滑，说明输入信号频率超过截止频率后，滤波器的增益较为平顺地增大到 1；而切比雪夫滤波器在拐点处有明显的起伏，当输入信号频率超过截止频率后，滤波器的频率有一个激增，在输入信号频率大约为 2kHz 时，滤波器的增益还一度超过 1.4，之后渐渐跌落并最终减小至 1。

　　如果把巴特沃斯滤波器和切比雪夫滤波器的频率曲线画在一张图上，就能看出同一类型(都是高通滤波器)不同特性之间的差异。巴特沃斯滤波器虽然较为平滑，但输入信号频率在截止频率以下时，曲线不如切比雪夫那么陡。

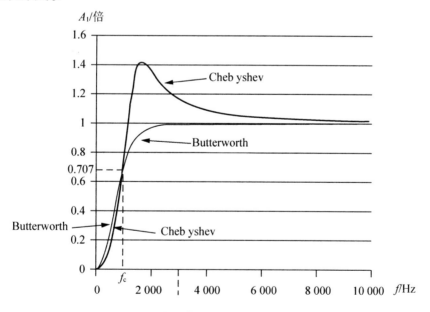

图 6.25　巴特沃斯和切比雪夫滤波器的比较

　　除了巴特沃斯和切比雪夫滤波器外，还有一种贝济埃滤波器，它具有较为线性的相频特性。

　　要说明的是，巴特沃斯(Butterworth)、切比雪夫(Chebyshev)、贝济埃(Bessel)是相对于滤波器的特性而言的，每一种特性下还有低通、高通、带通、带阻等不同类型，图 6.26 所示为巴特沃斯、切比雪夫、贝济埃低通滤波器的幅频特性曲线。

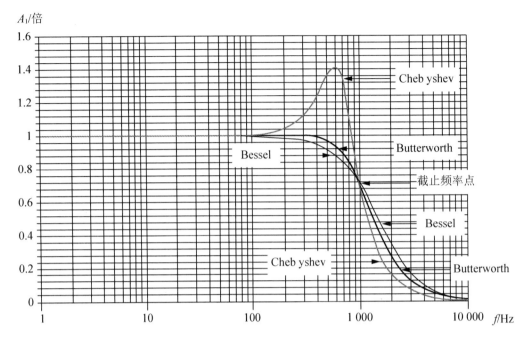

图 6.26　巴特沃斯、切比雪夫、贝济埃低通滤波器幅频特性曲线

思考与练习

1. 图 6.27 所示为利用运算放大器测量电压的电路，试确定不同量程时电阻 R_{11}、R_{12}、R_{13} 的阻值(已知电压表的量程为 0～5V)。

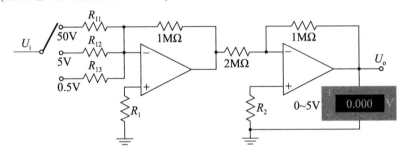

图 6.27　思考与练习 1 题

2. 图 6.28 所示为一电压-电流转换电路，R_L 是负载电阻，一般 $R_L << R$，试求负载电流 I_o 与输入电压 U_i 的关系。

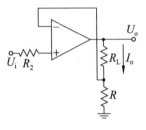

图 6.28　思考与练习 2 题

3．图 6.29 所示是利用集成运算放大器和普通电压表构成的线性刻度欧姆表电路图。被测量电阻作为反馈电阻，电压表量程为 2V。

(1) 试证明 R_x 与 U_o 成正比关系；

(2) 计算当 R_x 的测量范围为 0～10kΩ时电阻 R 的阻值。

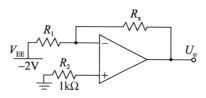

图 6.29   思考与练习 3 题

4．某放大器的开环放大倍数 $A=10^4$，引入反馈系数 $F=0.009\,9$ 的负反馈后，求闭环放大倍数 A_f。若由于某种原因，使 A 减小了 10%，则 A_f 的相对变化为多少？

任务 6.2   设计电器安全保护插座

教学目标

(1) 了解集成运放的输入输出特性。

(2) 了解运放的非线性应用。

(3) 掌握电压比较器的作用。

(4) 了解信号发生器。

任务引入

现有的传统嵌墙式电源插座使用十分广泛，方便电器插接，但没有防护功能，远跟不上电器高速发展和其对电源安全的迫切要求。随着时代的进步，电脑、电视、电话、卫星接收机、摄像监控机、自动控制、智能电器等广泛使用，电器设备的安全越来越为人们所重视。

要保护电器安全，最直接最有效的途径是从电源源头着手，在电器设备的电源接入端(电源插座)上加以防范。图 6.30 所示就是一个带有过压、欠压和延时启动安全保护功能的插座。

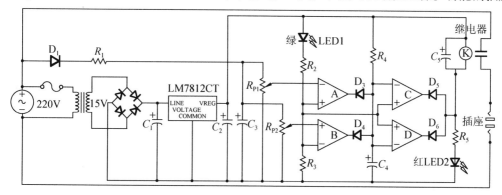

图 6.30   家电安全保护器

任务分析

对于一般交流用电设备，不论商用还是民用，它们的工作电压范围通常规定为 180～240V(中国)。这可以在用电设备的铭牌上看到。如果超过这个范围就可能造成用电设备损坏，甚至引发火灾事故；此外，有些设备不允许频繁通断电源，如冰箱和空调的压缩机等。

在某些电压经常发生超限的供电区域内加设该插座作保护装置后可以有效地防止此类事故发生，保证用电设备的安全运行。因为当外界电网电压过高或过低时该插座可以自动切断插座电源。

理解该电路工作原理的关键是要明白集成运放在此处所起的作用。前边介绍的集成运算放大电路，无论是直流放大电路还是交流放大电路，它们都工作在线性区，即输出与输入之间成比例，所以也称这类放大器为比例放大器。而图 6.30 中的运算放大器工作于非线性区，起的作用是一个电压比较器。

所谓电压比较器就是将一个连续变化的输入电压与参考电压进行比较，通常用于 A/D 转换、波形变换等场合。

相关知识

一、集成运算放大器的输入输出特性

图 6.31 所示是集成运算放大器的输入输出特性曲线。

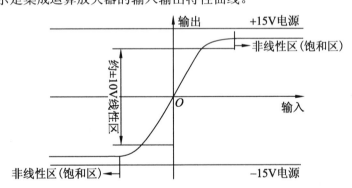

图 6.31　集成运放的输入输出特性

集成运放的非线性，是指运算放大器输入信号的幅度过大。超出一定范围时，输出电压与输入电压失去比例关系，输出信号不随输入信号的改变而变化，电路进入饱和工作状态。

一般的线性放大电路，电源电压在±15V 时，输出电压范围在±10V 左右；当电路饱和时，输出饱和电压在±12～±13V 之间。电压比较器就工作在非线性区域，即饱和工作状态下，它的输出电压接近电源电压。电压比较器工作在开环状态，放大倍数极高。在这种情况下，两个输入端之间只要有一点电压差，就可以使它的输出电压达到饱和。

二、电压比较器

在电压比较器的两个输入端中，一个作为基准电压(或称参考电压)输入，另一个是与基准电压作比较的输入电压。电压比较器一般有两种接法：将输入电压接在反相输入端，使输入信号和接在同相输入端的基准电压作比较，称为反相比较器；反之为同相比较器，如图 6.32 所示。

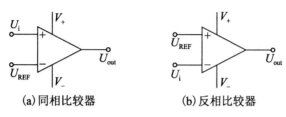

(a)同相比较器　　　　　(b)反相比较器

图 6.32　同相比较器与反相比较器

图 6.32(a)左图所示是同相比较器，基准电压设置在反相端。若输入电压 U_i 小于基准电压 U_{REF}，则输出电压接近负电源电压(如果采用单电源供电，则输出电压为低电平)；若输入电压 U_i 大于基准电压 U_{REF}，则输出电压接近于正电源电压。电压比较器就是利用输出电压的这种特性来比较输入电压的大小而工作的。U_{REF} 称为基准电压或参考电压。图 6.32(b) 图所示反相比较器电路的工作情况与图 6.32(a)正好相反。

电压比较器要求运算放大器有较高的开环放大倍数和较高的转换速率。电压比较器的精度取决于运算放大器的失调电压，因此对于要求高的场合，应对运算放大器采用调零措施。由于电压比较器使用极为广泛，目前已经有专用的集成比较器出现，使用更加方便。

1. 过零(地)电压比较器

当把低电平作为基准电压时，称为过零比较器(Zero Level Detector)。当输入电压大于0V 时，输出为正饱和电压；当输入电压小于 0V 时，输出为负饱和电压，如图 6.33 所示。

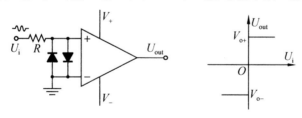

图 6.33　过零比较器

电路中的 R 为限流电阻，两只二极管作为运放输入端的保护器件(当输入信号幅度超过0.7V 时，二极管导通，保护输入端不被击穿)。

2. 窗口电压比较器

在体检时，血压是一个必检项目，如图 6.34 所示。表 6-1 给出了不同的收缩压(高压)与舒张压(低压)对应的特征描述。从表中可知，当收缩压在 120mmHg 且舒张压在 80mmHg 左右时为正常的血压值，超出这个范围都为非正常情况。

表 6-1　血压范围

收缩压	舒张压	描述
210	120	4 级高血压
130	110	3 级高血压
160	100	2 级高血压
140	90	1 级高血压
130	85	略高于正常
120	80	正常值
110	75	略低于正常
90	60	临界低血压
60	40	血压过低
50	33	危险低血压

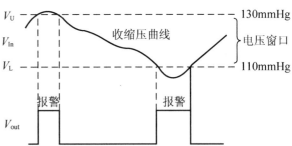

图 6.34　窗口比较器的应用

图 6.35 所示是一种"窗口"电压比较器电路，可以在 ICU(重症监护病房)中对病情比较危重、生命体症不稳定病人的血压这一生理参数进行监护。

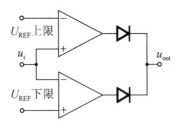

图 6.35　窗口比较器

输入电压介于上下限电压之间时 u_{out} 没有输出，当输入电压高于上限电压或低于下限电压时有输出电压，即 $u_o \neq 0$。基准电压可看作"窗口"，所以叫窗口电压比较器。

图 6.35 中输出端的两个二极管称为隔离二极管。当一个比较器输出高电平时，另一个比较器必定输出低电平，这就有可能造成高电平电流进入低电平端，造成运算放大器损坏。有了两个二极管形成的相互隔离，就可以保证电路的安全。

特别提示

　　窗口电压比较器是一种常用的控制电路。当控制参数(如温度、压力、水深)在正常范围时，其相对应的电压在窗口之内，若这些参数超过设定范围，即对应输出电压超过上限 U_{REF} 或低于下限 U_{REF}，则比较器翻转，输出控制信号，使被控参数回到规定范围内。

三、信号发生器

　　采用运算放大器可以组成具有方波输出的多谐振荡器(该振荡器还可以输出三角彼、正弦波及阶梯波等)。

1. 方波发生器

　　图 6.36 所示是一个方波发生器的电路原理图。由于方波中包含有极丰富的谐波，因此，方波发生器又称为多谐振荡器。

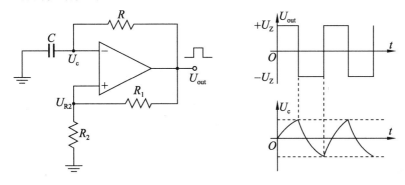

图 6.36　方波发生器

　　该电路的工作情况是

　　假定电源接通瞬时，$u_{out}=+U_z$，$U_C=0$，那么有 $U_{R2}=\dfrac{R_2}{R_1+R_2}U_z$，电流从 u_{out} 通过电阻 R 向电容 C 充电，电容上的电压 U_C 上升。当 $U_C\geqslant\dfrac{R_2}{R_1+R_2}U_z$ 时，u_{out} 变为$-U_z$，$U_{R2}\leqslant-\dfrac{R_2}{R_1+R_2}U_z$，充电过程结束；接着，由于 u_{out} 由$+U_z$变为$-U_z$，电容 C 通过电阻 R 开始放电，同时 U_C 下降。当下降到 $U_C\leqslant-\dfrac{R_2}{R_1+R_2}U_z$ 时，u_{out} 由$-U_z$变为$+U_z$。上述过程不断重复。

　　运放输出的电压波形和电容充放电波形如图 6.36 右图所示。

　　这里，RC 电路是电路的定时元件，决定着输出的方波在正负半周的时间 T_1 和 T_2，由于该电路充放电时常数相等，即 $T_1=T_2=RC\ln(1+\dfrac{2R_2}{R_1})$，因此方波的周期 T 为

$$T=T_1+T_2=2RC\ln(1+\frac{2R_2}{R_1})$$

 特别提示

如果把图 6.36 所示方波发生器电路稍做变动，可得到图 6.37 所示的迟滞比较器(Hysteresis Comparator)。

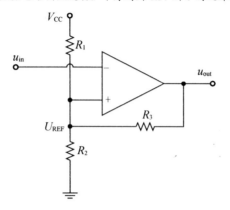

图 6.37　迟滞比较器

迟滞比较器更能处理一些实际问题。因为，在上述的基础比较器中，如果输入端信号 u_i 由于受噪声原因出现波动，特别是在参考电压附近波动时，输出端信号 u_o 就会出现频繁跳变，这对后续电路是不利的。

迟滞比较器有上、下两个参考电压，对输入信号上升段和下降段的跳变时机不相同。当输入信号上升并超过上参考电压 $V_{REF(H)}$ 时，迟滞比较器跳变；当输入信号下降到小于上参考电压时并不跳变，而直到下降到小于下参考电压 $V_{REF(L)}$ 时，迟滞比较器的输出才发生跳变。

$$V_{REF(H)} = \frac{R_2}{R_1 \| R_3 + R_2}(+V_{cc})$$

$$V_{REF(L)} = \frac{R_2 \| R_3}{R_2 \| R_3 + R_1}(+V_{cc})$$

迟滞比较器也称为史密特触发器(Schmit Trigger)。

2. 同时输出方波和三角波的发生器

图 6.38 所示是一个既可产生方波，又可输出三角波的电路。

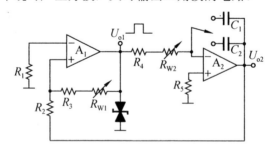

图 6.38　能同时输出方波和三角波的电路

该电路可用改变电容 C 容量的方法来改变输出频率，也可改变 R_{W2} 阻值来改变频率。

从图 6.38 可以看出，A_1 是过零(地)电压比较器，A_2 是一个积分器。A_1 输出的方波经过积分器积分后形成三角波，而三角波又经反馈电阻反馈到 A_1 形成振荡，输出方波。该振荡器的电路参数如下。

(1) 方波的幅度：$U_{o1m} = U_z$。

(2) 三角波的幅度：$U_{o2m} = \dfrac{R_2}{R_3 + R_{w1}} U_z$。

(3) 方波、三角波的频率：$f = \dfrac{R_3 + R_{w1}}{4R_2(R_4 + R_{w2})C}$。

调节 R_{W2} 可以改变振荡频率，调节 R_{W1} 改变比值 $\dfrac{R_2}{R_3 + R_{w1}}$ 可调节幅值。

若假设 $C=10\mu F$，$R_4+R_W=100k\Omega$，$R_1=100k\Omega$，$R_2=30k\Omega$，负载接 LED〔限流电阻可取 $1k\Omega$），则振荡频率约为 1Hz(可由 LED 在 1min 闪多少次来测定)。

特别提示

当采用双运放或四运放组成其他电路时，可以利用多余的运放来组成各种波形发生器，既充分利用了芯片资源，也节省资金。

3.　正弦波发生器(正弦振荡电路)

正弦波发生器是不需要任何输入信号，就能产生(输出)一定幅度和频率正弦信号的电路。用 RC 选频网络实现正弦振荡的电路如图 6.39 所示。

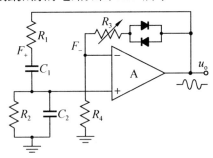

图 6.39　正弦波发生器

该振荡器按电路结构称为文氏电桥(Wien Bridge，又译为维恩电桥)式振荡器，它是由 Max Wien 在 1891 年发明的，由它构成的振荡器又名维恩电桥振荡器(Wien Bridge Oscillator)。它由 3 部分组成：作为基本放大器的集成运放 A；具有选频功能的正反馈网络 F+；具有稳定幅度功能的负反馈网络 F–。

RC 串并联正反馈网络 F+的选频特性如下。

一般取两电阻值和两电容值分别相等，即 $R_1=R_2$，$C_1=C_2$。由分压关系可得正反馈网络的反馈系数表达式：

$$\dot{I} = \frac{\dot{U}_F}{\dot{U}_o} = \frac{R /\!/ \dfrac{1}{j\omega C}}{R + \dfrac{1}{j\omega C} + R /\!/ \dfrac{1}{j\omega C}} = \frac{\dfrac{R}{1 + j\omega RC}}{R + \dfrac{1}{j\omega C} + \dfrac{R}{1 + j\omega RC}}$$

$$= \frac{\dfrac{R}{1 + j\omega RC}}{\dfrac{1 + j\omega RC}{j\omega C} + \dfrac{R}{1 + j\omega RC}} = \frac{j\omega RC}{(1 + j\omega RC)^2 + j\omega RC}$$

$$= \frac{j\omega RC}{1 + 2j\omega RC - (\omega RC)^2 + j\omega RC} = \frac{1}{3 + \dfrac{1}{j\omega RC} + j\omega RC}$$

令 $\omega_0 = \dfrac{1}{RC}$ ，则

$$\dot{i} = \frac{1}{3 + j\left(\dfrac{\omega}{\omega_0} - \dfrac{\omega_0}{\omega}\right)}$$

由上式可得 RC 串并联正反馈网络的幅频特性和相频特性曲线，如图 6.40 所示。

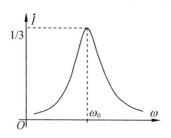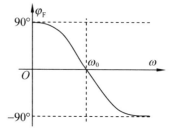

图 6.40　幅频特性和相频特性曲线

从特性曲线图可以看出：当 $\omega = \omega_0$ 时电路产生谐振。$\omega = \omega_0 = 1/RC$ 为振荡电路输出正弦波的角频率，即谐振频率

$$f_0 = \frac{1}{2\pi RC}$$

特别提示

该正弦波发生电路只适合于产生低频信号，振荡频率在 1Hz 到 1MHz 范围内。

任务实施

在图 6.30 中，运放 A 和 B 组成两个电压比较器。其中，A 为过压比较器，B 为欠压比较器。运放 C 与 D 并联运用与 R_4、C_4 构成延时驱动电路。4 个运放的基准电压均由 LED1、R_2 与 R_3 分压提供。市电变化信号由 D_1、R_1、C_3、R_{P1}、R_{P2} 组成的检测支路直接对市电整流分压后取得。

LED1(绿)为电源指示，LED2(红)为保护状态指示。直流供电方式为通常的变压器降压整流，集成稳压电路 7812 组成稳压电源，向电路提供稳定的工作电源(可参阅模块 4 项目 12 直流稳压电源部分)。

在市电为正常使用范围(180～240V)，保护器刚接入电网时，电容 C_4 进入充电状态。由于刚进入充电状态，它的正极电压很低，使运放 C、D 的反相输入端电压均低于同相输入端基准电压，两运放均输出高电平，D_5、D_6 反偏而截止，继电器 K 处于释放状态，电器供电回路未被接通，插座中无电。此刻，运放 A、B 同相输入电平均高于反相输入电平，输出均为高电平，二极管 D_3、D_4 均截止。当直流电源经 R_4 向 C_4 充电大约 5min 后，C_4 上的充电电压略大于基准电压，使运放 C、D 均输出低电平，继电器 K 由于回路被接通而吸

合，常开触点闭合，将电器供电电路接通，加在报警 LED2(红色)两端的电压小于其正向导通电压，不亮。

1. 欠压保护

当市电电压低于 180V，即处于欠压状态时，运放 A 同相输入电平高于反相输入电平，输出端输出高电平，二极管 D_3 截止；运放 B 同相输入端电平低于反相输入电平，输出端输出低电平。C_4 通过二极管 D_4、运放 B 的输出回路迅速放电，使 C_4 及运放 C、D 反相输入端电平低于同相端，输出端输出高电平，二极管 D_5、D_6 截止，继电器 K 的回路被切断而释放，电源通过 C_5，R_5 给 LED2(红色)供电，LED2 点亮提醒用户注意。这是欠压保护电路的工作过程。

当市电恢复正常后，运放 B 输出高电平，二极管 D_4 截止，电容 C_4 开始充电。约经 5min，C_4 上的电压被充至略大于基准电压，运放 C、D 输出低电平，继电器 K 重新通电吸合，接通电器用电回路，LED2 失压熄灭。

2. 过压保护

当市电电压高于 240V 即处于过压状态。此时，运放 A 的反相输入端电平高于同相输入端电平，运放 A 输出低电平投入工作；运放 B 同相输入端电平高于反相输入端电平，输出高电平，二极管 D_4 反偏截止。C_4 通过二极管 D_3、运放 A 的输出回路迅速放电，使 C_4 及运放 C、D 的反相输入端电平低于同相端，输出高电平，二极管 D_5、D_6 截止，继电器 K 的回路被切断而释放，LED2 点亮提醒用户注意。这是过压保护电路的工作过程。

3. 断电延时接入保护

由于市电信号检测回路电压上升速率低于 +12V 电源上升速率，所以在电网发生瞬时断电复电后，运放 B 首先有一个欠压保护过程，即 C_4 将先被运放 B、二极管 D_4 短接放电，而后市电检测信号电压使运放 B 输出高电平，二极管 D_4 截止。C_3 经过约 5min 的充电后，使运放 C、D 输出低电平，继电器 K 通电吸合，实现瞬间断电延时接入保护功能。

4. 调试

为了便于快速调试，在安装时可先不接入 C_4，并将 R_{P1} 调至最小，R_{P2} 调到最大，在变压器输入端接一个自耦调压器。

在正常电压下，电路通电应吸合。转动调压器使输出电压为 240V，调节 R_{P1} 使 K 刚好释放，稍调低电压 K 应吸合；将电压调定在 180V，调节 R_{P2} 使 K 刚好释放，稍调高电压 K 也应能吸合。上述过程一般不需反复就可调试准确。最后将 C_4 接入电路，整个调试工作即告完成。

拓展阅读

运算放大器的单电源供电

一般而言，集成运算放大器是需要提供正、负电源才能正常工作的。这对某些应用十分不便。随着便携式电子产品大量发展，促使生产厂家不断开发新型产品。这些新产品包括单电源工作的运算放大器，低电压、低功耗和输出电压幅值接近电源电压的运算放大器，并且还有贴片式封装类型。但目前仍有很多早期运算放大器是要求双电源工作的。为了能使这些产品也能在单电源下工作，需要对电路做些修改：采用静态直流输出为电源电压一半的方式，在输入、输出信号端加交流耦合电容。

1. 单电源供电的反相放大器

单电源供电反相放大电路如图6.41所示。

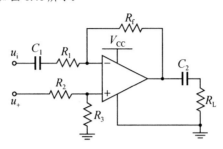

图6.41 单电源供电的反相放大器

对于该电路，在一般情况下，当 $R_2 = R_3$ 时，电路静态输出可达到最大值，即等于电源电压的一半。该电路的电压增益

$$A = -R_f / R_1$$

耦合电容 C_1 与所需低频响应及输入阻抗有关，可按下式求出：

$$C_1 = \frac{1000}{2\pi f_C R_1} (\mu F)$$

f_C 为电路响应所要求的频率，R_1 为输入阻抗。

耦合电容 C_2 的公式与上式相似：

$$C_2 = \frac{1000}{2\pi f_C R_L} (\mu F)$$

式中，R_L 为负载电阻。R_2、R_3 的阻值可取任何值，只需要满足 $R_2 = R_3$ 即可，但常用 $R_2 = R_3 = 2R_f$。

2. 单电源供电的差分放大器

单电源供电差分放大器电路如图6.42所示。

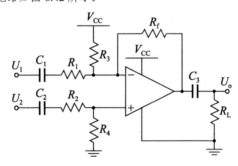

图6.42 单电源供电的差分放大器

输出电压 $\qquad U_o = \dfrac{R_f}{R_1}(U_2 - U_1)$

电路中，R_3、R_4 为电路输入端偏置电阻，是为输入端取得偏置电压而设置的，要求 $\dfrac{R_f}{R_1} = \dfrac{R_3}{2R_2}$。当 $R_f = R_1$ 时，为模拟减法器电路。耦合电容的计算与上边相同。

这种单电源工作的运算放大电路是要付出一定代价的：在无信号输入时，输出为电源电压的一半，即处于所谓甲类放大器的输出状态，而甲类放大器的静态功耗较大。

3. 运放实现的双电源

如图6.43所示的电路利用运放和晶体管，把输入的单极性电源变成了具有正负的双比极性电源。根据输入单极性电源电压的不同，它可以实现±2.5～±15V 的双极性电源，即输出的双极性电压为输入单极性电压的一半。

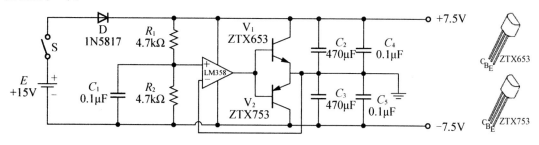

图 6.43　运放双极性电源

电路图中的电池是单极性电源，当然也可以是电源适配器输出的单极性电压，经过二极管 D₁ 的接反保护后，由分压器 R_1、R_2 一分为二。于是，运放 LM358 的同相输入电压为 15/2=7.5V。根据虚短原理，反相输入端也为 7.5V。由于运放反相输入端由晶体管 V_1、V_2 的 E 极反馈而来，所以两个晶体管的 E 极电压均为 7.5V。当负载阻抗变化时，任何改变晶体管 E 极的电压都会反馈到运放的反相输入端，运放就会向 B 极输出一个"对抗"信号，以抵消这个变化，从而稳定晶体管 E 极保持在输入电压的一半以上，这样就能在输出端得到两个极性相反的电压。

思考与练习

1. 图 6.44 所示为一监控报警电路。由传感器取得监控信号(如温度、压力等变换而来的)U_i，U_R 为参考电压。

(1) 当 U_i 超过正常值时，发光二极管点亮，试说明该电路的工作原理。

(2) 二极管 D 起什么作用？电阻 R_3、R_4 呢？

2. 在图 6.45 中，集成运放的最大输出电压 U_{PP}=12V；稳压管 D 的稳定电压 U_Z=6V，正向压降 U_D=0.7V；U_i = $12\sin\omega t$V。当参考电压 U_R =+5V 和-5V 时，分别画出传输特性和输出电压U_o的波形。

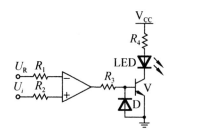

图 6.44　思考与练习题 1 题

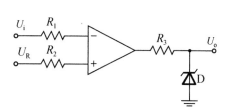

图 6.45　思考与练习题 2 题

3. 图 6.46 所示为一噪声峰值检测器的工作波形图，图 6.47 所示为其对应的检测电路，试分析其工作原理。若需改造为最近一次噪声的检测器，电路应做如何改动？

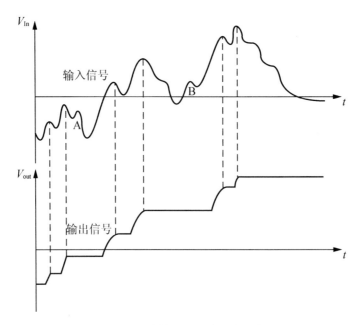

图 6.46　噪声检测器的输入输出波形

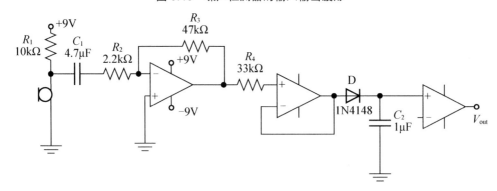

图 6.47　噪声的峰值检测

模块三

数字电子技术

电子线路中的电信号有两大类：模拟信号和数字信号。模拟信号是指在时间和数值上连续变化的信号。例如：温度、正弦波电压等。数字信号指在时间和数值上的变化是离散的信号。例如：人数、物件的个数。

数字电路具有抗干扰能力强、功耗低、对电路元器件的精度要求不高、可靠性强、工作速度快等优点，在现代电子技术中占有十分重要的地位。在智能仪器仪表、雷达、自动控制、通信、计算机、手机、电视、汽车等许多的设备中，凡涉及数据传送、加工等场合时采用的几乎都是数字电路。可以说，数字电路应用的广度和深度标志着现代电子技术发展的水平。

项目 7

数字电路基础

引言

一般来说，数字电路具有以下特征。

(1) 采用二值信息——高电平和低电平。数字信号只有两种取值，通常记为"1"和"0"。相应地，数字电路中的晶体管只工作在饱和与截止两种状态，即用"开"和"关"来表示二值信息。

(2) 数字电路由几种最基本的单元电路组成，且这些电路对元器件精度要求不高。因为数字信号的"1"和"0"没有数量，只有状态的含义，电路只要能可靠地区别出"0"和"1"两种状态即可。

(3) 对于数字电路，人们研究的主要问题是输入信号的状态(0 或 1)和输出信号的状态(0 或 1)之间的逻辑关系，反映的是电路的逻辑功能。

(4) 数字电路能够对数字信号进行各种逻辑运算(按照逻辑规则进行逻辑推理和逻辑判断)和算术运算。

数字电路的研究内容一般可以归为两类：一类是分析已有电路的逻辑功能，称为逻辑分析；另一类是根据逻辑功能要求设计出满足该逻辑功能的电路，称为逻辑设计。

任务 7.1　使用逻辑电平测试笔

教学目标

(1) 认识数字电路。

(2) 了解数制与码制，了解常用的 BCD 码。

(3) 掌握二进制、八进制、十进制、十六进制数的组成及其相互转换关系。

任务引入

在检修计算机、医疗仪器、游戏机和调试数字设备时，经常需要对印制电路板上逻辑电路的输出状态进行判断，以便了解电路的工作情况和故障所在，以往一般都是用万用表来测量，此种方法在管脚多时非常不方便，而且高阻状态用万用表是测不出来的。

逻辑笔是采用不同颜色的指示灯来表示数字电平高低的仪器。它是数字电路测量中较简便的工具。使用逻辑笔可快速测量出数字电路中有故障的芯片。图 7.1 所示就是一个逻辑测试笔及其电路原理图。该逻辑电平测试笔使用方便，使用它可以大大提高工作效率。

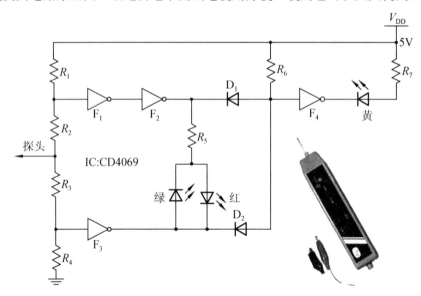

图 7.1　逻辑电平测试笔

任务分析

数字信号采用"0"和"1"二值信息，相应的逻辑电平一般具有"三态"，即高电平 H("1")、低电平 L("0")和高阻抗 Z 这 3 种状态。利用逻辑检测器对三态状况的检测，可以判定数字电路的工作状态，以及印刷电路板上断线、短路、接触不良等所造成的高、低电平不能确定的状态，而这些故障有时用万用表或示波器是难以检测的。

该逻辑笔自身不设电源，电源取自于被测电路。测试时，将逻辑笔的电源夹子(红色)夹到被测电路的任一电源点，另一个夹子(黑色，接地用)夹到被测电路的公共接地端。逻辑笔与被测电路的连接除了可以为逻辑笔提供电源与接地信号外，还能改善电路灵敏度及提高被测电路的抗干扰能力。

相关知识

一、数制

数制也称为计数制，是人们对数量计算的一种统计规律。在日常生活中，我们最熟悉的是十进制(用字母 D 表示)，此外，还会用到像四进制：方位(东、南、西、北)、季节(春、夏、秋、冬)；七进制：每星期的天数、光的 7 种色散颜色、音符的 7 个音(半)阶；十二进制：一年 12 个月、12 生肖、一天有 12 个时辰；十三进制：扑克牌；二十四进制：一天有 24 个小时、一年有 24 个节气；六十进制：时、分、秒等等。

在数字系统中使用比较广泛的是二进制(如：长短、明暗、开关、上下、饱和截止等，用字母 B 表示)、八进制(用字母 O 表示)和十六进制(用字母 H 表示)。

数制中有两个重要的概念，基数和位权。

基数是指在该进位制中用到的数码个数。例如，二进制有 0 和 1 两个数码，因此基数是 2；八进制有 0～7 共 8 个数码，故基数是 8；十进制有 0～9 共 10 个数码，基数是 10；十六进制有 0～9，A～F 共 16 个数码，基数是 16。

位权是数制中某一位上的 1 所表示数值的大小(所处位置的价值)，是一个与相应数位置有关的常数，它与该数位的数码相乘后，就可得到该数位数码所代表的值。一个数码处于不同位置时，所代表的数值不同，就是因为它拥有的位权不同。例如，十进制数 $535=5\times10^2+3\times10^1+5\times10^0$，显然百位的 5 代表 500，个位的 5 代表 5 个；其中位权是 10 的幂。

在十进制中，进位规律是"逢十进一"。一般地，对任意一个十进制数可以表示为

$$(N)_{10} = \sum_{i=-m}^{n-1} a_i \times 10^i$$

其中，a_i 是第 i 位的系数，它可能是 0～9 中的任意数码，n 表示整数部分的位数，m 表示小数部分的位数，10^i 表示数码在不同位置的大小，为位权。

例如，十进制数 3062.35 可表示为

$$3062.35 = 3\times10^3 + 0\times10^2 + 6\times10^1 + 2\times10^0 + 3\times10^{-1} + 5\times10^{-2}$$

若 N 为 R 进制的任一个数，用多项式可表示为

$$(N)_R = K_{n-1}R_{n-1} + K_{n-2}R_{n-2} + \cdots + K_iR_i + \cdots + K_1R_1 + K_0R_0 + K_{-1}R_{-1} + K_{-2}R_{-2} + \cdots + K_{-m}R_{-m}$$

简写为

$$(N)_R = \sum K_i R_i$$

式中，K_i 是第 i 位的系数；R 是基数。对于十进制 $R=10$，二进制 $R=2$，八进制 $R=8$，十六进制 $R=16$；R_i 是第 i 位的位权。

1. 二进制(Binary)

在数字电路中，数需要通过电路的状态来表示。找一个具有 10 种状态的电子元器件要

比找一个具有两种状态的器件难，故在数字电路中广泛使用二进制。

所谓的二进制，就是采用像"1101"这样的形式，进位规律是 "逢二进一"。在数字电路中用电平的高低来表示二进制数，如图 7.2 所示。

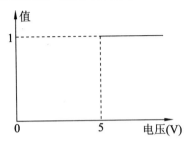

图 7.2　二进制的表示方法

这里，电压不足 5V 代表"0"，5V 以上代表"1"。

二进制数位的每一位(bit)用"0"或"1"表示，8 个数位(bit)称为 1 个字节(Byte)。字节是表示信息的基本单位。

下面介绍二进制数中负数的表示方法。

在数字电路中，负数用 2 补码(two's complement)表示。2 补码指的是："$-X$"用"2^N-X"表示。这里 N 表示被表示数的位数(bit 数)，也可以称为字长。以 4 位二进制形式表示的十进制数 5 为例：十进制数 5 用二进制表示为$(0101)_B$，这时 $N=4$。相应的 5 的 2 补码计算方式如下：

$$2^N-X =[2^4](base10)-0101 = 10000(base2)-0101 = 1011$$

2 补码也可以通过"求反(反码)+1"得到。还有更简单的方法：从右往左找到第一个 1，这一位左边的全部位取反。

步长是 4 位(bit)时，整数用 2 补码表示的结果见表 7-1(表中负数范围从-8～-1)。

表 7-1　用 2 补码表示 4 位整数

十进制表示	4 位整数表示
-8	1000
-7	1001
-6	1010
-5	1011
-4	1100
-3	1101
-2	1110
-1	1111
0	0000
1	0001

负数（表中 -8～-1 为负数）

续表

十进制表示	4 位整数表示
2	0010
3	0011
4	0100
5	0101
6	0110
7	011

从表 7-1 中可以看出，在表示正数和零时，2 补码形式和一般二进制一样，唯一的不同是在 2 补码系统中，正数的最高位恒为 0，因此 4 位的 2 补码正数，最大数字为 0111(7)；2 补码数字的负数，最高位恒为 1。在 4 位 2 补码数字中，最接近 0 的负数为 1111(-1)，依此类推，绝对值最大的负数是 1000(-8)。

2. 八进制和十六进制

当用二进制表示一个比较大的数时，位数太多，故而在数字系统中采用八进制和十六进制作为二进制的缩写形式。

八进制的数码有 8 个，即：0、1、2、3、4、5、6、7，进位规律是"逢八进一"；十六进制数码是：0、1、2、3、4、5、6、7、8、9、A、B、C、D、E、F，进位规律是"逢十六进一"。

特别提示

不管是八进制还是十六进制都可以像十进制和二进制那样，用多项式形式来表示。

二、数制变换

数字电路中数据存储和运算采用的是二进制数，当把数据输入到设备中，或从设备中输出数据时，要进行不同计数制之间的转换。常用数制转换有二 ⇔ 十进制、八 ⇔ 十进制之间、十六 ⇔ 十进制之间、二 ⇔ 八 ⇔ 十六进制之间的转换。

1. R 进制 → 十进制

R 进制(这里表示非十进制，以下同)数转换成十进制数采用的方法是按权展开相加。例如：将 $(1101.101)_B$ 转换成十进制数可以这样。

$$(1101.101)_B = 1 \times 2^3 + 1 \times 2^2 + 0 \times 2^1 + 1 \times 2^0 + 1 \times 2^{-1} + 0 \times 2^{-2} + 1 \times 2^{-3} = (13.625)_D$$

2. 十进制 → R 进制

将十进制数转换成 R 进制数时要分为整数部分与小数部分两步进行：整数部分的转换采用除该进制基数取余(Mod)；小数部分的转换采用乘该进制基数取整。例如，把十进制数 $(41.0625)_D$ 转换为二进制可以按如下操作进行。

(1) 整数部分转换。首先把将$(41)_D$转换成二进制数。

$41/2=20$	余数为 1，$a_0=1$
$20/2=10$	余数为 0，$a_1=0$
$10/2=5$	余数为 0，$a_2=0$
$5/2=2$	余数为 1，$a_3=0$
$2/2=1$	余数为 0，$a_4=0$
$1/2=0$	余数为 1，$a_5=1$

整数部分转换的最后结果是：$(41)_D=(10001)_B$。

(2) 小数部分转换。把$(0.625)_D$转换成二进制数：

$0.625×2=1+0.25$	$a_{-1}=1$
$0.25×2=0+0.5$	$a_{-2}=0$
$0.5×2=1+0$	$a_{-3}=1$

小数部分的转换结果是：$(0.625)_D=(0.101)_B$。

把整数部分与小数部分二者整合起来：$(41.0625)_D=(10001.101)_B$。

3. 非十进制数之间的转换

这里介绍常用的基数为2^N的各种进制之间的转换。

1) 二进制数和八进制数之间的转换

把一个八进制数转换成二进制数时，可以直接将每位八进制数码转换成 3 位二进制数。因为二进制数的基数是 2，八进制数的基数是 8，正好有$2^3=8$。因此，任意一位八进制数可以这样转换成 3 位二进制数。例如，将八进制数$(354.72)_O$转换成二进制数可以这样进行：

3	5	4	.	7	2
↓	↓	↓		↓	↓
011	101	100		111	010

所以

$$(354.72)_O=(011101100.111010)_2$$

二进制数到八进制数转换时，从小数点开始向两边分别将整数和小数每 3 位划分成一组。整数部分最高一组不够 3 位时，在高位补 0；小数部分最后一组不足 3 位时，在末位补 0，然后将每组的 3 位二进制数转换成一位八进制数。例如将$(1010110.0101)_2$转换成八进制数可以这样进行：

001	010	110	.	010	100
↓	↓	↓		↓	↓
1	2	6		2	4

所以

$$(1010110.0101)_B=(126.24)_O$$

2) 二进制数和十六进制数之间的转换

要把一个十六进制数转换成二进制数时，可以直接将每位十六进制数码转换成 4 位二进制数码。因为，二进制数的基数是 2，十六进制数的基数是 16，正好有$2^4=16$。因此，任意一位十六进制数可以这样转换成 4 位二进制数。例如，将十六进制数$(8E.3A)_H$转换成二进制数可以这样进行：

8	E	.	3	A
↓	↓		↓	↓
1000	1110		0011	1010

所以

$$(8E.3A)_H=(10001110.00111010)_2$$

二进制数到十六进制数转换时，从小数点开始向两边分别将整数和小数每 4 位划分成一组，整数部分最高一组不够 4 位时，在高位补 0；小数部分最后一组不足 4 位时，在末位补 0，然后将每组的 4 位二进制数转换成 1 位十六进制数即可。例如将$(1011111.101101)_2$转换成十六进制数可以这样进行：

0101	1111	.	1011	0100
↓	↓		↓	↓
5	F		B	4

所以

$$(1011111.101101)_2=(5F.B4)_H$$

3）八进制数和十六进制数之间的转换

它们之间直接进行转换比较困难，可先转换成二进制数，再进行转换就比较容易了。

特别提示

由于不是所有的十进制小数都能用有限位 R 进制小数来表示，因此，在转换过程中可根据精度要求取一定的位数即可。

如果不涉及小数部分，为提高工作效率，实际应用中可直接调用 Windows 系统附件中自带的程序员计算器进行，如图 7.3 所示。

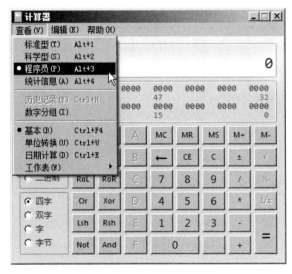

图 7.3　Windows 系统中计算器

三、二进制的运算

1. 一位二进制数的运算

一位二进制数的运算方法见表 7-2。

表 7-2　一位数的四则运算

X	Y	加　　法		减　　法		乘　　法	除　　法
		X + Y	进位	X − Y	借位	X × Y	X ÷ Y
0	0	0	0	0	0	0	−
0	1	1	0	1	1	0	0
1	0	1	0	1	0	0	−
1	1	0	1	0	0	1	1

带进位的加法见表 7-3。

表 7-3　带进位加法

X	Y	低位来的进位	X+Y	向高位的进位
0	0	0	0	0
0	0	1	1	0
0	1	0	1	0
0	1	1	0	1
1	0	0	1	0
1	0	1	0	1
1	1	0	0	1
1	1	1	1	1

从表 7-3 中可以看出，二进制运算和十进制原理相同。

2. N 位数的运算

以下是 N 位带符号整数的运算。以 $N=4$ 为例。

带符号的正整数 X 和 Y 的加法从低位开始依次相加，若最高位是 1，则认为是溢出 (Overflow)。例如：

1) 正数+正数

0011+0010=0101 　(3+2=5)

0011+0101=1000 　(3+5→溢出)

2) 正数+负数

X 和 Y 中一个是负数一个是正数，相加时不会发生溢出。

0011+1110=0001 　　　(3+(−2)=1)

0011+1011=1110 　　　(3+(−5)=−2)

3) 负数+负数

X、Y 都是负数时，各位相加后，若最高位是 0，则认为是溢出。

1101+1110=1011　　　　(−3+(−2)=−5)

1101+1010=0111　　　　(−3+(−6)→溢出)

N 位数做减法(Subtraction)运算时，把减数(负数)的 2 补码求出后相加就可以了。

四、信息的编码

在数字系统中，信息可以分为两类：一类是数值，其表示方法在前面已经讨论过；另一类是文字符号等。用二进制数码表示十进制数或其他特殊信息如字母、符号等的过程称为编码。编码在数字系统中经常使用，例如通过计算机键盘将命令、数据等输入后，必须首先转换为二进制码，然后才能进行信息处理。

1. 二进制编码的十进制表示法(BCD 码)

二-十进制码是用 4 位二进制码表示一位十进制数的代码，简称为 BCD 码。在二进制中一位二进制数只有 0 和 1 两个符号，表达两种信息；如有 n 位二进制，就有 2^n 种不同的组合，即可代表 2^n 种不同的信息。由于指定可以是任意的，故存在多种多样的编码方案。最常用的是二-一十进制 8421BCD 有权码，见表 7-4。

表 7-4　十进制数和 8421 码之间的对应关系

十进制数	8421 码	十进制数	8421 码
0	0000	5	0101
1	0001	6	0110
2	0010	7	0111
3	0011	8	1000
4	0100	9	1001

从表 7-4 可以看出，8421BCD 码具有编码简单、直观、表示容易等特点。它用 4 位二进制数 0000 到 1001 来表示一位十进制数，每一位都有固定的权值。从左到右，各位的权值依次为：2^3、2^2、2^1、2^0，即 8、4、2、1。例如，将十进制数 1987.35 转换成 8421BCD 码后为

1987.35= ⇔ ¯(0001 1001 1000 0111.0011 0101)$_{BCD}$

特别提示

8421BCD 码对十进制数中 10 个数字符号的编码表示和二进制数中表示的方法完全一样，但不允许出现 1010 到 1111 这 6 种编码，因为没有相应的十进制数字符号和其对应。

2. ASCII 码

ASCII 码是美国国家信息交换标准代码(American National Standard Code For Information Interchange)的简称，是当前计算机中使用最广泛的一种字符编码，见表 7-5。

表 7-5　标准 ASCII 码字符表

低位 ＼ 高位	000	001	010	011	100	101	110	111
0000	NUL	DLE	SP	0	@	P	`	p
0001	SOH	DC1	!	1	A	Q	a	q
0010	STX	DC2	"	2	B	R	b	r
0011	ETX	DC3	#	3	C	S	c	s
0100	EOT	DC4	$	4	D	T	d	t
0101	ENQ	NAK	%	5	E	U	e	u
0110	ACK	SYN	&	6	F	V	f	v
0111	BEL	ETB	'	7	G	W	g	w
1000	BS	CAN	(	8	H	X	h	x
1001	HT	EM	)	9	I	Y	i	y
1010	LF	SUB	*	:	J	Z	j	z
1011	VT	ESC	+	;	K	[	k	{
1100	FF	PS	,	<	L	\	l	|
1101	CR	GS	-	=	M	]	m	}
1110	SO	RS	.	>	n	^	n	～
1111	SI	US	/	?	O	_	o	DEL

ASCII 码主要用来为英文字符编码，从表 7-5 可以看出，一共有 128 个，用 7 位二进制数进行编码。

当用户将包含英文字符的源程序、数据文件、字符文件从键盘上输入到计算机中时，计算机接收并存储的就是 ASCII 码。计算机将处理结果送给打印机和显示器时，除汉字以外的字符一般也是用 ASCII 码表示的。

通过以上学习我们知道：和模拟电路相比，数字信号相对简单，只需要用两种不同的状态来表示 1 和 0，在工作中只要能够可靠地区别 "0" 和 "1" 两种状态就可以了，因此使用逻辑笔基本上就可满足要求。

图 7.1 所示的逻辑笔使用红、绿、黄 3 个 LED 指示灯指示电路状态。

(1) 当探针悬空或测试点为高阻状态时，黄色 LED 指示灯亮，其余两个 LED 指示灯熄灭。

(2) 当探针接触到高电平时，绿色 LED 指示灯亮，其余两个 LED 指示灯熄灭。

(3) 当探针接触到低电平时，红色 LED 指示灯亮，其余两个 LED 指示灯熄灭。

(4) 当探头接触到低频脉冲序列时，红、绿 LED 指示灯轮流闪亮，黄色 LED 指示灯熄灭。

(5) 当探针接触较高频率的方波序列时，红绿 LED 指示灯均亮(亮度稍弱)，黄色 LED 指示灯不亮，若脉冲的高低电平不等宽，那么红、绿 LED 指示灯中有一个较亮、一个较暗。

通过 LED 指示灯显示情况可以很容易快速判断出电路状态，比万用表效率要高得多。此外，该笔在调试单片机时在确认 CS 端子信号，确认传感器输出信号的有无，以及确认外界干扰对门电路的误触发等都可发挥很大作用。

思考与练习

1. 比较下列 4 个数，哪个最大？

    ①$(302)_O$ ②$(F8)_H$ ③$(1001001)_B$ ④$(105)_D$

2. 把下列十进制数分别转换成二进制数、八进制数和十六进制数。

$(364.225)_D = ($ $)_B = ($ $)_H = ($ $)_O$

$(74.5)_D = ($ $)_B = ($ $)_H = ($ $)_O$

3. 表 7-6 所示是常用的 BCD 编码方式，其中哪些是有权码？哪些是无权码？格雷码有什么特点？

表 7-6 常用 BCD 编码

十进制数	8421	2421	5421	余三码	格雷码
0	0000	0000	0000	0011	0000
1	0001	0001	0001	0100	0001
2	0010	0010	0010	0101	0011
3	0011	0011	0011	0110	0010
4	0100	0100	0100	0111	0110
5	0101	0101	1000	1000	0111
6	0110	0110	1001	1001	0101
7	0111	0111	1010	1010	0100
8	1000	1110	1011	1011	1100
9	1001	1111	1100	1100	1000

任务7.2 了解电话防盗打指示器

教学目标

(1) 认识逻辑函数及其常用表示方法。

(2) 掌握基本逻辑函数：与、或、非；常用逻辑函数：与非、或非、异或的逻辑功能。

(3) 掌握逻辑函数的运算规则，了解逻辑函数的完备性，最小项和标准表达式。

(4) 了解 DTL、TTL、CMOS 门电路的特点，了解三态门的概念。

任务引入

电话防盗打指示器也可称作并机电话占线指示器，如图 7.4 所示。

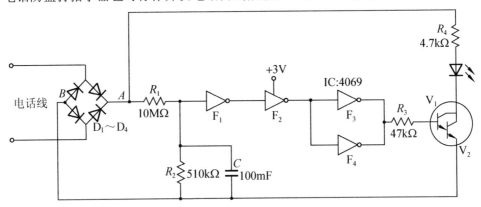

图 7.4   电话防盗打指示电路

在日常生活中，常常会遇到在同一条电话线上被动(被偷接)或主动(如客厅、卧室分处等)同时并联两部电话机的情况。在电话线上接入"电话防盗打指示器"装置后，可以使用户不必提起电话机听筒就能知道另一部电话是否正在使用。该电路的工作原理是什么？图 7.4 中的电子元器件认识吗？

任务分析

在没有提起电话机听筒时，电话线路上有约 48V 的直流电压；当电话听筒提起时，线路电压下降到约 10V，因此，通过检测线路电压就可以判断是否有电话机在使用。

在图 7.4 中，电话线电压经由二极管 $D_1 \sim D_4$ 组成的桥式整流电路后，在 A、B 两端得到方向为 A 正 B 为负的电压，大小约为 50V。该电压经 R_1 和 R_2 分压，得到约 2.5V 的直流电压加到 IC：CD4069 的一个输入端。查集成电路手册可以知道：CD4069 是一片 CMOS 六非门，那么什么是非门呢？

相关知识

数字电路是一种开关电路，输入、输出量是高、低电平，可以用二元常量(0, l)来表示。输入和输出量之间的关系是一种逻辑上的因果关系。

数字电路分为组合逻辑电路和时序逻辑电路。所谓组合逻辑电路，是指不管过去状态如何，电路的输出状态只与当前的输入状态有关(如算术运算电路就是组合逻辑电路)；时序逻辑电路是指当前输出状态和当前输入状态共同决定下一个输出状态。所以，时序电路可以说是存储器电路的基础。这里从组合逻辑电路入手开始学习。

组合逻辑电路是用逻辑运算(Logic Operation)实现的。

一、逻辑函数

仿效普通函数的概念，数字电路中用逻辑函数这一数学工具来描述。所谓逻辑函数(Logic Function)，就是变量取值只有 0 或 1 的函数。

1. 逻辑函数的定义

$$O = f(I_1, I_2, \ldots, I_n)$$

式中，I_1，I_2，...，I_n 为输入逻辑变量，取值是 0 或 1；O 为逻辑输出变量，取值是 0 或 l，称为 I_1，I_2，...，I_n 的输出逻辑函数。

2. 逻辑函数的表示方法

逻辑函数有以下几种表示方法。

1) 真值表法(Truth Table)

所谓真值表就是采用一种表格来表示逻辑函数的运算关系，其中输入部分列出输入逻辑变量所有的可能组合，输出部分给出相应的输出逻辑变量值，见表 7-7。

表 7-7　真值表

I_1	I_2	$O(I_1, I_2)$
0	0	0
0	1	1
1	0	1
1	1	0

特别提示

真值表表示法简单易用，但是随着输入变量的增加会变得很大，逻辑函数的意义把握起来就有困难，这点必须要考虑。

2) 布尔代数(Boolean Algebra)

这种方法是用逻辑算式表达逻辑函数，形式比较简洁。例如

$$O = I_1' I_2 + I_1 I_2'$$

3) 逻辑符号

这种方法采用规定的图形符号图示逻辑函数，不仅容易理解，而且容易和逻辑图相联系，如图 7.5 所示。

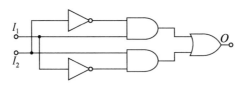

图 7.5　用逻辑符号表示逻辑电路

4) 硬件设计语言法

硬件设计语言法是采用计算机高级语言来描述逻辑函数并进行逻辑设计的一种方法，它应用于可编程逻辑器件中，参见附录 2。目前采用广泛的硬件设计语言有 ABLE-HDL、VHDL 等。

3. 基本逻辑函数

任何逻辑函数都可以通过 3 种基本逻辑运算组合来实现。

1) 与逻辑(AND)

与逻辑表示的逻辑含义是输入全部为 1 时输出是 1，其他情况输出为 0。与逻辑(AND)的真值表、布尔表达式和逻辑符号见表 7-8。

表 7-8　与(AND)逻辑及其表示方式

逻辑函数	真值表			布尔表达式	逻辑符号
	X	Y	AND		
AND	0	0	0	$X \cdot Y$ 或 XY	
	0	1	0		
	1	0	0		
	1	**1**	**1**		

在布尔代数中，X 和 Y 的"与"(AND)用 $X \cdot Y$ 表示，也可以把"·"省略。其逻辑符号是输入端用直角，输出端用半圆形表示，见表 7-8 最右侧。

2) 或逻辑(OR)

或逻辑表示的逻辑含义是在输入中只要有一个为 1 时，输出就是 1。在布尔代数中，用 X+Y 表示。其逻辑符号是输入一边和输出一边都有尖角，见表 7-9。

表 7-9　或逻辑(OR)及其表示方式

逻辑函数	真值表			布尔表达式	逻辑符号
	X	Y	OR		
OR	**0**	**0**	**0**	$X+Y$	
	0	1	1		
	1	0	1		
	1	1	1		

3) 非逻辑(NOT)

非逻辑表示的逻辑含义是输入为 0 时输出是 1,输入为 1 时输出是 0,即输出量对输入量取反。在布尔代数中用变量的右上角加一个 "'" 或在其上加一条短线表示。其逻辑符号用三角的头加一个圆圈表示,见表 7-10。

表 7-10 非(NOT)逻辑及其表示方式

逻辑函数	真值表		布尔表达式	逻辑符号
NOT	X	NOT	X' 或 $\overline{X}$	
	0	1		
	1	0		

 特别提示

非逻辑的逻辑符号也有只用圆圈表示的情形。

4. 常用逻辑函数

除了与、或、非 3 种基本逻辑关系外,数字电路中还经常用到以下逻辑函数。

1) 与非(NAND)逻辑

与非(NAND)就是把与的结果求非(NOT-AND),也就是把与的输出求反。其逻辑关系是输入全部为 1 时输出是 0,其他输入情况时输出是 1,各种表示形式见表 7-11。

表 7-11 与非(NAND)逻辑及其表示方式

逻辑函数	真值表			布尔表达式	逻辑符号
NAND	X	Y	NAND	$(XY'$ 或 $\overline{XY})$	
	0	0	1		
	0	1	1		
	1	0	1		
	1	**1**	**0**		

2) 或非(NOR)逻辑

和与非逻辑相似,或非(NOR)逻辑就是把或的结果求反。其逻辑关系是输入中有一个为 1 时输出是 0,输入全部为 0 时输出是 1,表示形式见表 7-12。

表 7-12 或非(NOR)逻辑及其表示方式

逻辑函数	真值表			布尔表达式	逻辑符号
NOR	X	Y	N R	$(X + Y)'$	
	0	**0**	**1**		
	0	1	0		
	1	0	0		
	1	1	0		

3) 异或(Exclusive-OR)逻辑

异或(Exclusive-OR)逻辑，也就是排他的或逻辑，其逻辑关系是输入为 1 的个数是奇数时，输出是 1；输入为 1 的个数是偶数时输出是 0，其表达方式见表 7-13。

表 7-13　异或(Exclusive-OR)逻辑及其表示方式

逻辑函数	真值表			布尔表达式	逻辑符号
XOR	X	Y	XOR	$X \oplus Y$	
	0	0	0		
	0	**1**	**1**		
	1	**0**	**1**		
	1	1	0		

**特别提示**

对于只有两个输入之间的异或逻辑关系可以这样理解：两个输入变量值不同时输出为 1；相同时输出为 0。

对异或输出求反得到的逻辑函数是同或(Equivalence)，其表示方式见表 7-14。

表 7-14　同或(XNOR)逻辑及其表示方式

逻辑函数	真值表			布尔表达式	逻辑符号
XNOR	X	Y	XNOR	$(X \oplus Y)'$	
	0	**0**	**1**		
	0	1	0		
	1	0	0		
	1	**1**	**1**		

5. 多输入单元

逻辑函数也可以使用 3 个及以上的输入端，见表 7-15。

表 7-15　三输入逻辑函数

A	B	C	AND	OR	NAND	NOR	XOR
0	0	0	0	0	1	1	0
0	0	1	0	1	1	0	1
0	1	0	0	1	1	0	1
0	1	1	0	1	1	0	0
1	0	0	0	1	1	0	1
1	0	1	0	1	1	0	0
1	1	0	0	1	1	0	0
1	1	1	1	1	0	0	1

各个逻辑函数(3 个输入变量)对应的逻辑符号表示方法如图 7.6 所示。

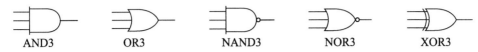

图 7.6　三输入逻辑符号表示

6.　逻辑函数的运算规则与逻辑函数之间的转换

用布尔代数表示的逻辑函数运算规则见表 7-16。

表 7-16　逻辑函数的运算规则

AND	OR	NOT
$X\cdot 0=0$ $X\cdot 1=X$ $X\cdot X=X$ $X\cdot X'=0$ $X\cdot Y=Y\cdot X$(交换法则) $X\cdot(Y\cdot Z)=(X\cdot Y)\cdot Z$(结合法则)	$X+0=X$ $X+1=1$ $X+X=X$ $X+X'=1$ $X+Y=Y+X$(交换法则) $X+(Y+Z)=(X+Y)+Z$(结合法则)	$(X')'=X$ 或 $\overline{\overline{X}}=X$
$X\cdot(Y+Z)=X\cdot Y+X\cdot Z$(分配法则)——$X+YZ=(X+Y)(X+Z)$(分配法则)		
$(X+Y)'=X'\cdot Y'\ (X\cdot Y)'=X'+Y'$(反演法则)		

以上运算规律或法则可用基本逻辑函数的定义加以证明(请读者自证)。使用这些运算规则可以把复杂的逻辑运算变成更易懂、更简单的形式或变换为用其他逻辑门表示的形式,如图 7.7～图 7.13 所示。

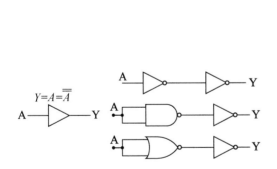

图 7.7　缓冲器转换(Buffer/Non-Inverter)

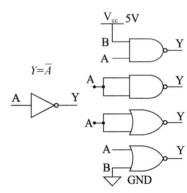

图 7.8　反向器转换(Inverter/Converter)

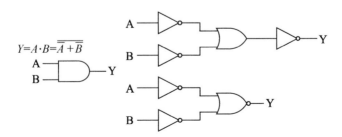

图 7.9　AND 门(AND Gate)转换

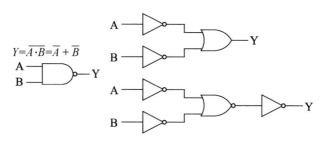

图 7.10　NAND 门(NAND Gate)转换

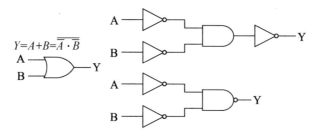

图 7.11　OR 门(OR Gate)转换

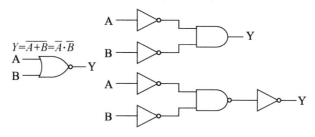

图 7.12　NOR 门(NOR Gate)转换

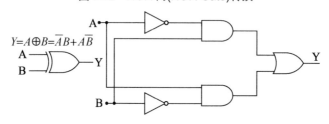

图 7.13　XOR 门(NOR Gate)转换

7. 逻辑函数的完备性(Completeness)

　　如果所有的逻辑函数都可以由少数几个基本逻辑函数组合而构成时，这些基本逻辑函数称为组合具有完备性。如 AND、OR 和 NOT 这 3 个的组合就具有完备性。

　　与非(NAND)和或非(NOR)也都是具有完备性的基本逻辑函数，这就是说只用与非(NAND)或者只用或非(NOR)就可以构成所有的逻辑函数。图 7.14 就是只用与非(NAND)逻辑实现了 AND、NOT 和 OR 逻辑功能。

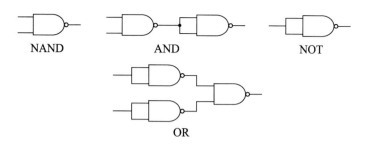

图 7.14　用与非实现与、或、非

8. 最小项和标准表达式

1) 最小项

如果一个具有 n 个变量的逻辑函数的"与项"包含全部 n 个变量，每个变量以原变量或反变量的形式出现，且仅出现一次，则称这种"与项"为最小项。

对两个变量 A、B 来说，可以构成 4 个最小项：$\overline{A}\overline{B}$、$\overline{A}B$、$A\overline{B}$、AB；对 3 个变量 A、B、C 来说，可构成 8 个最小项：$\overline{A}\overline{B}\overline{C}$、$\overline{A}\overline{B}C$、$\overline{A}B\overline{C}$、$\overline{A}BC$、$A\overline{B}\overline{C}$、$A\overline{B}C$、$AB\overline{C}$、$ABC$；同理，对 n 个变量来说，可以构成 2^n 个最小项。

2) 与或标准表达式(Disjunctive Normal Form)

一般来说，每个逻辑函数有很多表达形式，因此有必要采用一种标准形式。现在用得最多的是与或标准表达式。所有的逻辑函数都能用唯一的与或标准表达式来表示。例如：

$$O = X'Y'ZW' + X'Y'ZW + X'YZ'W' + X'YZW' + XY'Z'W' + XY'ZW' + XY'ZW + XYZW$$

该表达式是与或标准形式中最小项(与形式)的值等于 1 的最小项的和(或)的组合。这里就是 $X'Y'ZW'$、$X'Y'ZW$、$X'YZ'W'$、$X'YZW'$、$XY'Z'W'$、$XY'ZW'$、$XY'ZW$、$XYZW$，见表 7-17 中划线部分。与或标准形式就是这些最小项相或(OR)后得到的。

表 7-17　4 输入 1 输出逻辑函数真值表

X	Y	Z	W	O	
0	0	0	0	0	0
0	0	0	1	0	1
0	0	1	0	1	②
0	0	1	1	1	③
0	1	0	0	1	④
0	1	0	1	0	5
0	1	1	0	1	⑥
0	1	1	1	0	7
1	0	0	0	1	⑧
1	0	0	1	0	0
1	0	1	0	1	⑩
1	0	1	1	1	⑪
1	1	0	0	0	12
1	1	0	1	0	13
1	1	1	0	0	14
1	1	1	1	1	⑮

最小项也可以用真值表中输出为 1 的行的行号码来表示，这里就是 2、3、4、6、8、10、11、15。这样，与或标准形式就可以简写成 $\Sigma(2,3,4,6,8,10,11,15)$。即与或标准形式可以简写成 $O = \sum(2,3,4,6,8,10,11,15)$。

特别提示

这种简写的表达形式与长的那种记录方式作用相同，表达意义也一样。

与或标准形式容易实现，但是完成后的表达式比较长和复杂，一般应化简后再制作。

二、逻辑电路的实现

现在，几乎所有数字电路中的逻辑器件都是用半导体晶体管制作的。

1. 基于晶体二极管的基本逻辑电路

使用二极管可以实现与(AND)电路和或(OR)电路，如图 7.15 所示。

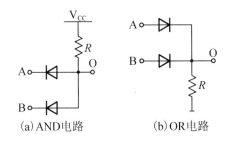

(a) AND电路　　　　(b) OR电路

图 7.15　基于二极管的 AND 和 OR 逻辑

在图 7.15(a)所示的与(AND)电路中，当 A 输入端为低电平时，在 A 处接的二极管处于导通状态，电流从 Vcc 经电阻 R、上边的二极管流向 A 端，因此，引起电阻的压降增大，输出点 O 变成低电位；对于 B 输入端道理一样。当 A 输入端和 B 输入端都为高电位时，两个二极管全部不导通，O 点是高电位。这样，把 A 点和 B 点作输入，O 点作输出，就实现了与逻辑(AND)电路。

对于图 7.15(b)所示的或(OR)电路，当 A 输入端为高电平时，A 处所接的二极管处于导通状态，电流从 A 输入，经过二极管、电阻 R 流向接地端。因此，在电阻 R 上产生压降，O 点变为高电位；对于 B 输入端道理相同。当 A 输入端和 B 输入端同时处于低电位时，两个二极管都不导通，O 点处于低电位。这样，A 和 B 作输入，O 作输出，就实现了或逻辑(OR)电路。

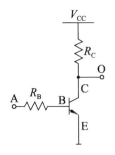

图 7.16　用晶体管实现的非逻辑 NOT

2. DTL 和 TTL

对于 NPN 晶体管，当集电极加高电位，基极和发射极之间加正向偏置电压后，从集电极向发射极之间就能有一定电流流过。如果基极和发射极之间的电压小于一定值时，来自集电极的电流就接近于零。用晶体管可以制成非(NOT)逻辑电路，如图 7.16 所示。

在图 7.16 中，A 输入端接高电平时，从集电极向发射极有电流产生，由于电阻 R_C 的作用引起电压下降，O

输出端变成低电位；当 A 输入端接低电平时，没有来自集电极的电流，O 输出端处于高电位。可见，这种电路实现了非逻辑(NOT)关系。

这种由晶体管构成的非逻辑(NOT)电路和上边介绍的用二极管构成的与逻辑 AND 电路和或逻辑(OR)电路合起来，就可以实现组合逻辑电路。这就是 Diode Transistor Logic(DTL) 的工作原理。后来，DTL 经过改良后变成只用晶体管晶体管的形式，称为 Transistor Transistor Logic(TTL)。

3. 基于 CMOS 的逻辑电路

现在的半导体集成电路主要是由 CMOS 器件构成的。用 CMOS 构成的 MOS FET 分为 N 沟道 MOS 和 P 沟道 MOS 两种，CMOS 和 TTL 相比，拥有电路简单，功耗低，宜于提高集成度等优点，因此，在计算机的 CPU、存储器和外围电路等方面得到了广泛的应用。

应用实例

图 7.17 所示为一款用 CD4011 制作的声光控延时灯的控制电路。在白天或者是光线较强的场合，即使有较大声音，灯也不会点亮，在晚上或者光线较暗时，如有说话、拍手、脚步等声音，灯将自动点亮，经过一段时间后，自动熄灭。

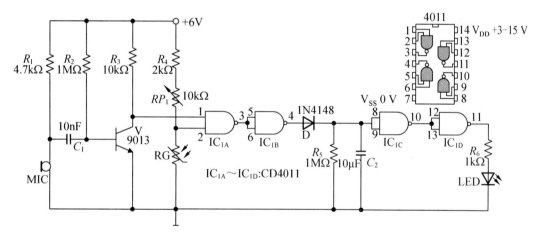

图 7.17　声光控延时灯电路

在白天，光线照射到光敏电阻 RG 上，其阻值变得较小，与非门 IC_{1A} 输入端的第 2 脚为低电平，这样无论输入端 1 脚是高电平还是低电平，输出端第 3 脚都将保持为高电平，即不受声音脉冲控制。IC_{1A} 输出高电平，经过 IC_{1B}、IC_{1C}、IC_{1D} 共 3 次缓冲、反相后，第 11 脚输出为低电平，发光二极管 LED 熄灭。

在晚上，光线很暗，光敏电阻 RG 呈现较高的电阻值，使与非门 IC_{1A} 输入端的第 2 脚为高电平，IC_{1A} 输出端受第 1 脚的电平控制，为声音通道的开通创造了条件。在没有声音信号时，晶体管 V 工作在饱和导通状态，IC_{1A} 的第 1 脚为低电平，发光二极管 LED 处于熄灭状态。当附近有说话或走路等声音时，话筒拾取声音信号，经电容 C_1 送到晶体管 V 的基极，V 由饱和进入放大状态，V 的集电极由低电平变为高电平，并送至 IC_{1A} 第 1 脚，IC_{1A} 输出端第 3 脚变为低电平。该电平经过 IC_{1B} 反向变为高电平通过二极管 D 向电容 C_2 充电，因充电时间常数很小，C_2 很快充满，此后，第 4 脚的高电平再经过 IC_{1C}、IC_{1D} 两次缓冲、反相后，第 11 脚输出高电平，发光二极管 LED 点亮。

声音消失后，晶体管恢复饱和导通状态，IC_{1A} 的第 1 脚变为低电平，输出端第 3 脚变为高电平，经 IC_{1B} 反相后，输出端第 4 脚变为低电平。此时，由于有二极管 D 起到的隔断作用，电容 C_2 只能通过电阻

R_5 缓慢放电，IC$_{1C}$ 的输入端继续维持高电平，因此 IC$_{1D}$ 的输出端 11 脚也继续保持高电平，发光二极管 LED 继续保持点亮状态。经过一段时间后，电容 C_2 两端电压随着放电的持续而下降到低电平时，IC$_{1C}$ 输出端第 10 脚变为高电平，再经过 IC$_{1D}$ 反相后，其输出将变为低电平，发光二极管 LED 熄灭，完成一次声控过程。

电路的延时时间取决于电阻 R_5 和电容 C_2 的放电时间常数，电阻或电容取值越大，延时时间越长，反之则越短。

4. 基于三态输出门的输出电路

一个逻辑门的输出通常和其他逻辑门的输入连接在一起，一般不会出现多个输出连在一起的情况。但是，简单总线(在一条线上连接有多个输出的，这种线称为总线，多用于数据交换)就是很多输出线路连接在一起的电路，这种电路称为线或(Wired OR)电路，如图 7.18 所示。

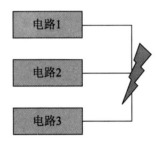

图 7.18 线或电路

在线或电路中，如果电流超过一定大小，电路就会损坏，所以线或电路在电气方面属于有危险的电路。为了更好地使用输出电路，多个输出需要分时使用，也就是说要采取措施，不能让多个输出进行竞争。三态电路就是一个很好的解决方案，如图 7.19 所示。

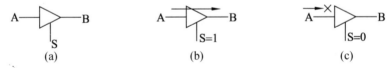

图 7.19 三态输出电路

一般门电路的输出端只有高电平和低电平两种状态，三态门除了这两种状态之外，还有第三种状态——高阻抗状态(或禁止态)。在三态输出电路中有输入端 A、信号选择(或控制)端 S、输出端 B 共 3 个端子。在图 7.19 中，当控制端 S 是高电位时，输出 B 与输入端 A 的值相等。当控制端 S 是低电位时，来自输入端 A 的信号被隔断，输出端表现为高阻抗状态(High-Impedance)。三态门的电路符号如图 7.20 所示。

图 7.20 三态门的电路符号

特别提示

由于电路结构不同，也有当控制端为高电平时出现高阻状态，而在低电平时电路处于工作状态的三态门。其逻辑符号的区别是在控制端 S 的后面加一小圆圈标记，如图 7.20(b)所示。

三态电路的应用，可以用图 7.21 所示的总线来实现。

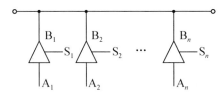

图 7.21 三态门的应用

特别提示

在应用三态输出电路的总线中，如果两个以上的 S 同时有效时，总线上的信号会由于发生冲突而把器件损坏，因此，使用时要注意。

**任务实施**

查集成电路手册可以知道，图 7.4 中的 IC：CD4069，是一个 14 引脚双列直插封装(DIP14)CMOS 六非门，如图 7.22 所示。

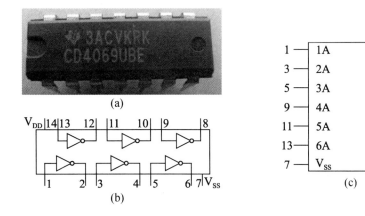

图 7.22 CD4069 外形、符号和框图

在图 7.4 中，经 R_1 和 R_2 分压得到的 2.5V 直流电压加到 CMOS 非门 CD4069 的 F_1 的输入端。CD4069(CMOS 电路耗电比较少)使用两节锂电池供电。当 F_1 输入端为 2.5V 的高电压时，能使其 F_1 的输出端为低电平，进而使 F_2 输出高电平，F_3、F_4 输出低电平。复合晶体管 V_1 和 V_2 不能导通，LED 指示灯不亮。

当其他人使用电话时，电话线路电压下降至 10V 左右，经分压后，F_1 输入端的电压降至约 0.5V 以下，这使 F_1 输出高电平，F_2 输出低电平，于是 F_3、F_4 输出高电平，经 R_3 向晶

体管 V_1 进而向 V_2 提供基极电流，使 V_1、V_2 导通，LED 指示灯点亮。

图 7.4 中电容 C 的作用是消除振铃信号及干扰信号的影响。

可见，通过 LED 指示灯是否点亮就可判断其他人是否在使用电话。为了更易使用，可将电路稍作改进，如增加一个蜂鸣器，从而实现声光提示。

思考与练习

1. 逻辑代数中 3 种最基本的逻辑运算是什么?什么是逻辑门电路?基本门电路是指哪几种逻辑门?

2. 三态与非门在功能上和普通与非门有何不同？其控制端是低电平有效还是高电平有效的区别是什么？

3. 试说明能否将与非门、或非门、异或门当作反相器使用？如果可以，其他输入端应如何连接？

4. 试分析图 7.1 所示逻辑笔电路的工作原理。

项目 8

组合逻辑电路

↘ 引言

在实际应用中，往往需要将若干个门电路组合起来实现不同的逻辑功能，这种电路称为组合逻辑电路。在组合逻辑电路的应用中一般有两种情况：一种情况是已知某个组合逻辑电路，需要分析出它的逻辑功能，称为组合逻辑电路的分析；另一种情况是给出某逻辑功能，要求设计出能实现该功能的组合逻辑电路，称为逻辑电路的设计(或综合)。

在组合逻辑电路里，任何时刻输出信号的稳态值仅取决于该时刻各个输入端信号的取值，而在输入信号作用之前电路所处的状态对输出没有影响。

任务 8.1　设计三人表决器

(1) 掌握组合逻辑电路的特点。

(2) 掌握逻辑函数的化简与变换方法。

(3) 掌握组合逻辑电路的分析与设计方法。

任务引入

试设计一个供 A、B、C 三人表决用的逻辑电路：每个人有一个按钮，若赞成则按下按钮。用指示灯表示表决结果，若两人或两人以上赞成则指示灯亮，代表表决通过。

任务分析

这是一个典型的组合逻辑电路设计问题，一般可以按以下步骤进行，流程如图 8.1 所示。

输入				输出
X	Y	Z	W	O
0	0	0	0	0
0	0	0	1	0
0	0	1	0	1
0	0	1	1	0
0	1	0	0	1
0	1	0	1	0
0	1	1	0	1
0	1	1	1	0
1	0	0	0	1
1	0	0	1	0
1	0	1	0	1
1	0	1	1	1
1	1	0	0	0
1	1	0	1	0
1	1	1	0	0
1	1	1	1	1

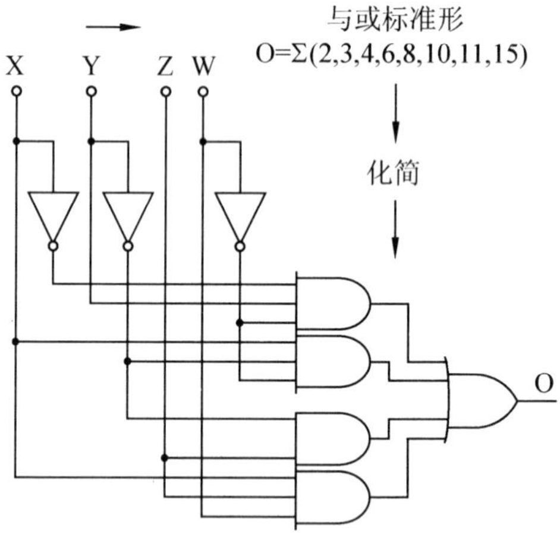

与或标准形
$$O = \Sigma(2,3,4,6,8,10,11,15)$$

化简

图 8.1　组合逻辑电路设计流程

第一步，要很好地了解、明确给定的逻辑功能要求，把输入、输出关系用真值表表示出来。

第二步，从真值表得到与或标准形式的逻辑函数表达式。

第三步，把得到的逻辑函数化简，将逻辑表达式用门电路符号代替，画出逻辑图。

组合逻辑电路在结构上的特点是不含具有存储功能的电路。组合逻辑电路可以由逻辑门或者由集成组合逻辑单元电路组成,从输出到各级门的输入无任何反馈线路。

下面介绍组合逻辑电路的化简方法。

使用与或标准形式具有设计简单,按部就班就可以完成的优点,但是完成后的电路规模一般相对较大。为了减小电路规模,必须要进行化简,如图 8.2 所示。在图 8.2 中,左边用与或标准形式表示的或(OR)电路通过化简可以变成右边的或(OR)电路。

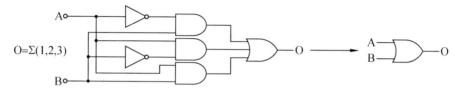

图 8.2 电路化简

化简的目的有二:一是把电路的动作时间缩短;二是减小电路元器件使用总量。

与或标准形式化简方法常使用布尔代数法和卡诺图法。不管使用哪种方法其化简原则都是相同的,也就是根据逻辑相邻性利用 $X'+X=1$ 化简相邻项,减少项数和输入变量数。例如:

$$O = \Sigma(3,5,6,7) \qquad \leftarrow (与或标准形式)$$
$$= X'YZ + XY'Z + XYZ' + XYZ$$
$$= \underline{X'YZ + XYZ} + \underline{XY'Z + XYZ} + \underline{XYZ' + XYZ} \qquad (A+A=A:交换法则)$$
$$= \underline{(X + X')YZ} + \underline{X(Y + Y')Z} + \underline{XY(Z + Z')} \qquad [A \cdot (B+C)=A \cdot B+A \cdot C:分配法则]$$
$$= XY + YZ + ZX \qquad (X' 是 X 的非)$$

可以看出,在上面推导过程中,下画线标出部分只有一个变量不同,利用 $X'+X=1$,可使与项中相与的个数减少,从而使表达式简化,逻辑功能由图 8.3(b)所示的电路实现。若不化简就得用图 8.3(a)所示的电路实现。

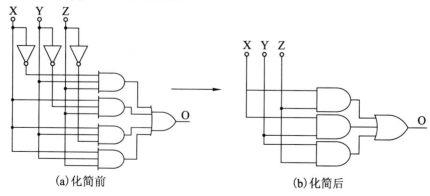

(a)化简前   (b)化简后

图 8.3 逻辑函数化简

为了使最终得到的组合逻辑电路更简单，重复这个过程就可以了。

一、卡诺图

所谓卡诺图，是把真值表改写为可以很容易看出逻辑相邻性的真值表的一种特殊排列形式，如图 8.4 所示。图 8.4(a)为 2 输入变量卡诺图，图 8.4(b)为 3 输入变量卡诺图。

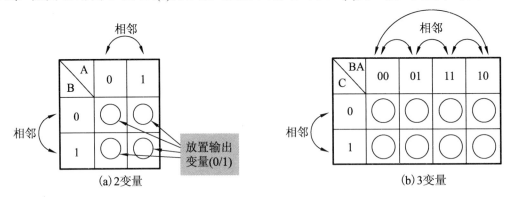

图 8.4　卡诺图

从图 8.4 中可以清楚地看出在逻辑上相邻的项。要注意的是在 3 变量卡诺图中，不仅是物理上相邻的项是逻辑相邻，最左和最右两端的项也是逻辑相邻，这是图中特殊的地方。

4 输入变量和 5 输入变量的卡诺图如图 8.5 所示。

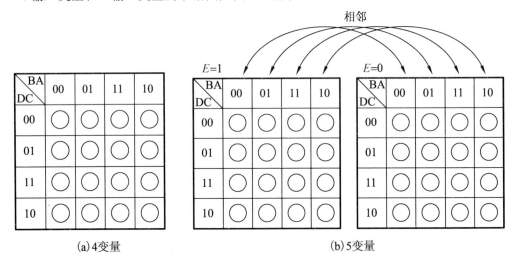

(a) 4变量　　　　　　　　　　　　　　(b) 5变量

图 8.5　多变量卡诺图

在 5 输入变量卡诺图中，要注意：不仅是物理上上下左右相邻的项是逻辑相邻项，前后也是逻辑相邻项。

例如，把标准与或形式 $C'BA + CB'A + CBA' + CBA$ 用 3 输入变量卡诺图表示过程如下。

由于该与或标准式表示的是 1 个输出变量所对应的输入变量的组合。因此第一项 $C'BA$ 表示 C 是 0、B 是 1、A 是 1 时输出为 1，如图 8.6 所示。

BA C	00	01	11	10
0			1	
1				

图 8.6　C'BA 在卡诺图的位置

同样，CB'A、CBA'、CBA 也符合输出为 1 的条件，分别表示在卡诺图中，如图 8.7 所示。

BA C	00	01	11	10
0			1	
1		1		

(a)CB'A'

BA C	00	01	11	10
0			1	
1	1		1	1

(b)CBA'

BA C	00	01	11	10
0			1	
1	1	1	1	1

(c)CBA

图 8.7　CB'A、CBA'、CBA 在卡诺图中的位置

最后完成的卡诺图如图 8.8 所示，这就是给出与或标准形式所对应的卡诺图表示方法。

BA C	00	01	11	10
0			1	
1	1	1	1	1

图 8.8　完成的卡诺图

二、利用卡诺图化简

CB'A 和 CBA、C'BA 和 CBA、CBA'和 CBA 如图 8.9 中的①、②、③。图中的项各自相邻，把这些相邻项圈起来，称为卡诺圈。把卡诺圈合并化简，这个逻辑电路变成 $CA+AB+BC$。

这里，把 4 个 3 输入与门(AND)和 1 个 4 输入或门(OR)的逻辑电路化简成了 3 个 2 输入与(AND)门和 1 个 3 输入或(OR)门构成的逻辑电路。

用卡诺图化简逻辑函数的过程总结如下。

(1) 把逻辑函数写成最小项与或标准形式，在卡诺图中将最小项所在位置填 "1"。

(2) 在卡诺图中把相邻项是 1 的项找出来，用卡诺圈圈起来。

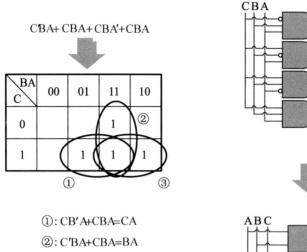

$$C'BA + CBA + CBA' + CBA$$

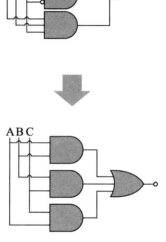

①: $CB'A + CBA = CA$

②: $C'BA + CBA = BA$

③: $CBA + CBA' = CB$

$$CA + AB = BC$$

图 8.9 用卡诺图化简

 特别提示

卡诺圈行列内填 1 的逻辑相邻小方格数应是 2^n，每个圈应尽量大(对应与项中的输入变量减少)；圈子的数量尽量少(对应表达式中的与项数量减少)。

(3) 把作为 OR 单元圈处的对应的 AND 圈各自读出，用或连接后形成的逻辑电路写出来，如图 8.10 所示。

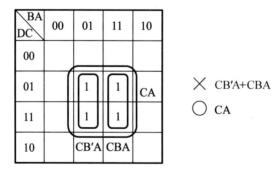

BA\DC	00	01	11	10
00				
01		1	1	CA
11		1	1	
10		CB'A	CBA	

$\times$ $CB'A + CBA$

$\bigcirc$ CA

图 8.10 卡诺圈的画法

 特别提示

化简时，可以重叠圈(填 1 的小方格可以处在多个卡诺圈中，但每个卡诺圈中至少要有一个填 1 的小方格在其他卡诺圈中没有出现过)使圈画得更大。

任务实施

第一步，把逻辑功能要求用真值表表示出来，见表 8-1。

3 个表决人用 X、Y、Z 这 3 个逻辑变量表示，指示灯用"O"表示。按下按钮，表示同意，用"1"表示；不按表示反对或弃权，用"0"表示。灯亮表示投票表决通过，用"1"表示；不亮表示投票表决没有通过，用"0"表示。

表 8-1　三人表决器电路真值表

X	Y	Z	O
0	0	0	0
0	0	1	0
0	1	0	0
0	1	1	1
1	0	0	0
1	0	1	1
1	1	0	1
1	1	1	1

第二步，根据真值表写出"与或"标准逻辑表达式。

$$O = X'YZ + XY'Z + XYZ' + XYZ$$

第三步，化简或变换。可以使用逻辑运算规则(表 7-16 所示的逻辑函数的运算规则)或卡诺图进行。这里利用逻辑运算规则进行。

因为 $X + X = X$，所以 $XYZ + XYZ = XYZ$，因此上式等价于

$$O = X'YZ + XYZ + XY'Z + XYZ + XYZ' + XYZ$$
$$= (X' + X)YZ + XZ(Y + Y') + XY(Z + Z') = XY + YZ + ZX$$

第四步，画出逻辑图。根据上式做出的逻辑图如图 8.11 所示。

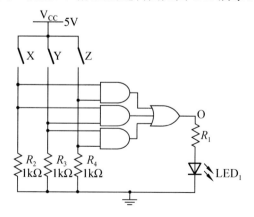

图 8.11　三人表决器逻辑电路图

有时，为了方便使用现有的器件，或在实际生产过程中为了减少器件的使用种类，往往需要使用某种指定类型的门电路来实现规定的逻辑功能。例如任务中指定使用与非门实现所要求的逻辑功能，则必须对上式进行变换，使逻辑式中不含有"或"的运算，变换过程如下。

$$O = XY + YZ + ZX = \overline{\overline{XY + YZ + ZX}} = \overline{\overline{XY} \cdot \overline{YZ} \cdot \overline{ZX}}$$

于是，可以画出满足逻辑功能要求且只包含与非门的逻辑电路，如图 8.12 所示。

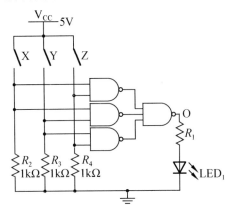

图 8.12　只用与非门实现的三人表决电路

特别提示

逻辑函数化简和变换所采用的方法不同，可以得出不同的结果，最终形成的逻辑图也可以有多种形式。

在实际运用中，常常会遇到比三人表决器这一示例复杂得多的问题。由于大规模集成电路及微控制器技术的迅速发展，较复杂的逻辑问题已由器件生产厂家提供功能器件解决或是采用先进的微控制器来处理。因此在现代数字电路设计中，实际常遇到的组合逻辑的分析、设计或综合一般均不会太复杂。

借助于计算机 EDA 工具，上述过程可更加高效进行。这里以 Multisim 为例加以介绍。

在 Multisim 中调出逻辑转换器，如图 8.13 所示。

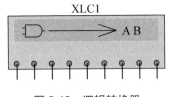

图 8.13　逻辑转换器

在工作窗口中双击图 8.13 所示器件，调出图 8.14 所示的逻辑转换器属性窗口。

在左侧选择输入变量个数，这里是 3 个。然后按表 8-1 中输出端 O 的值设置相应输出状态。具体方法是在相应输入组合的输出位置单击可输入"0"，再次在同一位置单击输入 1。

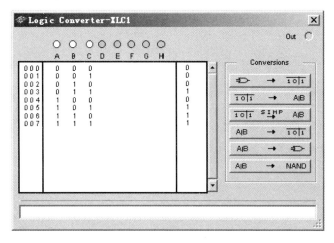

图 8.14　逻辑转换器属性窗口

完成后，单击图 8.14 所示窗口右边的 $\boxed{\overline{1\,0\,1}} \to \boxed{A|B}$ 按钮，在窗口下部出现该真值表对应的逻辑表达式 $A'BC + AB'C + ABC' + ABC$，如图 8.15(若单击 $\boxed{\overline{1\,0\,1}} \xrightarrow{SIMP} \boxed{A|B}$ 按钮出现的是化简后的表达式 $AC+AB+BC$)所示；单击 $\boxed{A|B} \to \boxed{\Longrightarrow}$ 按钮后，工作区就生成了与该表达式对应的逻辑图。单击 $\boxed{A|B} \to \boxed{NAND}$ 按钮可以生成该表达式对应的用"与非"门表示的逻辑电路，如图 8.16 所示。

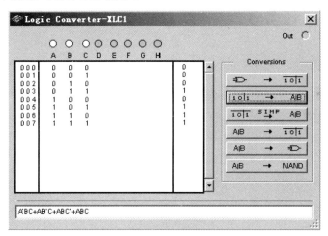

图 8.15　由真值表生成表达式

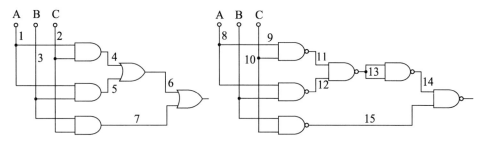

图 8.16　由 EDA 自动生成的逻辑电路图

特别提示

必须要将逻辑表达式先化简再生成逻辑图，否则生成的逻辑图会非常复杂。

可以在图8.14所示窗口的下部文本输入框中输入表达式，使用上述按钮生成相应的真值表或逻辑图，也可以在工作区输入逻辑图后使用右边的 按钮生成相应的真值表和表达式(具体方法是先选中逻辑电路，双击图8.13所示的逻辑转换器图标，就会自动出现图8.14所示的逻辑转换器属性窗口)。

根据逻辑图可以一步生成真值表，反之则不行。必须由真值表变成表达式，由表达式再生成逻辑图。

思考与练习

1．分别用逻辑函数运算规则和卡诺图法化简 $O(A,B,C,D) = \sum(0,2,5,7,8,10,13,15)$ 。

2．用与非门设计一个交通灯故障报警控制电路。交通信号灯有红、绿、黄3种指示灯，3 种指示灯分别单独工作时属于正常情况，其他情况均属出现故障，当出现故障时输出报警信号。

3．用与非门设计一个四变量的多数表决器电路。其中 A 为主裁判，同意时占两分，其他裁判同意时占 1 分，只要获得 3 分就可以通过。

任务 8.2　了解常用组合逻辑电路

教学目标

(1) 了解加法器、减法器的设计方法。
(2) 了解算术逻辑运算器的功能。
(3) 了解编码器、译码器的功能和使用方法。
(4) 了解数据选择器和数据分配器的功能与使用。

任务引入

由于中、大规模集成电路的出现，组合逻辑电路在设计概念上发生了很大的变化，现在已经有了逻辑功能很强的组合逻辑器件，如图8.17所示。灵活地应用它们，将会使组合逻辑电路在设计时事半功倍。这里介绍些常用组合逻辑器件的功能和它们的设计方法。

图 8.17　常用组合逻辑电路

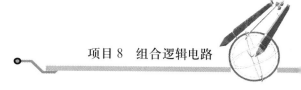

任务分析

　　常用组合逻辑电路部件有加法器、数值比较器、编码器、译码器、数据选择器和数据分配器等。

　　在数字电路中，常需对两个数进行算术加法运算，加法器就是具有这种功能的电路。加法器有半加器和全加器之分。后者要考虑比它低位的数的运算结果即进位。半加是指每位进行加法运算时，只考虑本位加数和被加数而不考虑低位来的进位。

　　比较两个数码大小的电路称为数码比较器，简称比较器。参与比较的两个数码可以是二进制数，也可以是 BCD 码表示的十进制数或其他类数码。

　　所谓编码就是将特定含义的输入信号(文字、数字、符号)转换成二进制代码的过程。实现编码操作的数字电路称为编码器。按照编码方式不同，编码器可分为普通编码器和优先编码器；如果按照输出代码种类的不同，可分为二进制编码器和非二进制编码器。

　　译码也称为解码，是编码的逆过程，即将每一组二进制代码"翻译"成为一个特定的输出信号。实现译码功能的数字电路称为译码器(解码器)。译码器分为变量译码器和显示译码器。变量译码器有二进制译码器和非二进制译码器。显示译码器按显示材料分为荧光译码器、发光二极管译码器、液晶显示译码器；按显示内容分为文字、数字、符号译码器。

　　数据选择器又称多路复用器，简记为 MUX。其基本逻辑功能是在 n 个选择信号端控制下，从 2^n 个输入数据中，选择一个作为输出。例如，当 $n=2$ 时，有两个选择信号端，可从 $2^2=4$ 个输入数据中，选择一个作为输出，称为 4 选 1 MUX。当 $n=3$ 时，有 3 个选择控制端信号，可从 $2^3=8$ 个输入数据中，选择一个作为输出，称为 8 选 1 MUX，依此类推。

　　数据分配器的英文缩写为 DMUX，其功能是将一个输入数据信号分时送到多个输出端输出，或者将串行数据变为并行数据输出。

相关知识

一、加法器

1．一位半加器

　　一位半加器是指能对两个一位二进制数(A 和 B)进行相加得到和(S)及进位(Cout)的组合逻辑电路，其逻辑功能要求见表 8-2。

表 8-2　一位半加器真值表

A	B	S	Cout
0	0	0	0
0	1	1	0
1	0	1	0
1	1	0	1

从表 8-2 所示的真值表可以看出：输入信号端 A 和输入信号端 B 全部是 0 时，输出端 S 为 0；输入信号端 A 和输入信号端 B 有一个是 1 时，输出端 S 为 1；A 和 B 全部是 1 时，S 为 0，进位输出 Cout 变成 1。因此，可以知道：S 是 A 和 B 两输入相异或(XOR)逻辑；Cout 是 A 和 B 的与(AND)逻辑。即

$$S = A \oplus B \qquad Cout = AB$$

图 8.18(a)所示为半加器的逻辑图；图 8.18(b)所示是半加器的电路符号。

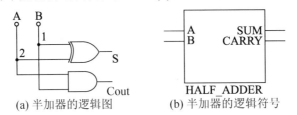

(a) 半加器的逻辑图　　　　(b) 半加器的逻辑符号

图 8.18　半加器的逻辑图及电路符号

2．一位全加器

半加器不考虑低位来的进位，全加器是考虑低位来进位的加法器。

一位全加器是能实现对两个一位二进制数输入 A、B 相加并考虑低位来的进位输入(Cin)，得到和(S)及向高位进位(Cout)功能的逻辑电路。电路符号与真值表如图 8.19 所示。

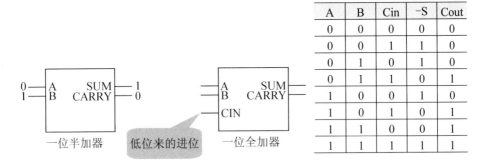

A	B	Cin	¬S	Cout
0	0	0	0	0
0	0	1	1	0
0	1	0	1	0
0	1	1	0	1
1	0	0	1	0
1	0	1	0	1
1	1	0	0	1
1	1	1	1	1

图 8.19　一位全加器

从真值表可得到如下表达式：

$$S = A'B'Cin + A'BC'in + AB'C'in + ABCin$$
$$Cout = A'BCin + AB'Cin + ABC'in + ABCin$$

化简后得

$$S = A \oplus B \oplus Cin \qquad Cout = (A \oplus B)Cin + AB$$

这就是说：全加器可使用半加器构成，其逻辑图如图 8.20(a)所示，图 8.20(b)所示是全加器的电路符号。

3．N 位加法器

由 N 个一位全加器串联可构成任意 N 位加法器，每个全加器表示 1 位二进制数据。构成方法是依次将低位全加器的进位 Cout 输出端连接到相邻高位全加器的进位输入端 Cin，最低位的进位输入端接 0，如图 8.21 所示(图中以 4 位为例)。

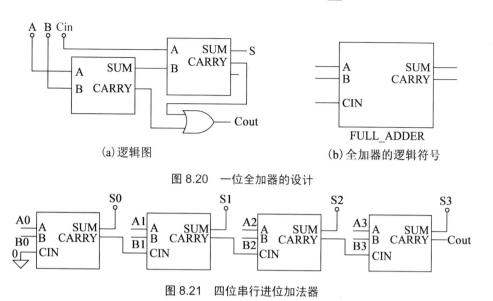

（a）逻辑图　　　　　　　　　　　　（b）全加器的逻辑符号

图 8.20　一位全加器的设计

图 8.21　四位串行进位加法器

这种加法器的每一位相加结果都必须等到相邻低位进位产生之后才能形成。因为进位在各级之间是串联关系，所以称为串行进位加法器(Ripple Carry Adder)。串行进位加法器制作简单，但是由于必须要花费时间等待前级进位才能形成本级进位和全加和而完成运算，所以不适合在速度要求高的场合使用。为了解决这个问题，必须设法减小由于进位引起的时间延迟，方法是事先由两个加数构成各级加法器所需要的进位。这种带有先行进位电路的加法器称作先行进位加法器(Carry Lookahead Adder)。这种加法器虽然可以实现高速运算，但是电路比较复杂，这里不再赘述。

二、减法器

二进制减法操作可以通过先求出减数的 2 补码再加上被减数求得。也就是说 A-B 的计算通过先求出 B 的 2 补码后再和 A 相加实现。

这里，求补码的方法是把 B 的全部数位求反后加 1。求出后再和 A 相加就可以得到 A-B。这就是说，减法器可以通过 N 位加法器制作出来，如图 8.22 所示。

在图 8.22 中，把加法器的输入端 B 求反，低位来的进位输入 Cin 上接 1，完成了 N 位减法器的设计。

如果再加上控制信号，补充把加法和减法分时使用的电路，就可以实现加减运算，如图 8.23 所示。

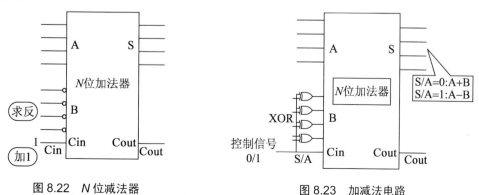

图 8.22　N 位减法器　　　　　　　图 8.23　加减法电路

特别提示

在加减运算器中，在 B 输入端和控制信号端 S/A 之间是异或(XOR)关系。S/A 是 0 时，B 保持 B 原来的值不变(因为 $0 \oplus A = A$)，完成加法运算；S/A 是 1 时，B 输入的是 B 的反码值($1 \oplus A = A'$)，执行的是减法运算。

三、算术逻辑运算器

算术逻辑运算器(Arithmetic Logic Unit)，简称 ALU，指在控制信号作用下可以完成各种运算的组合逻辑电路。运算器的基本操作包括加、减、乘、除四则运算，与、或、非、异或等逻辑操作以及移位、比较和传送等操作。这里，以 74LS381 型 ALU 为例加以介绍，如图 8.24 所示。

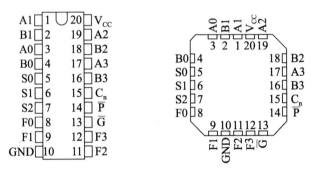

图 8.24 74LS381 型 ALU 外形

74LS381ALU 有 A3～A0、B3～B0 两组各四位输入端口和 F3～F0 四位输出端口。S0、S1、S2 是 3 个控制输入端口。$\overline{G}$ 是进位产生输出端〔低电平有效)，$\overline{P}$ 是进位传输输出端〔低电平有效)，Cn 是进位输入端。

74LS381 型 ALU 根据 S0、S1、S2 的取值情况可以完成加法、减法和按位进行 AND、OR、XOR 等运算，具体见表 8-3。

表 8-3 74LS381 功能表

功能	输入控制信号(S2～S0)			输出(F3～F0)
Clear	0	0	0	0000
B-A	0	0	1	B-A
A-B	0	1	0	A-B
A+B	0	1	1	A+B
A $\oplus$ B	1	0	0	A $\oplus$ B
A OR B	1	0	1	A OR B
A AND B	1	1	0	A AND B
Preset	1	1	1	1111

此外，该 ALU 利用进位产生输出端和进位传输输出端与超前进位产生器 54/74LS182 相连，还可完成高速数据运算。

四、编码器

在数字系统中，常将具有特定意义的信息(数字或字符)编制成相应的二进制代码，这一过程称为编码。例如十进制数 12 在数字电路中可用二进制数编码 1100B 表示，也可以用 BCD 码 00010010 表示；计算机键盘上面的每一个按键都对应着一个编码，一旦按下某个键，计算机内部的编码电路就将该键产生的电平信号转换为对应的编码。也就是说：编码器(Encoder)的作用是将信号(如比特流)或数据进行编制，转换为可用以通信、传输和存储的二进制信号形式的设备。具体的：当第 i 条输入数据线为 ON(有效)时，可以生成 i 的二进制符号形式。常用编码器的电路符号如图 8.25 所示。图中，从左到右，依次是十进制编码器、8-3 线(8 LINE TO 3-LINE)编码器和三态 8-3 线编码器的电路符号表示。

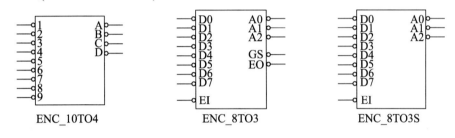

图 8.25　编码器

常用的编码器有普通编码器和优先编码器两类。普通编码器要求任何时刻只能有一个有效输入信号端，否则编码器将不知道如何输出或使输出产生错误；优先编码器可以避免这个缺点，可以有多个有效输入信号端同时输入，但只有优先级别最高的输入编码产生有效输出，见表 8-4。

表 8-4　优先编码器的真值表(Truth Table)

输入端									输出端		
Y_0	Y_1	Y_2	Y_3	Y_4	Y_5	Y_6	Y_7	E_I	A_0	A_1	A_2
*	*	*	*	*	*	*	0	0	1	1	1
*	*	*	*	*	*	0	1	0	0	1	1
*	*	*	*	*	0	1	1	0	1	0	1
*	*	*	*	0	1	1	1	0	0	0	1
*	*	*	0	0	1	1	1	0	1	1	0
*	*	0	1	1	1	1	1	0	0	1	0
*	0	1	1	1	1	1	1	0	1	0	0
*	1	1	1	1	1	1	1	0	0	0	0
*	*	*	*	*	*	*	*	1	0	0	0

如果多个输入端信号同时到来时，值最小的可以通过输出端符号化。表中的"*"代表取值可以任意。

五、译码器

译码器(Decoder)也称为解码器，其作用和编码相反，是将给定的二进制代码翻译成编码时赋予的原意，也就是说：它的功能是将具有特定含义的二进制码进行辨别，并转换成控制信号的逻辑电路。下边以把 3 个输入端信号变成 8 个输出信号的 3 输入 8 输出译码器为例加以介绍，如图 8.26 所示。这里，输出为 0 表示有效(ON)，这种方式称为低电平有效。

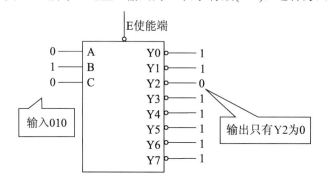

图 8.26　3 输入 8 输出译码器

当输入端是二进制 010 时，输出端中只有 Y2 是 0，其他全部是 1。E 是使能端，只有为 ON 时才有输出。3 输入 8 输出译码器的内部逻辑电路如图 8.27 所示。

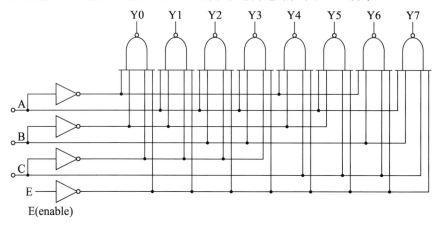

图 8.27　3 输入 8 输出译码器的逻辑电路

1. 译码器的级联使用

小型译码器经过组合可以连接成大规模译码器，如图 8.28 所示。

从图 8.28 可以看出：二个 2 输入 4 输出的 74139 译码器经过组合后构成了一个 3 输入 8 输出的译码器。要注意的是：这里把输入的最高位 C 保持原态和求反后分别和上边的和下边的控制端 G 连接。G 是使能端，$C=0$ 时上边的译码器工作；$C=1$ 时下边的译码器工作。

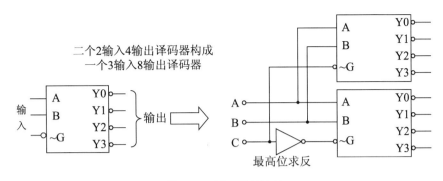

图 8.28 译码器的连接

2. 显示译码器

在各种电子仪器和设备中，经常需要用显示器将处理和运算结果显示出来。较常采用的显示器有 LED 发光二极管显示器、LCD 液晶显示器和 CRT 阴极射线显示器。以七段 LED 发光二极管显示器为例，如图 8.29 所示。它由七段笔画组成(如果包括右下角的小数点的话是八段)，每段笔画是一个 LED 发光二极管。这种显示器电路通常有两种接法：一种是将发光二极管的负极全部连在一起接到地，即所谓的"共阴极"显示器；另一种是将发光二极管的正极全部连在一起接正电压，即所谓的"共阳极"显示器。对于共阴极显示器，在某个二极管的正极加上逻辑高电平"1"时，相应的笔画就发亮；对于共阳极显示器，在某个二极管的负极加上逻辑低电平"0"时，相应的笔画发亮。

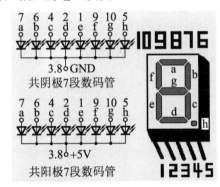

图 8.29 七段数字显示器

LED 数码管有一般亮(室内用)和超亮(户外用)之分。小尺寸数码管的显示笔画常用一个发光二极管组成；大尺寸数码管由二个或多个发光二极管组成。一般情况下，单个发光二极管的管压降为 1.8V 左右(不同颜色的 LED 管压降不完全相同，使用时要注意限流电阻的取值)，电流不要超过 30mA。

通过不同笔画发亮组合，便可构成一个显示字形，也就是说显示器所显示的字符与其输入二进制代码(又称段码)即 abcdefg 七位代码之间存在着对应关系。常用 LED 数码管显示的数字和字符是 0、1、2、3、4、5、6、7、8、9、A、b、C、d、E、F。例如：对于共阴极数码显示管，b=c=f=g=1，a=d=e=0 时显示十进制数"4"；c=d=e=f=g=1，a=b=0 时显示"b"，如图 8.30 所示。

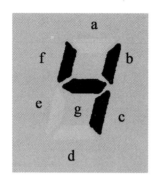 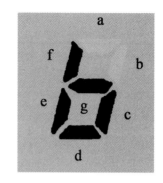

图 8.30 段码与显示的对应

特别提示

在一般数字系统中处理和运算结果都是用二进制编码、BCD 码或其他编码表示的。要将最终结果通过 LED 显示器用十进制数形式显示出来，就需要先用译码器将运算结果转换成段码。显示译码器就是对 4 位二进制数码译码并推动数码显示器的电路。根据显示器的不同有用于共阳数码管的译码电路和用于共阴数码管的译码电路之分。

六、数据选择器和数据分配器

在数字系统中往往需要把多个通道的信号传送到公共数据线上去，完成这一功能的逻辑电路称为数据选择器，电路符号如图 8.31 所示。图中从左往右依次是二选一数据选择器、四选一数据选择器和八选一数据选择器对应的电路符号。

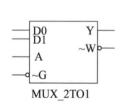 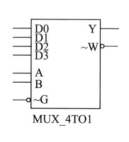 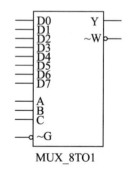

图 8.31 数据选择器

特别提示

数据选择器也称为多路复用器(Multiplexer)，在多路数据传送过程中，能够根据需要将其中任意一路选出来。通过多路复用技术，多个终端能共享一条高速信道，从而达到节省信道资源的目的。图 8.32 所示是用与非门(NAND)实现(一般情况下，用 NAND 要比用 AND 和 OR 实现电路需要的体积要小，好处也要多些)的 4 输入多路复用器的逻辑电路。

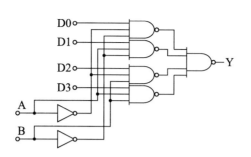

图 8.32　多路复用器

与数据选择器的作用相反，在实际工作中也常常需要将公共数据线上的信号送到不同单元中去，这由数据分配器完成，限于篇幅，这里不在介绍，读者可参阅相关技术手册。

通过对常用组合逻辑电路的学习，可以初步了解、掌握一些集成组合逻辑电路的逻辑功能、特点以及使用方法。组合逻辑电路最常用的中规模集成器件有加法器、编码器、译码器、数据分配器和数据选择器等，一般手册均给出功能表，电气参数及引线排列图。只有熟悉了它们的逻辑功能、电气性能和外部引线排列，才能把这些器件灵活地运用于实际工作当中。

思考与练习

1. 试设计一个 1 位二进制数值比较器。

2. 列出共阴极数码显示器的真值表。

3. 分析图 8.33 所示电路，写出其输出函数表达式，其中 74LS151 为 8 选 1 数据选择器。

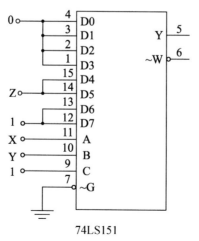

图 8.33　思考与练习 3 题

项目 9

时序逻辑电路

➘ 引言

数字电路根据逻辑功能的不同特点，分成组合逻辑电路和时序逻辑电路两大类。组合逻辑电路在逻辑功能上的特点是任意时刻的输出状态仅仅取决于该时刻的输入，与电路原来的状态无关；而时序逻辑电路在逻辑功能上的特点是任意时刻的输出不仅取决于当时的输入信号，而且还取决于电路原来的状态，或者说，还与以前的输入有关。因此，在电路结构上，时序逻辑电路包含组合电路和存储电路两个组成部分。如同门电路是组合逻辑电路的基本单元；时序逻辑电路的基础单元是触发器。

任务 9.1   分析遥控开关接收器

(1) 理解 SR 触发器、JK 触发器和 D 触发器等器件的逻辑功能。

(2) 了解触发器的触发方式。

(3) 了解不同触发器之间的转换方法。

任务引入

图 9.1 所示是一个红外遥控开关信号的接收电路。当红外发射器按动一下按钮(ON 或 OFF)，在红外接收头的输出端 U_o 即能输出一个负脉冲。若希望通过控制一个继电器 K 的吸合与断开来控制某一电路，仅使用该脉冲是不能实现的，因为遥控脉冲信号只在短时间内出现，不能维持继电器的长时间闭合(或断开)。

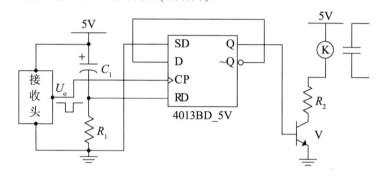

图 9.1   遥控接收电路原理图

任务分析

从图 9.1 可以看出：接收头收到的脉冲信号输入了 IC：CD4013 的时钟输入 CP 端，经 IC：CD4013 处理后从 Q 端输出，进而驱动晶体管 V，通过晶体管 V 的导通与截止实现继电器的通断控制。

可见，理解该电路的核心是要了解 IC：CD4013 的工作原理。只有在掌握其功能的前提下，才能明白它是如何实现把时间很短的脉冲信号保存下来后控制继电器的吸合与断开的。

相关知识

组成时序逻辑电路的重要单元电路是触发器(Flip-Flop，FF，台湾译作正反器)。一个触发器就是可以保存 1 位(bit)二进制数状态的电路。触发器种类有很多，可分为异步型(输入确定时输出立刻变化)和同步型(根据时钟发生作用时的输入状态确定输出)两类。异步型有基本 SR 触发器、D 触发器;同步型触发器有 SR、D、JK 和 T 等类型。

一、触发器基本知识

1. SR 触发器

SR 触发器是指置位·复位触发器,其组成电路及符号如图 9.2 所示。

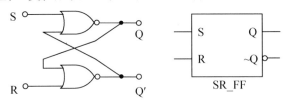

图 9.2　基本 SR 触发器

和组合逻辑电路不同,这个电路从输出端一侧向输入端一侧返回了信号,正是由于这个返回信号的存在,使得保存状态成为可能。

在时序逻辑电路中,真值表(Truth Table)的功能用特性表(Characteristic Table)或状态表来代替,SR 触发器的特性表见表 9-1。在基本 SR 触发器中,S 和 R 是输入端,Q 和 Q'是互为相反的两个输出端。在逻辑图中 $\overline{Q}$ 和 Q'含义与此相同。

表 9-1　基本 SR 触发器的特性表

S	R	Next Q	Next Q′	含　义
0	0	Q	Q′	前一状态
0	1	0	1	复位
1	0	1	0	置位
1	1	−	−	禁止使用这种状态

从 SR 的特性表中可以知道:S 和 R 输入端都为 0 时,Q、Q'保质原来的值;$S=0$、$R=1$ 时,$Q=0$、$Q'=1$;$S=1$、$R=0$ 时,$Q=1$、$Q'=0$;但是,$S=1$、$R=1$ 是禁止使用的(由于 S 和 R 同时为 1 时,Q 和 Q'的状态相同,一旦 S 和 R 消失后 Q、Q'状态不能唯一确定),这点在设计时应非常注意。

特性表是表达当前输入和当前状态相对应的下一个状态的表。与之相对应的激励表(Excitation Table)是表示所求状态变化相对应输入的表,见表 9-2。根据使用目的不同,这两类表分开使用。

表 9-2　激励表

Q	Qnext	S	R
0	0	0	×
0	1	1	0

续表

Q	Qnext	S	R
1	0	0	1
1	1	X	0

注：×表示无论输入端的值是 0 还是 1 对输出端结果都没有影响。

2. D 触发器

D 触发器的构成电路及电路符号如图 9.3 所示。

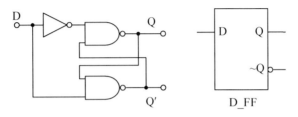

图 9.3　D 触发器的电路构成及符号

从图 9.3 中可以看出，D 触发器可以是把 SR 触发器的 S 看成 D 输入端，R 看成 D'输入端得到的。因此，D 触发器的功能是把输入端的值存放一段时间后再原样输出。这样可以很容易记忆 D 触发器的特性表和激励表，见表 9-3 和表 9-4。

表 9-3　D 触发器的特性表

D	Qnex
0	0
1	1

表 9-4　D 触发器的激励表

Q	Qnext	D
0	0	0
0	1	1
1	0	0
1	1	1

3. 门控触发器

门控触发器就像其名称那样，是带控制门的触发器。这里，控制门是输入端信号是否有效的控制信号。

在图 9.4 中，上边是门控 SR 触发器，下边是门控 D 触发器。在门控触发器中，只有在 EN 端输入 1 时触发器才可以动作，输入为 0 时处于保持状态。

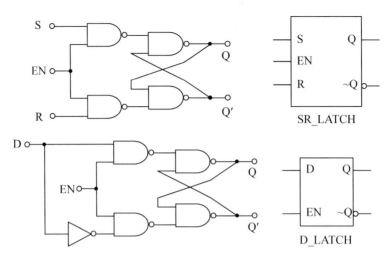

图 9.4　门控 SR 触发器和门控 D 触发器

 特别提示

基本触发器是典型的异步电路(所谓异步电路就是输入一旦给定，输出立刻变化的电路)因而，有危险(hazard)现象产生的可能性。这里的危险是指：2 个输入端由于时间差的存在，短时间内出现了非预想状态的现象，如图 9.5 所示。

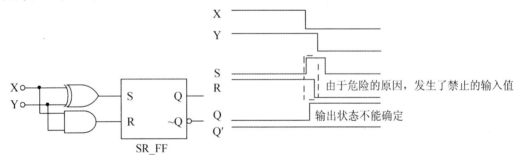

图 9.5　异步电路存在的问题

在图 9.5 左侧电路中，X 输入端和 Y 输入端由于时间差存在，本来是不应在 S 和 R 端同时出现 1 的，现在短时间内出现了，这样 SR 触发器的输出就产生了不定状态。

1) 时钟的引入

为了防范危险，时钟的引入是非常有效的，如图 9.6 所示。所谓时钟，是指周期性变化的矩形波信号。

在图 9.6 中，门控 SR 触发器的门输入端输入时钟信号。把时钟有效时间段设定在危险发生的时间段以外的时间段内就可以防范危险。

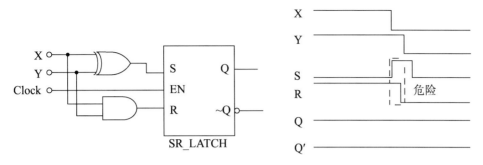

图 9.6　危险的防范

应用实例

　　在很多施工现场，经常可以看到这样的警示灯，它白天不工作，晚间的时候发出闪烁的警示灯光，提醒过往人员注意安全。图 9.7 所示为一款用 D 触发器制作的光控路障闪烁警示指示灯，可以实现上述功能。

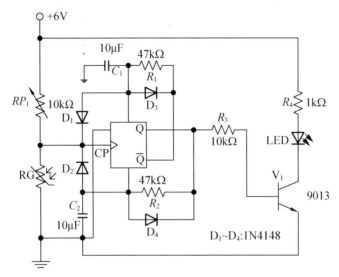

图 9.7　警示灯工作原理图

　　D 触发器与 R_2、C_2 和 R_1、C_1、D_1、D_2 构成一个可控自激振荡器。当 D 触发器的时钟 CP 端为低电平时，由于二极管 D_1、D_2 的箝位作用，振荡器停止振荡。当 CP 端为高电平时，振荡器开始工作，从 Q 端输出振荡脉冲，其振荡周期约为

$$T=0.7(R_2C_2+R_1C_1)$$

　　当白天光线较亮时，光敏电阻 RG 呈现低电阻状态，D 触发器的时钟 CP 端为低电平时，故振荡器停止工作，Q 端无脉冲输出，晶体管 V_1 的基极也为低电平，故 V_1 截止，LED 熄灭。在夜晚光线很暗时，光敏电阻 RG 呈现高电阻状态，D 触发器的时钟 CP 端变为高电平，振荡器开始工作，Q 端输出振荡脉冲，该脉冲通过 R_3 加到晶体管 V_1 的基极，V_1 呈现间隔导通与截止，控制发光二极管 LED 闪烁发光。

　　在实际制作时可通过调整电位器 RP_1 改变光控电路的动作阈值，用于控制电路在光线暗到一定程度时再工作。还可以通过继电器带动更多更大功率的指示灯，以强化闪烁警示效果。

　　2) 钟控触发器存在的问题

　　时钟的引入可以解除危险的问题，不过，即使引入了时钟，在从触发器的输出端向输入端有反馈的场合，有时仍会产生振荡的问题，如图 9.8 所示。

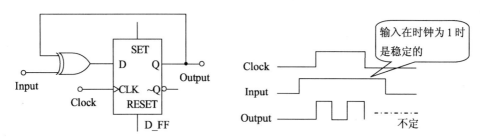

图 9.8　振荡

在图 9.8 所示的电路中，在时钟有效期间内，输入端信号即使确定不变，输出端也会在 1 和 0 之间不断变化，这就是振荡现象。产生振荡现象的电路是不能完成数字电路功能的。

4. 主从型触发器

振荡问题可以通过引入主从型触发器(Master Slave Flip Flop)加以解决。主从触发器是指主触发器和从触发器串联连接，主触发器一侧直接和输入的时钟端相连，从触发器侧把输入时钟求反后再连接起来，如图 9.9 所示，右边是主从 D 触发器的逻辑符号。

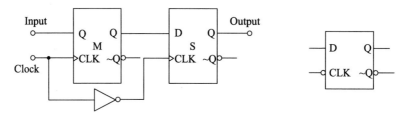

图 9.9　主从触发器

在这种结构中，在一个时钟有效期内只能产生一次状态变动，因而消除了振荡现象。

特别提示

在主从型触发器中，在时钟有效期间，输入信号的值要确定，不能变化。

主从触发器的动作原理如图 9.10 所示。

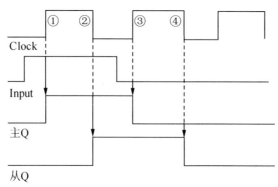

图 9.10　主从触发器的动作原理

在时钟的上升沿，也就是①和③点，从触发器关闭，主触发器打开，把输入端信号值读取。

在时钟的下降沿，也就是②和④点，主触发器关闭，触发器的内容由这时的值决定。因此从触发器打开，主触发器的内容向从触发器转移。

5. 边沿触发器

虽然主从触发器解决了危险和振荡问题，但是仍然存在要求在时钟有效时间段内必须要保持输入端信号稳定的问题，这个问题通过引入边沿触发器(Edge Trigger Flip Flop)来解决。

边沿型触发器只要求时钟上升沿时信号值要确定，延迟只会在时钟信号的变化时间发生，和时钟宽度无关。边沿型 D 触发器的逻辑符号如图 9.11 所示。其中，SET 是置位端口，RESET 是复位端口。

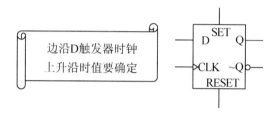

图 9.11　边沿触发型触发器

6. JK 触发器

JK 触发器是 SR、D 触发器以外非常有代表的触发器。JK 触发器分主从型和边沿型，其逻辑符号、特性表、激励表如图 9.12 所示。

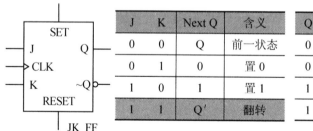

J	K	Next Q	含义
0	0	Q	前一状态
0	1	0	置 0
1	0	1	置 1
1	1	Q′	翻转

Q	Qnext	J	K
0	0	0	×
0	1	1	×
1	0	×	1
1	1	×	0

(a) JK 触发器的电路符号　(b) JK 触发器的特性表　(c) JK 触发器的激励表

图 9.12　主从 JK 触发器

从图 9.12(b)JK 触发器的特性表可以看出：JK 触发器的动作和 SR 触发器大致相同，只是当 2 个输入端信号都为 1 时，SR 的状态不能确定；而 JK 触发器的功能是反转。

7. T 触发器

T 触发器是把 JK 触发器的 J 输入端和 K 输入端连接在一起，用 T 表示而成的。T 触发器主从型和边沿型都有。图 9.13 所示是 T 触发器的符号、特性表和激励表。

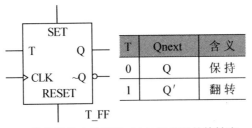

Q	Qnext	T
0	0	0
0	1	1
1	0	1
1	1	0

(a) T 触发器的电路符号　(b) T 触发器的特性表　(c) T 触发器的激励表

图 9.13　T 触发器

在 T 触发器中，T 为 0 时是保持状态，T 为 1 时处于反转状态。

二、触发器的应用——寄存器(register)

寄存器是用于信息临时储存的电路。N 位寄存器可以用 N 个边沿型 D 触发器并列实现。图 9.14 左图表示的是 4 位寄存器的逻辑电路图，右边是其逻辑符号。一般的，N 位寄存器在时钟上升沿把 N 位数据读取并输出。

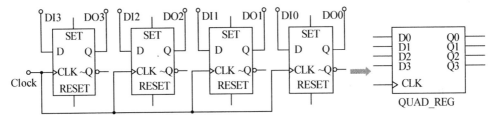

图 9.14　寄存器

在计算机等数字设备中寄存器的使用非常普遍，以下介绍几种常用的集成器件。

1. 74LS75

该器件由 4 位 D 触发器构成，电路符号及功能表如图 9.15 所示。

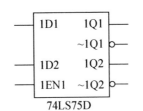

74LS75功能表

D	EN	Next Q	含义
×	0	Q	前一状态
0	1	0	置0
1	0	1	置1

图 9.15　74LS75 寄存器的电路符号与功能表

74LS75 由两个触发器构成，功能一样，且共用一个门控信号。在门控信号 EN 高电平期间，输出端 Q 的状态随输入端 D 而变化，当门控信号 EN 变成低电平之后，Q 输出端状态保持不变。要注意的是这里 D 是电位信号。

2. 74LS273N

74LS273N 由 8 位边沿型 D 触发器组成，具有 8 个数据输入端、公共清除端和时钟端。

输出具有互补结构。当脉冲上升沿到来时，D 信号被送到 Q 端输出。图 9.16 所示是其电路符号和功能表。

74LS273N功能表

$\overline{CLR}$	CLK	D	Next Q	含义
0	×	×	0	清0
1	↑	0	0	置0
1	↑	1	1	置1
1	0	×	Q	前一状态

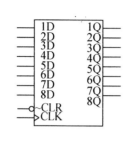

图 9.16 74LS273N 寄存器的电路符号与功能表

特别提示

74LS273 输出端只在时钟脉冲上升沿时随输入信号 D 而变化；而 74LS75 只要门控端是高电平，输出端就随 D 端的变化而变化。此外，74 系列中还有一款 74LS175，功能和 74LS75 一样，也是一个 4D 寄存器，但属于边沿触发型，使用时要注意和 74LS75 相区别。

在脉冲的作用下 8 位信号同时输入称为并行输入，在脉冲的作用下 8 位信号同时输出称为并行输出。

任务实施

查资料可以知道，IC：CD4013 是一个双 D 触发器，如图 9.17 所示。

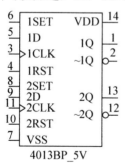

图 9.17 CD4013 电路符号与外形

在这里，D 触发器 CD4013 作为状态记忆电路，用 Q 端输出的高电平驱动晶体管 T，使之饱和，并使继电器 K 长时间吸合。按照图中的接法，红外接收头 U_o 端每输出一个负脉冲，就会触发(正跳沿有效)CD4013 翻转一次；若 U_o 端没有负脉冲输出，CD4013 也就不会翻转，其状态就能得到长久维持。

该遥控开关电路的工作过程是：按一下发射器按钮，若 Q=1 则继电器吸合，那么再按一下发射按钮就会使 Q=0，继电器释放，再按一下又吸合……

图 9.1 中 RD 端所接的 C_1 和 R_1 是"上电复位"电路。在接通电源瞬间，由于 C_1 的耦合作用，RD 端瞬间为高电平，即 RD=1，SD=0(SD 接地，永远是低电平)，此时 D 触发器

的 Q=0，继电器不会闭合(避免意外停电再来时灯自动点亮，这样即使家里没人的话也不会造成浪费)，稍后，C_1 充电结束，RD 两端的电压变小，使 RD=0，SD=0，于是 D 触发器 CD4013 进入正常工作状态。

思考与练习

1. 试分析图 9.2 所示基本 SR 触发器的工作原理。

2. 为什么说门电路没有记忆功能，而触发器有记忆功能?

3. 比较 SR 触发器、D 触发器和 JK 触发器的主要区别。

4. 比较电平控制与边沿控制触发器的区别。

5. 某抢答器电路如图 9.18 所示。图中 74LS175 是集成 4D 触发器，芯片内部有 4 个 D 触发器，4 个触发器共用一个清零端 CLR(由主持人控制)，试分析其工作原理。

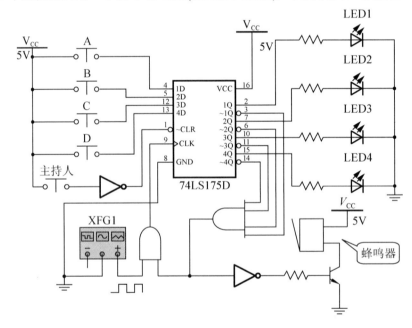

图 9.18　思考与练习 5 题

任务 9.2　认识可调定时器

教学目标

(1) 了解时序逻辑电路的特点。

(2) 理解计数器和寄存器的概念和功能。

(3) 掌握计数器的分析和使用方法。

定时器常见的有机械式和电子钟式两种，前者的结构简单，价格低，缺点是定时时间短，后者定时时间长，但结构复杂，成本高。图 9.19 所示是一个可调定时器的工作原理图。该定时器采用数字分频集成电路，定时时间可长可短(通过电位器 RP 调节，定时范围为 15s～30min)，精度也适当，最大的优点是使用方便，适当扩充外围辅助电路，可适合于各类家用电器的定时控制用。如，换气扇、加湿器、空气清新机、电饭煲、给鱼缸换氧等。

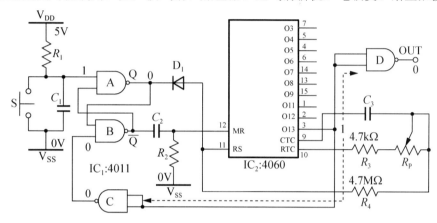

图 9.19　可调定时器

任务分析

　　该定时电路主要由四个 2 输入与非门：CD4011(IC_1)和 14 级二进制串行计数器 CD4060(IC_2)构成(查集成电路手册可以知道 CD4001 和 CD4060 的功能)。电路的核心是一片带振荡器的 14 级分频 IC_2：CD4060。

　　IC_2：CD4060 的振荡部分由两级反相器组成，振荡周期由 IC 的⑨、⑩、⑪脚的 RC 元件参数确定。当 $R_4 > 2(R_3 + RP)$，V_{CC} 约为 10V 时，振荡频率与 RC 间的近似关系为

$$f \approx \frac{1}{2.2(R_3 + RP)C_3}$$

　　即周期为：$T \approx 2.2(R_3 + RP) \times C_3$。⑪脚上的电阻可改善振荡器的稳定性。

　　可见：要想掌握该定时电路的工作情况，必须要了解 IC_2：CD4060 的工作原理。

相关知识

　　由输入端信号和自身状态(现态)确定下一个输出状态的电路称为时序电路(Sequential Circuit)。一般的时序电路由组合电路和存储电路两部分构成。这里的存储电路指的是用于记忆信号状态的电路，是用触发器等实现的，如图 9.20 所示。

　　时序逻辑电路中最典型的应用是寄存器(图 9.14)和计数器。计数器是用来实现累计电

路输入脉冲个数功能的时序电路。在完成计数功能的基础上，计数器还可以实现计时、定时、分频和自动控制等功能，应用十分广泛。

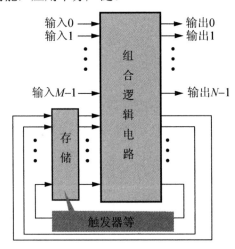

图 9.20　时序逻辑电路的组成

计数器按照脉冲输入方式可分为异步计数器和同步计数器；按照计数规律可分为加法计数器、减法计数器和可逆计数器；按照计数的进制可分为二进制计数器 $N(N=2^n)$ 和非二进制计数器，其中 N 代表计数器的进制数，n 代表计数器中触发器的个数，二者关系见表 9-5。

表 9-5　计数器与触发器状态关系表

计数脉冲	计数状态				十进制数	计数脉冲	计数状态				十进制数
	Q_3	Q_2	Q_1	Q_0			Q_3	Q_2	Q_1	Q_0	
0	0	0	0	0	0	9	1	0	0	1	9
1	0	0	0	1	1	10	1	0	1	0	10
2	0	0	1	0	2	11	1	0	1	1	11
3	0	0	1	1	3	12	1	1	0	0	12
4	0	1	0	0	4	13	1	1	0	1	13
5	0	1	0	1	5	14	1	1	1	0	14
6	0	1	1	0	6	15	1	1	1	1	15
7	0	1	1	1	7	16	0	0	0	0	0
8	1	0	0	0	8						

一、异步计数器

最简单的计数器是异步计数器，如图 9.21 所示。图中，使用 4 个 JK 触发器构成了异步十六进制计数器。

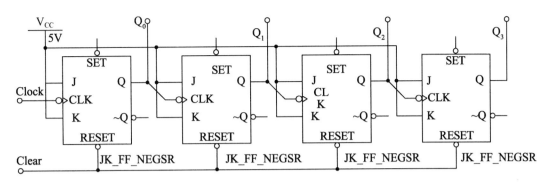

图 9.21　异步计数器

Q_3、Q_2、Q_1、Q_0 是电路的输出，表示 4 位脉冲信号。所有的 J 输入端和 K 输入端接高电平。在时钟端脉冲不断输入下，各触发器的状态不断反转，从而完成从 0 到 15 的计数。

1. 异步计数器的时序图

异步十六进制计数器的时序如图 9.22 所示。

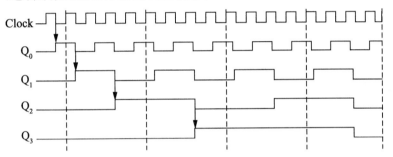

图 9.22　异步十六进制计数器的时序图

从图 9.22 可以看出：Q_0 随时钟脉冲的下降沿不断反转。因此，其周期是时钟周期的 2 倍，称为 2 分频，即 Q_0 是时钟脉冲 CP 的 2 分频信号。接着，因为 Q_1 是把 Q_0 当作时钟输入的 JK 触发器的输出，所以 Q_1 是 Q_0 的 2 分频信号。同样地，Q_3 是 Q_2 的 2 分频信号。

在上述计数器工作过程中：由于 Q_0、Q_1、Q_2、Q_3 的状态依次由 0000 变到 1111，即从 0 开始顺序变到 15 共记录了 16 个状态(16 个脉冲)，所以是十六进制计数器。此后，输出再次出现 0 时状态还原。时钟持续不断，这个动作过程就重复进行。这种按升序进行计数的计数器称为递增计数器(Up Counter)。

特别提示

异步计数器的缺点是每一次变化都是从最低位向最高位之间进行信号传递，电路延迟时间大。

2. 异步十进制计数器

为了制作 2 的次方以外自然数 M 的异步计数器，或者说为了使计数器的输出变成 M 进制，需要在触发器上加清零复位电路。图 9.23 所示是利用异步十六进制计数器再补充其他电路后构成的异步十进制电路。

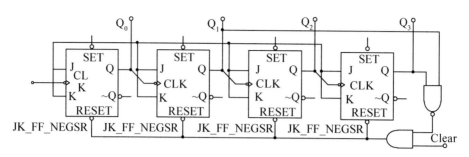

图 9.23　异步十进制电路

因为是十进制计数器，10 用二进制表示为 1010，因而计数到此时应当全部清零。因此，实际电路中并不全部利用 Q_3、Q_2、Q_1、Q_0 的值，当 $Q_3=1$、$Q_1=1$ 时全部清零。

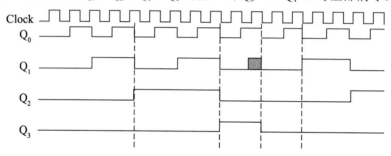

图 9.24　异步十进制计数器时序图

从图 9.24 所示的异步十进制计数器时序图可以看出：在第 10 个脉冲下降沿来到时，Q_1 会产生很短的脉冲，这是由于使用 Q_1 的电路动作需要一定的时间。

 **特别提示**

这个脉冲确实是个不能回避的问题，也可以说是异步电路的缺点之一。

74LS290 就是按上述原理制成的集成异步十进制计数器，电路符号与功能表如图 9.25 所示。

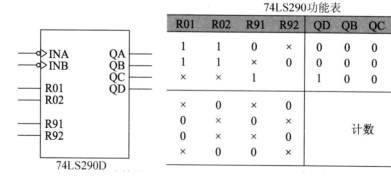

R01	R02	R91	R92	QD	QB	QC	QA
1	1	0	×	0	0	0	0
1	1	×	0	0	0	0	0
×	×	1	1	1	0	0	1
×	0	×	0				
0	×	0	×		计数		
0	×	×	0				
×	0	0	×				

74LS290功能表

图 9.25　74LS290 电路符号与功能表

该计数器由一个二进制计数器和一个五进制计数器组成：时钟 INA 和输出 QA 组成二

进制计数器；时钟 INB 和输出端 QB、QC、QD 组成五进制计数器。另外，这两个计数器还有公共置 0 端 R01、R02 和公共置 1 端 R91、R92。该器件使用灵活，除本身就是二、五进制计数器外，将 QA 连接到 INB 还可得到十进制计数器。

3. 异步十六进制递减计数器

不使用 JK 触发器时钟输入的下降沿，而使用上升沿后图 9.21 所示电路变成图 9.26 所示的样子。

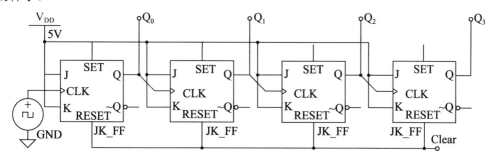

图 9.26　异步十六进制递减计数器

时序图如图 9.27 所示，计数器和触发器的关系见表 9-1。

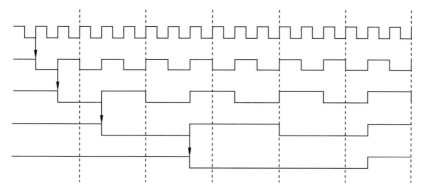

图 9.27　异步十六进制递减计数器时序图

基于这样的改动后，计数器变为递减计数器(Down Counter)。

**特别提示**

基于"把利用时钟下降沿的递增计数器改成使用上升沿后就可以制成递减计数器"的原理，补充时钟的上升沿和下降沿根据外部信号进行选择的相关电路，就可以制成递增递减计数器(Up Down Counter)。

二、同步计数器

异步 N 进制计数器电路虽然简单，可是存在"位数多了以后，向高位信号传递就比较费时间"的缺点，而且，N 如果不是 2 的次方，还会出现短脉冲问题。

1. 同步十六进制计数器

为了应对这些问题，所有触发器的时钟输入端接同一个时钟输入，各位值同步变化，就可以制作出没有短脉冲产生的计数器，这就是同步计数器，如图9.28所示。

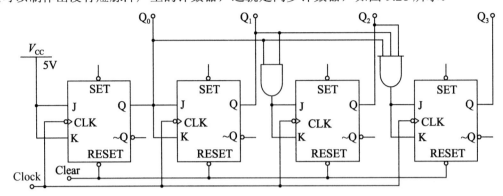

图9.28 同步十六进制计数器

在同步 N 进制计数器中：各个低位的输出用与(AND)门连在一起，作为 J 和 K 的输入。这是基于"低位全部是 1 时，用下边降的时钟边沿使输出变化"的原理制成的，波形状态的时序变化过程如图9.29所示。

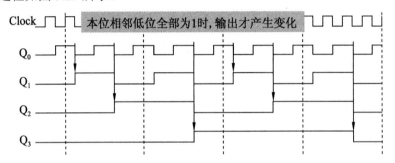

图9.29 同步十六进制计数器时序图

74LS163 就是一个集成的四位二进制加法计数器，图9.30是其电路符号和功能表。它具有同步预置端 $\overline{\text{LOAD}}$ 、清除端 $\overline{\text{CLR}}$ 、使能控制端 ENT、ENP 和进位端 RCO，计数器在时钟上升沿时进行预置、清除和计数操作。

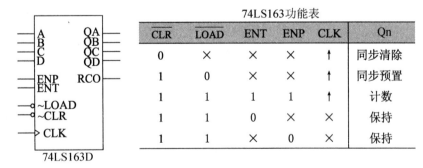

74LS163功能表

$\overline{\text{CLR}}$	$\overline{\text{LOAD}}$	ENT	ENP	CLK	Qn
0	×	×	×	↑	同步清除
1	0	×	×	↑	同步预置
1	1	1	1	↑	计数
1	1	0	×	×	保持
1	1	×	0	×	保持

图9.30 74LS163 的电路符号及功能表

2. 同步十进制计数器

在异步计数器中，所有触发器值的清零是在计到 M 时的时钟边沿进行的；而在同步计数器中，是在计到 $M-1$ 时的下一次时钟边沿全部清零的。因此，不会有像异步计数器那样产生短脉冲问题的发生。

同步十进制计数器的电路如图 9.31 所示。FF0 和 FF2 两个触发器的输出和通常十六进制计数器动作相同，因此，这里的输入和同步十六进制计数器相同。

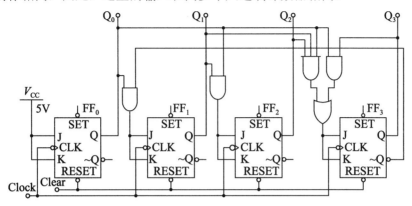

图 9.31　同步十进制计数器

让 FF1 的输出 Q_1 在全部的值用二进制表示为 1001，也就是十进制的 9 时处于保持状态，其他情况下，按低位是 1 时输出发生变化。注意 Q_3 的值，Q_3 是 1 时应当保持，Q_3 是 0 时，按一般的计数器动作。也就是说，FF1 的输入用 FF0 的 Q_0 和 FF3 的 Q'取 AND 得到。FF3 的输出 Q_3 在全部的值用二进制表示为 1001 时反转，其他时间按通常的计数器动作。因而，FF0、FF1、FF2 的 Q 全部是 1 时，FF0、FF3 的 Q 是 1 时值反转。

74LS160 就是一个可预置数的集成十进制同步加法计数器，它的电路符号与功能表如图 9.32 所示。该器件具有数据输入端 A、B、C、D，置数端 $\overline{LOAD}$、清除端 $\overline{CLR}$ 和计数控制端 ENT 和 ENP，为方便级连，设置了输出端 $\overline{RCO}$。

当置数端 $\overline{LOAD}$ =0、$\overline{CLR}$ =1、CP 脉冲上升沿时预置数。当 $\overline{CLR} = \overline{LOAD}$ =1 而 ENT=ENP=0 时，输出数据和进位 RCO 保持。当 ENT=0 时计数器保持，但 RCO=0。$\overline{LOAD} = \overline{CLR}$ =ENT=ENP=1，电路工作在计数状态。

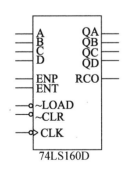

74LS160功能表					
CLR	LOAD	ENT	ENP	CLK	Q_n
0	×	×	×	×	异步清除
1	0	×	×	↑	同步预置
1	1	1	1	↑	计数
1	1	0	×	×	保持
1	1	×	0	×	保持

图 9.32　74LS160 同步十进制计数器

特别提示

在 74 系列中，有一款同步二进制计数器 74LS161 电路符号与功能表和 74LS160 都一样，也是异步直接清零的计数器，使用时要注意和 74LS163 相区别。

应用实例

图9.33所示为一款用计数器(如4017)构成的按键锁定控制开关电路。

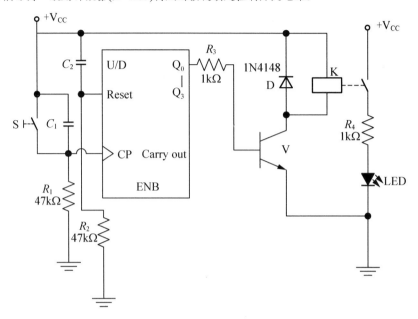

图9.33 按键锁定开关

电源接通后，C_1经过R_1充电，在很短时间内即可完成。R_2、C_2组成上电复位电路。刚开始通电时，C_2可以视为短路，故Reset复位端处于高电平，计数器IC被复位。C_2很快充电完成，Reset复位端恢复为低电平，此时Q_0输出为0，晶体管V截止，继电器K释放，发光二极管LED熄灭。

按下按钮S后，电容C_1被迅速放电，时钟输入端获得上升沿脉冲，触发计数器开始计数，Q_0输出为1，通过电阻R_3加至晶体管V基极，V导通，继电器K吸合，发光二极管LED点亮，表示被控电路接通。

当再次按下按钮S时，C_1将被再次放电，时钟输入端CP再次获得计数脉冲，触发计数器IC再次计数，此时，Q_0输出低电平。

从计数器的计数规律可以知道，每按一次按钮S，Q_0的状态变化一次，被控电路也就被开关一次。

在电路工作时，按下S时，C_1就放电，当松开S时，要经过一段较短时间后，C_1才能再次充满电，才会使时钟输入端CP为低电平，在此时间内，开关S的任何机械抖动不会产生第2个计数脉冲，从而起到了防抖动的作用。计数器IC其他未使用的输出引脚本电路中未用到，可以悬空。

三、移位寄存器

在时钟同步作用下，各二进制的位(bit)信息依次向相邻高位或低位触发器移动的寄存器称为移位寄存器(Shift Register)，如图9.34所示。

图9.34所示是用4个触发器制作而成的移位寄存器。Q_0的输入信号在4个时钟脉冲后原样从Q_3输出。动作时序图如图9.35所示。

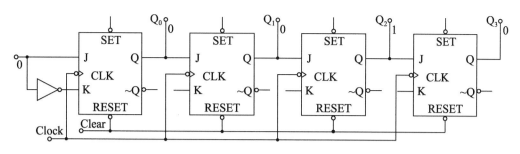

图 9.34 移位寄存器

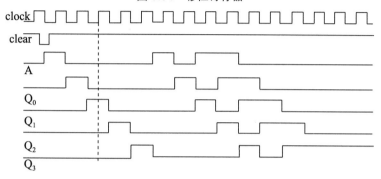

图 9.35 移位寄存器时序图

图 9.34 中各位数据 1 位 1 位地顺序输入后可以 n 位并行取出(如 1 位 1 位的二进制数在 4 个时钟信号后,作为 4 位并行信号被一同取出)。这种操作被称作串行输入并行输出(Serial Input/Parallel Output,SIPO),是移位寄存器的重要功能之一。作为 SIPO 应用的典型例子,用 1 位信号线传送的数据在计算机中可以很容易变换成 32 位或 64 位数据。

SIPO 也可以在数据接收方使用,数据发送方可采用并行输入串行输出(Parallel Input/Serial Output,PISO)的移位寄存器。

74LS164 就是一个 8 位串行输入并行输出的集成移位寄存器,图 9.36 所示是它的逻辑符号和功能表。该器件由 8 个具有异步清除端的 SR 触发器组成,具有时钟端 CLK、清除端 $\overline{\text{CLR}}$、串行输入端 A 与 B 和 $Q_A \sim Q_H$ 8 个输出端。

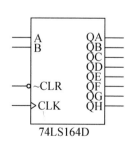

CLK	$\overline{\text{CLR}}$	A	B	QA	QB	$\cdots$	QH	功能
$\times$	0	$\times$	$\times$	0	0	$\cdots$	0	清0
0	1	$\times$	$\times$	QA_0	QB_0	$\cdots$	QH_0	保持
$\uparrow$	1	1	1	1	QA_n	$\cdots$	QG_n	移入1
$\uparrow$	1	0	$\times$	0	QA_n	$\cdots$	QG_n	移入0
$\uparrow$	1	$\times$	0	0	QA_n	$\cdots$	QG_n	移入0

74LS164D

图 9.36 集成寄存器

当输入端 A 和输入端 B 都是高电平时,相当于串行数据端接高电平;若有一个是低电平就相当于串行数据端接低电平,一般将 A 和 B 端并接在一起使用。

四、任意进制计数器的构成

由于集成计数器一般都是 4 位二进制、8 位二进制、12 位二进制、14 位二进制、十进制等几种，若要实现任意进制计数，必须要增加其他电路。

1. $N>M$ 时

假定已有 N 进制计数器，若要得到 M 进制计数器，需要去掉 N-M 个状态，方法有以下两种。

(1) 计数器计到第 M 个状态时，将计数器清零，如图 9.37 所示。

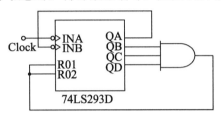

图 9.37　使用复位清零方法构成任意进制计数器

74LS293 是一个异步清零 4 位二进制计数器。在图 9.37 中 74LS293 的输出端 Q_A 连接到时钟端 INB，形成十六进制计数器。图中，74LS293 在 $Q_DQ_CQ_BQ_A$=1110 状态时清零，因此可知，这是一个十四进制计数器。

(2) 计数器计到某状态时，将计数器预置到某数，使计数器减少 M-N 种状态，如图 9.38 所示。

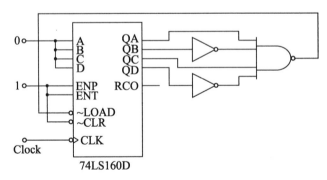

图 9.38　使用置数方法构成任意进制计数器

由于 74LS160 具有同步预置数功能(图 9.32)，当计数器输出等于 0101 状态时，由外加门电路产生 $\overline{LOAD}$ =0 信号，下一个时钟脉冲到达时将计数器预置到 0000 状态，使计数器跳过 0110～1001 这 4 个状态，从而可以得到 6 进制计数器。

特别提示

对于第一种方法一定要清楚计数器是异步清零还是同步清零。若为异步清零则要在 M 状态将计数器清零，若为同步清零，应该在 M-1 状态将计数器清零。例如，在图 9.37 中，若把异步清零的 74LS293 换成具有同步清零端的 74LS163 实现相同的十四进制计数功能的话，需要将电路变更为图 9.39 所示电路。

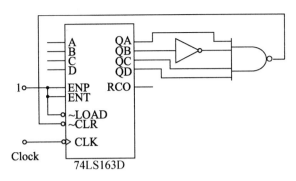

图 9.39　使用置数方法构成任意进制计数器

因为当计数器状态为 1101 时，满足清零条件，但是不清零，等待下一个脉冲到来时清零。

2. $N<M$ 时

由于 $N<M$，所以必须将多片 N 进制计数器组合起来，才能形成 M 进制计数器。

第一种方法是用多片 N 进制计数器串联起来使 $N_1*N_2\cdots N_n > M$，然后使用整体清 0 或置数法，形成 M 进制计数器。

第二种方法是假如 M 可分解成两个因数相乘，即 $M = N_1 * N_2$　则可采用同步或异步方式将一个 N_1 进制计数器和一个 N_2 进制计数器连接起来，构成 M 进制计数器。

特别提示

同步方式连接是指两个计数器的时钟端连接到一起，低位进位控制高位的计数使能端。异步方式连接是指将低位计数器的进位信号端连接到高位计数器的时钟端口。

任务实施

图 9.40 所示是 IC_1：CD4011 和 IC_2：CD4060 的电路符号。

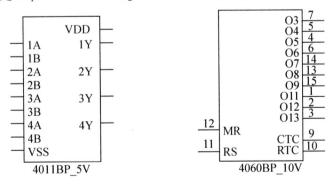

图 9.40　CD4011 和 CD4060 电路符号

CD4060 是 CMOS 14 位二进制串行计数/分频器，工作电压范围 3～15V。CD4060 片内集成了振荡电路，在其外引脚上只需接一个晶振和两个电容、一个电阻即可很容易地起振。

在图 9.40(b)中 O3，O4，…，O13 分别对应于晶振频率的 2^n 分频方波频率输出。

CD4060 的分频器在时钟脉冲下降沿作用下作增量计数，最大可获得 $2^{14}=16384$ 分频，当利用 CD4060 作延时电路时，电路可获得最大延时常数为 $2^{(14-1)}=8192$，则总延时时间 $t \approx 2^{13} \times 2.2RC(s)$。

⑫脚 MR 为公共清零复位端，只要在 MR 端上加一高电平或正脉冲即可使计数器输出端全部为"0"电平，并同时迫使振荡器停振，因此在两种延时电路中分别接有 C_3、R_5 以保证在延时开始时各计数器状态为零。由于 CD4060 的功能较全，内部分频级较多，因此能方便制成各种特点的延时电路。

在图 9.19 中，A、B 两个与非门连接成 SR 触发器。通电瞬间，因电容 C_1 上的电位不能突变，产生负跳变使触发器置"1"($Q=1$)，D_1 反偏截止，IC_2 的⑨、⑩脚与内部电路起振并开始计数，在计数脉冲个数没有达到 $O13=1$ 时，门 D 一直输出"1"，从而起动后级负载使被控对象动作。

待计数到 $O13=1$ 时，门 D 输出低电平"0"，关闭后级定时负载；与此同时，门 C 输出低电平"0"，使 SR 触发器置"0"($Q=0$)，D_1 导通，IC_2 ⑪脚被钳位至低电位而停振，如图 9.41 所示。

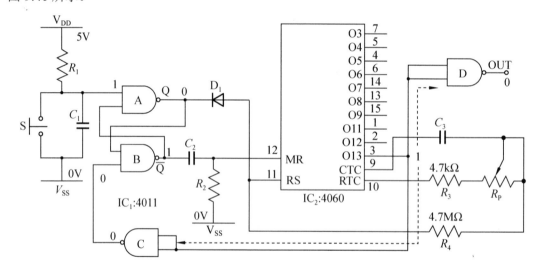

图 9.41　CD4060 计时结束

这时，$\overline{Q}=1$，C_2R_2 微分后使 IC_2 复位，定时器处于待机状态。若要再次起动定时，只需按一下按钮 S 即可。

 拓展阅读

数字集成电路

数字电路按其组成结构分为集成电路和分立元件电路两大类。数字逻辑集成电路最早(1960 年前后)由德州仪器公司(Texas Instrument)开发、生产和制造。刚开始时是用 DTL 构成的，随后出现的是 TTL(Transistor-Transistor Logic)电路。TTL 电路的优点是速度快，但功耗大，采用的工作电压为 5V 直流电，分为 54×× 军用和 74×× 商用两大系列。

之后 TTL 从 74LS→74ALS→74F 性能不断改善，但是，由于是采用双极性晶体管构成的，所以始终存在着电力消耗大的问题。随着电路规模越来越大，电能消耗问题也更加突出，因此出现了基于 MOS-FET

这种电能消耗比较少的 PMOS、NMOS 器件。进而 PMOS 和 NMOS 结合产生了 CMOS 低功耗逻辑器件，与 TTL 分庭抗礼。最早的 CMOS 器件是 RCA 公司 20 世纪 60 年代中、后期以 CMOS FET 设计、开发、生产和制造的。

CMOS 数字 IC 的工作电压为 3～12V。编号 CD40××的为一般功能，CD45××为特殊功能。CMOS 的优点是省电，成本低，但速度较慢，不过近代的 CMOS 数字 IC 速度已超越 TTL。

在 TTL 中，除集电极开路门外，全部都在逐渐被 CMOS 代替。和 TTL 相比，CMOS 价格比较高，抗静电能力差的传统观念已经过时。和 74HC 相比，4000 系列可以在更高的电压下工作。

集成电路使用中应该注意的问题如下。

1. TTL 和 CMOS 电路的区别

TTL 电路电源正端通常标 V_{CC}，负端标 GND；而 CMOS 电路电源正端标 U_{DD}，负端标 U_{SS}。

CMOS 电路的输入阻抗很高，在存放、运输时要设法使各引脚短路；输入信号幅值不能高于 U_{DD} 或低于 U_{SS}；焊接 CMOS 电路时，使用的烙铁宜在 20W 左右，烙铁壳体应接地，或在烙铁断电后利用余热快速焊接；与 TTL 电路不同，使用 CMOS 器件的电路中没有使用的多余输入端不能悬空；CMOS 与 TTL 电路混用时要注意电平的匹配问题。

2. 集成电路的封装

集成电路就是采用一定的生产工艺将晶体管、电阻、电容等元器件包括连接线路都集中制做在一个很小的硅片上，这个小硅片称为晶片。将晶片用塑料或陶瓷封起来，并引出外部连接线。其外形形状、大小和外部连接线的引出方式、尺寸标准称为集成电路的封装。集成电路常见的封装形式有：DIP(双列直插)、贴片式、PLCC、COB、BGA 等，如图 9.42 所示。

(a)DIP　　　　　　　　　(b)SOP　　　　　　　　(c)PLCC　　　　　　(d)COB

图 9.42　常见集成电路的封装

为满足不同应用场合，同一型号的集成电路一般都有不同形式的封装，在使用集成电路前一定要查清，特别是在设计印制电路板时，参见附录 1。

3. 引脚识别

对于器件两边引脚封装的集成电路器件(如 DIP、SOP 等)，顶面的一边有一个缺口，一般在文字的左侧。面对集成电路顶面，缺口朝左，则左下角第一个引脚为①号，从①号开始按逆时针顺序给引脚编号。

有些两边引脚封装的器件体积较小，封装上并无缺口，甚至第一引脚处的标记也没有，这一类器件就只能以文字方向辨别。

对于四边引脚封装的器件，其 4 个角有一个角为缺角，用于定位。这类器件在第一引脚处有一个标记，然后按逆时针方向顺序排列。

4. 技术参数的获得

在使用集成电路前需要仔细阅读集成电路的技术参数。获得技术参数的途径很多，但主要方式有以下两种。

(1) 来自数字集成电路数据手册。目前市面上各种各样的数字集成电路数据手册十分丰富，既有按某一类数字集成电路收集的综合性手册，也有各生产厂家提供的专用产品手册等。

(2) 来自互联网。在互联网上查找集成电路资料十分方便，具体方法有以下 3 种。

① 在生产厂家网站上查找。生产厂家网站上一般都会提供该公司产品的详细技术参数资料。

② 互联网上有许多有关电子技术和集成电路的专业网站，这些网站一般都提供集成电路的技术资料、供货情况甚至参考价格等信息。

③ 使用通用搜索引擎搜索。

思考与练习

1. 逻辑电路如图 9.43 所示。Q_A=1 时红色指示灯 R 亮；Q_B=1 时黄色指示灯 Y 亮；Q_C=1 时绿色指示灯 G 亮。试分析该电路工作原理，说明三组彩灯点亮的顺序。假设在初始状态，3 个触发器的 Q 端输出均为"0"。

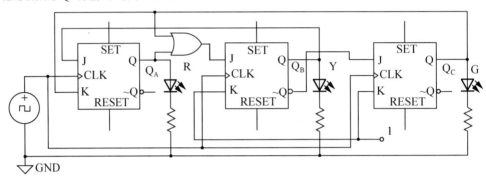

图 9.43　思考与练习 1 题

2. 计数器如何分类?同步计数器和异步计数器应如何区别?在计数速度上有无差异?

3. 判断图 9.44 所示由 74LS290 构成的是几进制计数器。

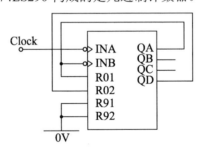

图 9.44　思考与练习 3 题

模块四

综合应用

555 定时器及应用

↘ 引言

555 定时器是一个体积小而功能强大(可以用来设计上千种功能电路,覆盖生活、生产等许许多多的应用场合)的数字电路与模拟电路相结合的中规模集成电路(之所以称它为 555 集成电路,是因为其内部集成有 3 个阻值为 5kΩ 的电阻)。该电路使用灵活、方便,只需外接少量阻容元件就可构成单稳态触发器和多谐振荡器等,广泛用于信号的产生、变换、控制与检测。目前世界上各大电子公司均生产这种产品且都以 555 命名。

(1) 了解 555 定时器的内部结构。
(2) 了解 555 定时器的工作原理。
(3) 了解 555 定时器的典型应用。

任务引入

在一些农村，普遍使用井水作为日常生活用水，与之相配套的还在屋顶装有水箱，通过水泵将井水抽到高处的水箱中储存起来，平时就使用水箱中的水，从而达到如同城市中的自来水一样方便的效果。不仅是农村，在许多城市，由于水资源的缺乏，有许多地方实行限时供水，家中安装水箱的也不在少数(特别是高层住户，由于停电实行低压供水时，经常没水)。在使用中经常会将水箱中的水用干后才知道没水了，此时才去合上水泵电源向水箱中供水，整个过程都需要人工参与，非常麻烦，有时还会一时疏忽而使水箱中的水满溢，弄得整个屋子都是水。

水位传感器有专用的成品出售，可以直接采用，但是结构复杂，价格较贵。图 10.1 所示是一个实用的水箱水位自动控制电路，能够实现如下功能：水箱中的水位低于预定的水位时，自动起动水泵抽水；而当水箱中的水位达到预定的高水位时，使水泵停止抽水，从而可以始终保持水箱中有一定的水，既不会干，也不会溢，非常实用而且方便。

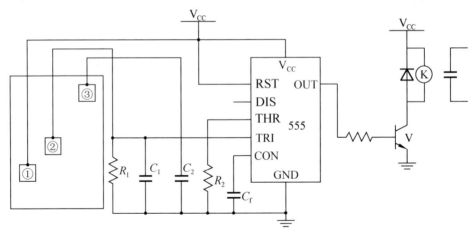

图 10.1　水箱水位自动控制电路

任务分析

该控制电路利用水的导电性来对水位进行判断，具体过程为在水箱中悬挂了 3 块金属片①、②、③。当水箱中的水位在金属片②以下时，电动机起动→给水箱供水→水位上升，碰到金属片③时停止供水；用户用水后水位下降，降至金属片②脱离水面时，电动机再次起动供水，重复上述过程，因此水箱内的水位能保持在金属片②、③之间。

可见：理解该电路工作过程的关键是要了解 555 集成定时器的工作原理。

相关知识

555 集成电路是一种双极型器件，有较强的带负载能力，工作电源的电压范围宽，可达 4.5～15V；另有一种单极型器件(CMOS)7555，其逻辑功能与 555 完全相同，只是输出电流较小，工作电源的电压范围为 3～18V，芯片自身功耗较小。

一、555 定时器的内部结构和工作原理

555 定时器的外形和内部电路如图 10.2 所示，它由 3 个阻值(5kΩ)相等的电阻串联构成分压器，COMP1 与 COMP2 两个集成运放构成两个电压比较器，一个 SR 触发器和一个 NPN 型晶体管 4 部分组成。各引脚功能如下。

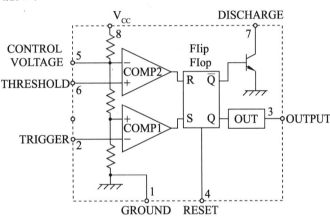

图 10.2 555 定时器的外形与内部构成

①脚：GROUND，电源负极，接地。

②脚：TRIGGER，低电平(负脉冲)触发端口。这是内部比较器 COMP1 的反相输入端。当加在该端的电压小于 $1/3V_{CC}$(同相端电压)时，比较器输出为"1"，反之输出为"0"。

③脚：OUTPUT，输出端口。输出的高电平值略小于电源电压。

④脚：RESET，复位端口。该端有效时，③脚输出为"0"。

⑤脚：CONTROL VOLTAGE，控制电压输入端口。它是比较器 COMP2 的反相输入端(基准电压端)。若外接附加电阻或电压可以改变基准电压的大小，否则该端口电压为 $2/3V_{CC}$。不使用该端口时接一个约 0.01μF 的电容到地，以防止干扰信号由此引入。

⑥脚：THRESHOLD，高电平触发端口，又称高电平复位端。它是比较器 COMP2 的同相输入端口，当该端加大于 $2/3V_{CC}$ 的电压(COMP2 反相输入端电压)时，COMP2 比较器的输出为"1"。这时若②脚 TR 端不加触发信号(即保持为高电平)，那么输出端 OUT 为"0"。

⑦脚：DISCHARGE，放电端，它是内部放电晶体管的集电极。当 555 输出为低电平时，该晶体管有足够的基极电流注入，可使晶体管饱和(集电极接有正确直流回路时)。

⑧脚：V_{CC}，电源正端，4.5～15V(7555 为 3～18V)。

分压器为两个电压比较器 COMP1 和 COMP2 提供参考电压。如控制端⑤悬空，则比较器 COMP1 的参考电压为 1/3V$_{CC}$，加在同相端；COMP2 的参考电压为 2/3V$_{CC}$，加在反相端。

④脚 RESET 是复位信号输入端口，当 RESET 有效时，基本 SR 触发器被置"0"，晶体管导通，输出端③为低电平。正常工作时 RESET 应无效。

⑥脚和②脚是信号输入端口。当⑥脚信号电压>2/3V$_{CC}$，②脚信号电压>1/3V$_{CC}$ 时，比较器 COMP2 输出高电平，基本 SR 触发器被复位置 0，晶体管导通，输出端③为低电平。

当⑥脚的信号电压<2/3V$_{CC}$，②脚信号电压<1/3V$_{CC}$ 时，比较器 COMP1 输出高电平，基本 SR 触发器被置 1，晶体管截止，输出端③为高电平。

当⑥脚信号电压<2/3V$_{CC}$，②脚信号电压>1/3V$_{CC}$ 时，基本 SR 触发器状态不变，电路亦保持原状态不变。

综上所述，可得 555 定时器功能见表 10-1。

表 10-1 555 定时器功能表

输 入			输 出	
复位	⑥脚	②脚	③脚	晶体管
√	×	×	0	导通
×	>2/3V$_{CC}$	>1/3V$_{CC}$	0	导通
×	<2/3V$_{CC}$	<1/3V$_{CC}$	1	截止
×	<2/3V$_{CC}$	>1/3V$_{CC}$	保持	保持

二、555 定时器的典型应用

在数字电路中介绍的触发器具有两个稳态的输出状态 Q 和 $\overline{Q}$，且两个状态始终相反。而单稳态触发器只有一个稳定状态。在未加触发信号之前，触发器处于稳定状态，经触发后，触发器由稳定状态翻转为暂稳状态，暂稳状态保持一段时间后，又会自动翻转恢复到原来的稳定状态。

1. 单稳态电路

单稳态触发器一般用于延时和脉冲整形电路。图 10.3 所示就是一个由 555 定时电路构成的单稳态触发器。

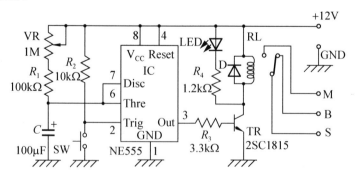

图 10.3 555 定时电路构成的单稳态触发器

电源刚刚接通时的电路状态如图 10.4 所示。图中 L 表示低电平，大小几乎为 0V；H 表示高电平，大小接近电源电压 V$_{CC}$。电源接通但未按开关 SW 时，②脚 TRIGGER 输入保持高电平，电压比较器 COMP1 输出低电平；由于电容 C 上充电尚示完成，电压比较器 COMP2 的同相输入端的电压小于 $V_2(2/3V_{CC})$，因此 COMP2 保持 L，触发器保持原态：放电晶体管 TR 导通，电容 C 通过该晶体管放电，电压无法进一步升高，输出 OUT③保持 L。

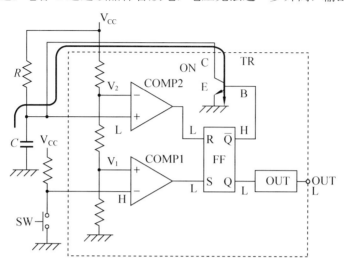

图 10.4　电源接通瞬间

　　当按下开始按钮 SW 后，如图 10.5 所示。COMP1 的反相端口变成 L，小于 COMP1 的同相端电压 V_1，COMP1 输出变为 H，因此，触发器置位，Q 变为 H，$\overline{Q}$ 变为 L 状态。由于 $\overline{Q}$ 变为 L 状态，晶体管 TR 进入截止状态。TR 导通时，电容上的电荷不能停留，现在 TR 截止，电源 V_{CC} 通过电阻 R 给电容 C 充电，电容 C 两端电压随之开始升高。

　　开始按钮 SW 使用那种松开后会自动复位的类型。SW 复原后，COMP1 的反相端变为 H 状态、可以超过其同相端的电压 V_1，COMP1 的输出变成 L 状态。不过，即使是触发器的 S 端子变为 L 状态，触发器的 Q、$\overline{Q}$ 的状态也不变化(考虑一下，为什么？)，相应的电容 C 继续处于充电状态。在与电容 C 相连的 COMP2 的同相输入端电压没有超过其反相端口电压 V_2 这段时间内，这个状态一直保持，输出也一直保持 H 状态。

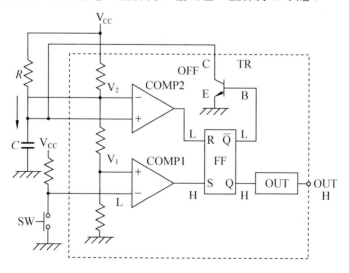

图 10.5　SW 按下时电路状态

随着电容上电荷增加，COMP2 同相端电压超过反相端电压 V_2，COMP2 输出变为 H 状态。也就是触发器复位端变为 H 状态，于是 Q 变为 L，$\overline{Q}$ 变为 H 状态，输出 OUT 变为 L 状态，如图 10.6 所示。由于 $\overline{Q}$ 变为 H 状态→TR 导通→COMP2 的同相端变为 L 状态 →COMP2 的输出返回 L 状态。这时，由于 Q、$\overline{Q}$ 的状态不再变化，输出 OUT 就保持于 L 状态。再而，由于 TR 导通，电容 C 上电荷通过 TR 放电，电荷消失。电路返回开始按钮 SW 没有按下时的状态。

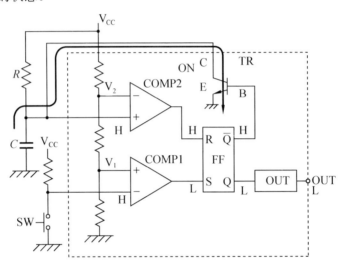

图 10.6　暂态结束

暂稳态时间(定时器时间)通过以下公式求得

$$T = 1.1RC$$

单稳态触发器是常用的基本单元电路，经常用在脉冲波形的整形、定时和延时方面。

1) 整形

由于单稳态触发器一经触发，其输出电平高低就不再与输入信号电平的高低有关，暂稳态时间 T 也是可控的。如图 10.7 所示，将输入信号 V_I 加到一个下降沿触发的单稳态触发器就可得到相应的定宽、定幅且边沿陡峭的矩形波，这就起到了对输入信号整形的作用。

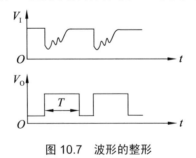

图 10.7　波形的整形

2) 定时

由于单稳态发器能产生一个定宽的矩形波输出脉冲，因此利用它可起到定时控制作用。

2. 多谐振荡器

多谐振荡器是能产生矩形脉冲波的自激振荡器。由于矩形波中除基波外，包括许多高次谐波，因此被称作多谐振荡器。多谐振荡器一旦振荡开始，电路没有稳定状态，只有两个暂稳态，它们做交替变化，输出矩形波脉冲信号，因此又被称作无稳态电路。

用 555 定时电路构成的多谐振荡器如图 10.8 所示。

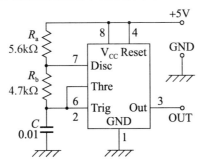

图 10.8　多谐振荡器

电源接通时的电路状态如图 10.9 所示。这时，触发器 Q 处于 H，$\overline{Q}$ 处于 L 状态。

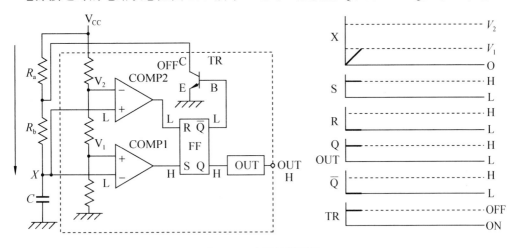

图 10.9　电源接通瞬间

由于 $\overline{Q}$ 是 L，TR 截止，电流通过电阻 R_a、R_b 流向电容 C。刚接通电源时，电容 C 上没有电荷，因此，X 点电压从 0V 开始变化。因为 X 点电压比 COMP1 同向端的电压 V_1 低，触发器 S 端处于 H 状态。因此，Q 处于 H、$\overline{Q}$ 处于 L 状态，继续保持刚才状态。另一方面，COMP2 同相端电压比 V_2 低，COMP2 输出为 L，触发器稳定的处于这种状态。

当 X 点电压超过 COMP1 同相端的电压 V_1 时，COMP1 输出变为 L，如图 10.10 所示。

不过，这种变化并不能改变触发器的状态。随着 X 点电压的进一步上升，达到 COMP2 反相端电压 V_2 时，COMP2 输出变成 H 状态，也就是触发器的 R 端子变为 H，输出发生翻转：Q 变为 L，$\overline{Q}$ 变为 H 状态，OUT 从 H 变为 L。由于 $\overline{Q}$ 变为 H，TR 导通，于是一直通过 R_a、R_b 流向电容 C 的电流由于 R_a、R_b 的接点变成接地状态而消失；相反的，电容 C 上刚才存储的电荷通过 R_b、TR 开始放电，X 点电压开始下降。当 X 点电压也就是 COMP2 同相输入端电压下降到 V_2 以下时，触发器的 R 端由 H 变为 L。由于这个变化不能改变触发器状态，所以说触发器 R 端子变为 H 状态只是很少一段时间。

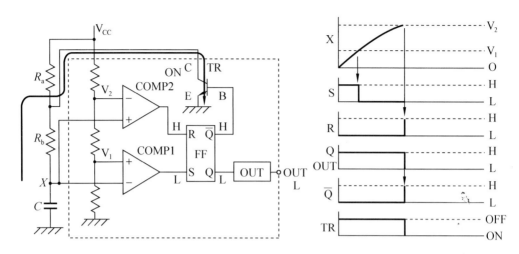

图 10.10　输出翻转

在 TR 导通期间,电容 C 一直放电,X 点的电压也一直下降。当 X 点电压下降到 COMP1 的 V_1 以下时,COMP1 的输出状态变为 H,触发器的 S 端子变为 H 状态,如图 10.11 所示。

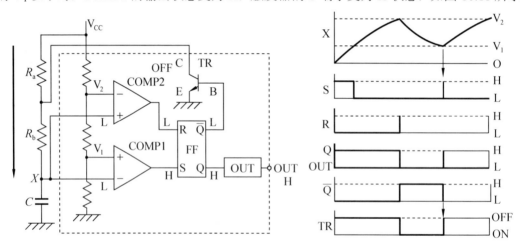

图 10.11　二次输出翻转

因此,Q 变为 H,$\overline{Q}$ 变为 L 状态。由于 $\overline{Q}$ 变为 L 状态,TR 变成截止、电容(C)一直进行的放电停止,电流再次通过 R_a 和 R_b 向电容 C 充电,电荷开始存储。随着电容 C 上电荷的增加,X 点电压开始上升,COMP1 输出又变为 L 状态。这样,随着这个动作过程重复,OUT 端口上就出现了矩形波信号。

特别提示

在每个周期内,电容 C 充电通过 R_a 和 R_b;放电只通过 R_b。因此,充电和放电时间不同。当 $R_a \ll R_b$ 时,两个时间差别不大,但区别还是有的,充放电时间完全相同一般做不到。假如让 R_a 为 0Ω看起来似乎可以,但那样做的话,电源 V_{CC} 和 TR 直接相连,TR 容易损坏。可见 R_a 不能为 0Ω,只要 R_a 比 R_b 小,实际应用上就没问题。

振荡器的频率通过以下公式求得：

$$f = \frac{1.44}{(R_a + 2R_b)C}$$

3. 施密特触发器

施密特触发器是一种脉冲信号变换电路，用来实现整形和鉴波。图 10.12 所示是用 555 定时器构成的施密特触发器。

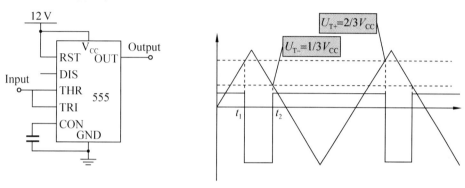

图 10.12　施密特触发器

与多谐振荡器相比较，差别在于本电路不接定时电阻 R_a 和 R_b，定时电容 C 和⑦脚不使用(即不使用片内晶体管 TR)。

由对多谐振荡器工作原理的讨论可知：当 555 的②脚 TRI、⑥脚 THR 电压上升到 $2/3V_{CC}$ 时，器件的输出端③脚(OUT)翻转为低电平 L；而当②、⑥脚的电压下降到 $1/3V_{CC}$ 时，器件的输出端又翻转回高电平 H。在多谐振荡器中是依靠电容 C 的充电放电过程达到这一效果的，而在图 10.12 中则将②、⑥脚作为信号输入端口，外接一个已知的幅度大于 $2/3V_{CC}$ 的信号源，利用信号的变化使②、⑥脚的电压上下变动：在 t_1 时刻上升至 $2/3V_{CC}$，输出状态翻转为 L；在 t_2 时刻下降至 $1/3V_{CC}$，输出变为 H(随着信号的变化③脚输出连续的方波脉冲)。这正是施密特触发器的基本特性。在图 10.12 中，上门槛电压 $U_{T+}=2/3V_{CC}$，下门槛电压 $U_{T-}=1/3V_{CC}$，回差电压 $\Delta U=U_{T+}-U_{T-}=1/3V_{CC}$。

**特别提示**

使用 555 集成电路构成的施密特触发器，可以利用外界因素来改变其门槛电压和回差电压。只要在⑤脚外接一个电压，或外接一个电阻到电源，或外接一个电阻到地，均能改变上、下门槛和回差电压。

4. 电压频率(V/F)变换器

在上述由 555 构成的多谐振荡器中，若将⑤脚电压控制端 Co 接在由 R_3 和 R_4 构成的分压电路中，则 Co 端输入的电压就是一个可变电压 V_{CO}。电路如图 10.13 所示。

调节电位器 R_4，可改变电压 V_{CO} 的数值，亦即改变比较器 COMP1、COMP2 的参考电压。上比较器 COMP2 的参考电压为 V_{CO}，下比较器 COMP1 的参考电压为 $1/2V_{CO}$。V_{CO} 越大，参考电压值越大，输出脉冲周期越大，输出频率越低；反之，V_{CO} 越小，输出频率

越高。由此可见,只要改变控制端电压 Vco,就可改变其输出的矩形波频率,此时,555
振荡器就是一个电压频率变换器(也称压控振荡器)。

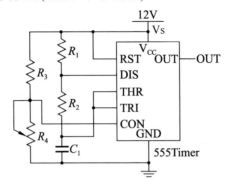

图 10.13　电压频率(V/F)变换器

任务实施

　　当水位在金属片②以下时,555 电路的②、⑥脚分别通过电阻 R_1 和 R_2 接地,此时③脚
OUT 端输出为"H"→晶体管 V 饱和导通→继电器 K 得电→接通供水电动机回路,电机起
动供水。

　　水位逐渐升高淹及金属片②,但不及金属片③时,由于金属片①、②淹水,相当于在
①、②两金属片间接入了一个电阻,等效于在 555 的②脚接了一个电阻至电源 V_{CC}。选择
适当面积的金属片,可以使 555②脚电位高于 $1/3V_{CC}$,但这时⑥脚仍为低电平,因此 555
输出状态不变,即继续维持前面的 OUT=H 状态,电动机继续运转供水。

　　水位继续上升至淹及金属片③时,相当于 555 的⑥脚也接了一个电阻到电源 V_{CC}。选
择足够面积的金属片,使此时⑥脚的电位高于 $2/3V_{CC}$,则③脚输出为"L",晶体管 V 截止,
继电器 K 失电,切断供水电动机电源回路,供水停止。

　　如果由于用户用水,水位下降至脱离金属片②时,电动机起动供水,重复上述过程。

拓展阅读

直流电动机

　　电动机简称电机(Motor),电路符号用" Ⓜ "表示,是一种常见的把电能转换为机械能的装置,在
生产生活中应用十分广泛。电动机根据使用电源的不同,分为直流电动机(DC Motor)、交流电动机(AC
Motor)和步进电动机(Stepper motor)等几种。这里主要介绍小功率的直流低压电动机,更多类型电机可参见
笔者《机电传动控制项目教程》一书。

　　1. 直流电动机基础

　　直流电动机(图 10.14)是一种将直流电能转换成机械能的装置,工作在直流电压下。根据转速的不同,
直流电机(电路符号为 Ⓜ)可分成直流高速电动机、直流低速电动机、直流减速电动机等几种。

图 10.14　直流低压电动机

电机底部有两个引脚用于供电。如果交换供电极性可以使电动机反转。在一定范围内提高供电电压可以提高电动机转动速度，降低电压可以减小电动机转动速度。

直流电动机分为有刷电动机(Brushed Motor)和无刷电动机(Brushless Motor)两种。有刷电动机始于1886 年，结构如图 10.15 所示。两个电刷是电动机的两个引脚，连接到直流电源上，与换向器配合，向转子线圈供电(其本质是完成直流电向交流电的转换)。

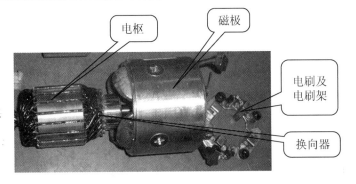

图 10.15　直流有刷电动机

无刷电动机(电脑机箱中电源、CPU 等散热用的电动机就是无刷电动机，如图 10.16 所示)出现于1962年，它用控制电路取代了即消耗有色金属又会带来污染的电刷和换向器结构，并且大大减少了有刷电动机运行时噪声大，转动不够平衡的缺点。

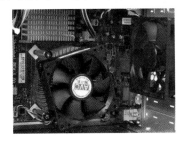

图 10.16　散热风扇中的无刷电机

无刷电动机的结构如图 10.17 所示，它与有刷电动机最大的区别在于其转子采用的是永磁体，定子采用的是其驱动器控制下的线圈且没有电刷。要说明的是，磁体可以在定子线圈之外，也可以在定子线圈中间。

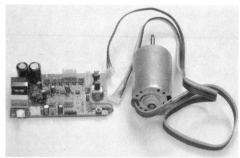

图 10.17　无刷电动机的结构

2. 直流电动机的起动与停止控制

小功率直流电动机在不需要调速时其控制非常简单，控制电路如图 10.18 所示。

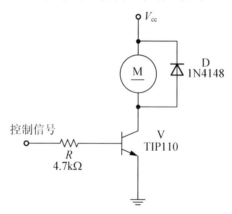

图 10.18　直流电动机的起动停止控制

从图 10.18 中可以看出，控制信号通过使晶体管 V 导通或截止就可以控制电动机的起动与停止。图中所采用晶体管型号为 TIP110，最大可驱动额定电压为 60V，额定电流为 2A 的直流电动机(大电流时要添加散热器)。

3. 直流电动机的调速——PWM(脉宽调制)

PWM 是使用数字信号对模拟器件功率进行控制的常用手段，在测量、通信等诸多领域都被广泛应用。

如图 10.19 所示，电池的电压为 10V，如果把开关闭合 0.05s，在这个 0.05s 内灯泡上所加电压为 10V，接着，开关断开 0.05s，在这 0.05s 内灯泡上所加电压为 0。于是，在 0.1s 中，灯泡上承受的平均电压

$$V_{\mathrm{m}} = \frac{10\mathrm{V} \times 50\mathrm{ms} \times 0\mathrm{V} \times 50\mathrm{ms}}{100\mathrm{ms}} = 5\mathrm{V}$$

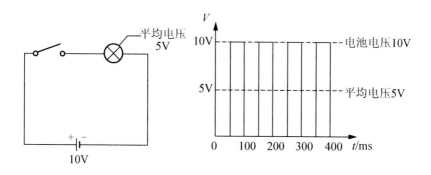

图 10.19　开关控制平均电压

如果在一个较长的时间内, 开关以 0.05s 为间隔重复闭合与断开动作, 那么在这段时间内灯泡上所加电压就为 5V。于是我们会看到, 灯泡的亮度降低了, 电能的消耗也变成了原先的一半。这种控制一段时间内开关导通时间的方法就是 PWM。

由于 PWM 信号本身是数字的, 以脉冲形式向负载供电, 所以本质上是具有一定占空比的矩形信号。在带宽足够的前提下, 任何模拟信号电压都可以由 PWM 信号产生。如使开关闭合与断开的时间分配成 60% 和 40%。在 t_a 时间段内, 开关闭合的时间为 $t_a \times 60\%$, 而断开的时间为 $t_a \times 40\%$, 则可以得到 6V 的平均电压。

在实际应用中有许多方法可以产生 PWM 信号, 如模拟方法、数字方法、专用芯片方法、单片机方法、PLC 方法。图 10.20 所示是利用 555 集成定时器产生的 PWM 信号。

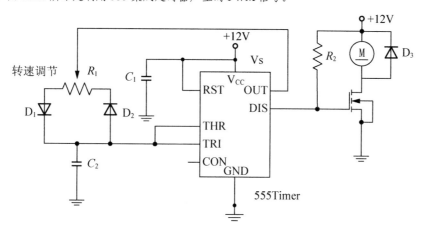

图 10.20　利用 555 集成定时器产生 PWM 信号

其 7 脚输出的 PWM 信号, 经过一个场效应管, 就可以驱动电动机工作。通过调整电位器 R_1 改变 PWM 信号的平均电压后就实现了直流电动机的调速。

要说明的是, 现在已经有把直流电压转换成相应 PWM 信号的专用集成电路芯片, 见表 10-2。

表 10-2　PWM 信号发生器集成电路芯片

生产商	型　号	用　途	说　明
ST	SG1524	开关电源	可达到 100% 的占空比
	SG3525A		
Maxim	MAX038	信号发生器	占空比范围 15%～85%, 可生成三角波和正弦波

续表

生产商	型　　号	用　　途	说　　明
Atmel	U2352B	用于便携设备速度控制的 PWM 发生器	内置限流电路
TI	TL494	开关电源	最大 90%占空比
	UC2633	用于电机控制的 PWM 发生器	为电机控制提供多种选择

思考与练习

1. 图 10.21 所示为一触摸延时开关电路。当用手触摸金属片时，发光二极管点亮，经过一定时间后，发光二极管自动熄灭。试说明其工作原理，并问发光二极管能亮多长时间?(将输出端电路稍加改变可接门铃、短时用照明灯、排风扇等。)

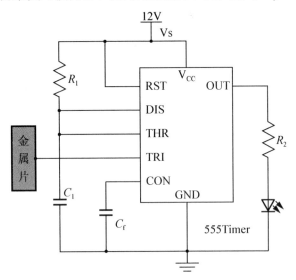

图 10.21　思考与练习 1 题

2. 试分析图 10.22 所示电路的工作原理，绘出②脚和③脚的波形图。

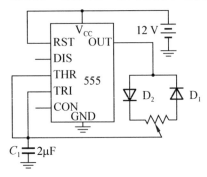

图 10.22　思考与练习 2 题

3．用 555 定时器组成的防盗报警电路如图 10.23 所示。图中 ab 为隐形金属柔性防护网。试简述该电路的工作原理。

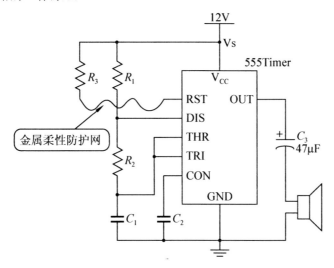

图 10.23 思考与练习 3 题

项目11

D/A 与 A/D 转换电路

↘ 引言

电信号有两大类：模拟信号和数字信号。数/模转换是把数字量转换为模拟量的过程，相应器件(集成电路)称为 D/A 转换器或 DAC(Digital to Analog Converter)；模/数转换则是把模拟量转换为数字量的过程，相应器件称为 A/D 转换器或 ADC(Analog to Digital Converter)。

DAC 和 ADC 有着广泛的用途。例如对温度、湿度、压力、重力等非电物理量的测量结果若希望用数码管显示或用计算机来处理，就必须设法把这些待测物理量转化为二进制数字量才能被数字电路或计算机所接受；如果希望由计算机控制外部设备的话，必须要通过 D/A 转换器把二进制数字量转换为模拟量才能达到控制目的。带有模数和数模转换电路的测控系统大致可用图 11.1 表示。

图 11.1 测控系统

为了保证数据处理结果的准确性，转换器必须要有足够的转换精度；同时，为了适应高速过程控制和检测需要，转换器还必须有足够快的转换速度，因此转换精度与转换速度是 A/D 转换器和 D/A 转换器的主要参数。

 教学目标

(1) 理解数模和模数转换的概念。
(2) 了解数/模和模/数转换的基本原理。
(3) 掌握数/模和模/数转换器的主要参数及使用方法。

任务引入

某音响系统，需要遥控调节其音量。已知该音量控制电位器使用一个直流电机驱动，该如何完成这个任务呢？

任务分析

我们知道：对于直流电动机，只要调节电机的控制电压就可以无步级地调节电机的转速，从而实现音量调节。但是，遥控信号不论是用射频还是用红外线为载体都是无法携带像电压这种模拟量信息的，因此，必须要对这些模拟量做些相对应的转换，才能实现对音量电位器驱动电机的精确控制。

 相关知识

一、数/模(D/A)转换电路

数字量是用二进制数码按数位组合起来表示的，对于有权码，每位代码都有一定的权值。为了将数字量转换成模拟量，必须将每位数据按其权值的大小转换成相应的模拟量，然后将这些模拟量相加，才可得到与数字量成正比的总模拟量，从而实现数/模转换，这就是构成 D/A 转换器的基本思路。

1. 基本结构原理

前面讲过，一个多位二进制数中每一位的 1 所代表的数值大小称为这一位的位权。如果一个 n 位的二进制数用 $D_n=d_{n-1} d_{n-2} d_{n-3} \cdots d_1 d_0$ 表示，它的最高位(Most Significant Bit, Msb)到最低位(Least Significant Bit, Lsb)的位权依次为 $2^{n-1}, 2^{n-2}, \cdots, 2^1, 2^0$。图 11.2 所示为 R-2RT 型网络 DAC 的结构原理图，它由权电阻网络、4 个模拟开关 $S_3 \sim S_0$ 和一个求和负反馈放大器组成。

从 D_3、D_2、D_1、D_0 输入的 4 位二进制数据经运算处理后，从运算放大器输出端 U_0 输出。U_{REF} 为已知的固定电压，称为参考电压；4 个开关 $S_3 \sim S_0$ 受输入量 $D_3 \sim D_0$ 控制，若 $D_i=0(i=0\sim3)$，则相应开关接向触点 0(地)；若 $D_i=1$，则相应的开关接向触点 1。

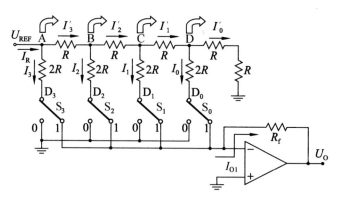

图 11.2　T 型网络 DAC 结构原理

该电路的特点是：从 D，C，B，A 各点向右看的等效电阻均为 $2R$(无论开关 S 打向左右哪边，因为左边接 0 是接地，右边接 1 是和虚地连接)。因此

$$I_3 = I_3' = I_R / 2$$

$$I_2 = I_2' = I_3' / 2 = I_R / 4 = I_R / 2^2$$

$$I_1 = I_1' = I_2' / 2 = I_3' / 4 = I_R / 8 = I_R / 2^3$$

$$I_0 = I_0' = I_1' / 2 = I_2' / 4 = I_3' / 8 = I_R / 16 = I_R / 2^4$$

若所有的开关均接向右边接点 "1"，则流向运放的电流 I_{o1} 为

$$I_{o1} = I_3 + I_2 + I_1 + I_0 = \frac{I_R}{2^4}(2^3 + 2^2 + 2^1 + 2^0)$$

实际上，并不一定所有的开关都接向右边"1"接点，因而在上式中引入因子 D_i $(i = 0,1,2,3)$，D_i 取 0 或 1。上式变为

$$I_{o1} = I_3 + I_2 + I_1 + I_0 = \frac{I_R}{2^4}(2^3 D_3 + 2^2 D_2 + 2^1 D_1 + 2^0 D_0)$$

由于 $I_R = \dfrac{U_{REF}}{R}$ (从 D，C，B，A 各点向右看的等效电阻均为 $2R$)，故

$$I_{o1} = \frac{U_{REF}}{2^4 R}(2^3 D_3 + 2^2 D_2 + 2^1 D_1 + 2^0 D_0) = \frac{U_{REF}}{2^4 R} N_D$$

N_D 是以二进制表示的十进制数。经过运算放大器处理后，

$$U_o = -R_f I_{o1} = -\frac{U_{REF}}{2^4 R} N_D$$

取 $R_f = R$ 时，$U_o = -\dfrac{U_{REF}}{2^4 R} N_D$。

推广到输入量 D 为 n 位的情况，即　$U_o = -\dfrac{U_{REF}}{2^n} N_D$。

可见 DAC 把输入的二进制数字量转换成了模拟电压。

特别提示

实际上，运放的输出 U_o 也是步级变化的，每步电压量为 $\dfrac{U_{REF}}{2^n - 1}$。不过步级很小，不易觉察。步级的大小与输入二进制数的位数有关，位数越多，步级越细。其中系数 $\dfrac{1}{2^n - 1}$ 称为 DAC 的分辨率，也是最小输出电压与最大输出电压之比，这是 DAC 的最重要的指标之一。

分辨率常常也用输入二进制数的位数来描述，例如在上面的例子中，输入的二进制数为 4 位，就称它的分辨率为 4 位。

2. D/A 转换器的主要参数

1) 分辨率

D/A 转换器的分辨率是指最小输出电压(对应输入二进制数的最低有效位为 1，其余各位为 0)与最大输出电压(对应输入二进制数的所有位全为 1)之比。由此，可写出 n 位 D/A 转换器的分辨率为 $\dfrac{1}{2^n-1}$。D/A 转换器输入二进制数的位数越多，能分辨的最小检出电压数值越小，分辨率就越高。

2) 转换精度

D/A 转换器的实际输出与理想输出之间的误差就是精度，用转换器最大输出误差电压占满度输出电压的百分比表示。例如：如果转换器的满度输出电压为 10V，误差为 ±0.1%，那么最大误差是 (10V)×(0.001)=10mV。一般情况下，精度不大于最小数字量的 ±1/2。如对于 8 位 D/A 转换器最小数字量占全部数字量的 0.39%，所以精度近似为 ±0.2%。

这是一个综合指标，不仅与 DAC 中元器件参数的精度有关，而且与环境温度、求和运算放大器的温度漂移以及转换器的位数有关。

3) 建立时间(t_{set})

指输入数字量变化时，输出电压变化到相应稳定电压值所需时间。一般用 D/A 转换器输入的数字量从全 0 变为全 1 时，输出电压达到规定的误差范围(±LSB/2)时所需要的时间表示。D/A 转换器的建立时间较快，单片集成 D/A 转换器建立时间最短可达 0.1μs 以内。

4) 转换速率((SR)

在大信号工作状态下模拟电压的变化率。

5) 温度系数

指在输入不变的情况，输出模拟电压随温度变化产生的变化量。一般用满刻度输出条件下温度每升高 1℃，输出电压变化的百分数作为温度系数。

除上述各参数外，在使用 D/A 转换器时还应注意它的输出电压特性。由于输出电压事实上是一串离散的瞬时信号，要恢复信号原来的时域连续波形，还必须采用保持电路对离散输出进行波形复原。

此外还应注意 D/A 器件的工作电压、输出方式、输出范围和逻辑电平等。

二、模/数(A/D)转换电路

在 A/D 转换器中，因为输入的模拟信号在时间上是连续的，而输出的数字信号代码是离散的，所以 A/D 转换器在进行转换时，必须在一系列选定的瞬间(时间坐标轴上的一些规定点上)对输入的模拟信号进行采样，然后再把这些采样值转换为数字量。因此，一般的 A/D 转换过程是通过采样保持、量化和编码这 3 个步骤完成的。

1. 直接 A/D 转换器

直接 A/D 转换器能把输入的模拟电压直接转换成输出的数字量而不需要经过中间变

量。常用的电路有并行比较型和逐次逼近型两类。

单片集成并行比较型 A/D 转换器的产品较多，如 AD 公司的 AD9012(8 位)、AD9002(8 位)和 AD9020(10 位)等。并行 A/D 转换器具有如下特点。

(1) 由于转换是并行的，其转换时间只受比较器、触发器和编码电路延迟时间限制，因此转换速度较快。

(2) 随着分辨率的提高，需要的元器件数目要按几何级数增加。一个 n 位转换器，所用的比较器个数为 2^n-1，如 8 位的并行 A/D 转换器就需要 $2^8-1=255$ 个比较器。由于位数愈多，电路愈复杂，因此制成分辨率较高的集成并行 A/D 转换器是比较困难的。

(3) 使用含有寄存器的并行 A/D 转换电路时，可以不用附加采样一保持电路，因为比较器和寄存器这两部分也兼有采样一保持功能。

逐次逼近型 A/D 转换器的工作原理如下。

所谓逐次逼近，就像用天平称量一个未知质量的物体，只是使用砝码的质量一个比一个小一半。工作原理如图 11.3 所示。

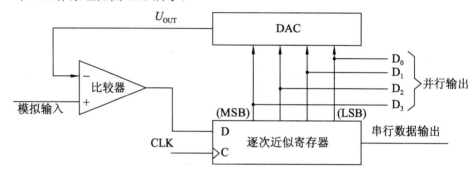

图 11.3　逐次逼近型 A/D 转换器工作原理

转换开始前先将所有寄存器清零。开始转换以后，时钟脉冲首先将寄存器最高位置成 1，使输出数字为 100…0。这个数码被数/模转换器(DAC)转换成相应的模拟电压 U_{OUT}，送到比较器中与模拟输入信号进行比较。若 U_{OUT} 比模拟输入大，说明数字过大了，故将最高位的 1 清除；若 U_{OUT} 比模拟输入信号小，说明数字还不够大，应将最高位的 1 保留。然后，再按同样的方式将次高位置成 1，并且经过比较以后确定这个 1 是否应该保留。这样逐位比较下去，一直到最低位为止。比较完毕后，寄存器中的状态就是所要求的数字量输出。

一个转换周期完成后，将寄存器清 0，开始下一次转换。

逐次比较型 A/D 转换器完成一次转换所需时间与其位数和时钟脉冲频率有关，位数愈少，时钟频率越高，转换所需时间越短。这种 A/D 转换器具有转换速度快，精度高的特点。

集成逐次比较型 A/D 转换器有 ADC0804/0808/0809 系列(8)位、AD575(10 位)、AD574A(12 位)等。以 ADC0809 为例。

ADC0809 是由美国国家半导体公司生产的 8 位逐次逼近型模/数转换器，采用双列直插式封装，共有 28 条引脚。该器件具有与微处理器兼容的控制逻辑，可以直接与 Z80、8051、8085 等微处理器接口。主要性能特点有：8 位并行、三态输出；转换时间<100μs；8 个单端模拟输入通道，输入模拟电压范围 0～5 V；单一 5V 电源供电；功耗<15 mW；工作温度 0～70℃。内部结构和引脚如图 11.4 所示。

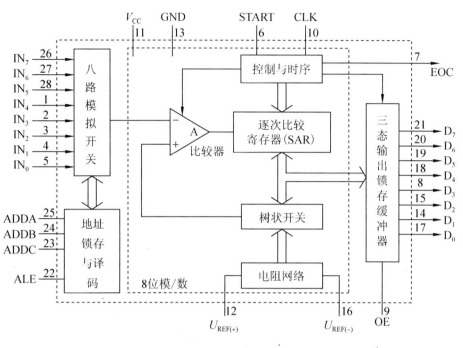

图 11.4　ADC0809 的内部组成框图

IN$_0$～IN$_7$ 是 8 个模拟量输入端；ADDA、ADDB 和 ADDC 是 3 位地址线；ALE 是地址锁存允许线，高电平有效。ALE 在脉冲的上升沿将 3 位地址 ADDC、ADDB 和 ADDA 存入锁存器。3 位地址经锁存和译码后，可以决定选择 IN$_0$～IN$_7$ 哪一路模拟电压进行转换。

D$_0$～D$_7$ 是模/数转换器输出的 8 位二进制数。

CLK 是时钟脉冲输入端。时钟频率范围 10 ～1 280 kHz。

START 是模/数转换起动信号，也是一个正脉冲信号，宽度应大于 100ms。在 START 的上升沿，将逐次比较寄存器清 0，在 START 的下降沿开始模/数转换。

EOC 是转换结束标志。在 START 的上升沿到来后 EOC 变成低电平，表示正在进行模/数转换。模/数转换结束后，EOC 跳到高电平。所以 EOC 可以作为通知数据接收设备开始读取模/数转换结果的起动信号或者作为向微处理器发出的中断请求信号。

OE 是输出允许信号。

V_{CC} 为+5V 电源；GND 为接地端；$U_{REF(+)}$ 和 $U_{REF(-)}$ 为参考电压输入端，用于给 D/A 转换器提供标准电压。$U_{REF(+)}$ 常和 V_{CC} 相连，$U_{REF(-)}$ 常接地。

ADC0809 的工作过程大致如下。

首先，输入 3 位地址信号，等地址信号稳定后，在 ALE 脉冲的上升沿将其锁存，从而选通要进行模/数转换的那路模拟信号，然后发出模/数转换的起动信号 START。在 START 的上升沿，将逐次比较寄存器清零，转换结束标志 EOC 变成低电平，在 START 的下降沿开始转换。转换过程在时钟脉冲 CLK 的控制下进行，转换结束后，转换结束标志 EOC 跳到高电平。最后在 OE 端输入低电平，输出转换结果。

如果在转换过程中接收到新的转换起动信号(START)，正在进行的转换过程被终止(因为逐次比较寄存器被清零)，重新开始新的转换。若将 START 和 EOC 短接，可实现连续转换，但第一次转换须用外部脉冲起动。

2. 间接 A/D 转换器

目前使用的间接 A/D 转换器多半都属于电压-时间变换型(V-T 变换型)和电压-频率变换型(V-F 变换型)两类。

在 V-T 变换型 A/D 转换器中，首先把输入的模拟电压信号转换成与之成正比的时间宽度信号，然后在这个时间宽度里对固定频率的时钟脉冲计数，计数的结果就是正比于输入模拟电压的数字信号。

在 V-F 变换型 A/D 转换器中，则首先把输入的模拟电压信号转换成与之成正比的频率信号，然后在一个固定的时间间隔里对得到的频率信号计数，所得到的结果就是正比于输入模拟电压的数字量。

3. A/D 转换器的主要参数

(1) 分辨率：说明 A/D 转换器对输入信号的分辨能力，指 ADC 输出数字量的最低位变化一个数码时，对应输入模拟量的变化量，用二进制或十进制表示。如 8 位(或 10 位)ADC 能分辨最大模拟电压为 $1/2^8$(或 $1/2^{10}$)。

例如，A/D 转换器输出为 8 位二进制数，输入信号最大值为 5V，那么这个转换器应能区分输入信号的最小电压为 19.53mV($5V \times 1/2^8$)。

(2) 转换误差(即转换精度)：实际输出数字量与理论值之差，用相对误差来表示。如某数字电压表的精度为 $\pm(0.5\%U_X+1$ 字)，U_X 是实际读数，"1 字"是低位有效数字 1。

(3) 转换精度——它是 A/D 转换器的最大量化误差和模拟部分精度的共同体现。

(4) 转换时间——指 A/D 转换器从转换控制信号到来开始，到输出端得到稳定的数字信号所经过的时间。

不同类型的转换器转换速度相差甚远。其中并行比较 A/D 转换器转换速度最高，8 位二进制输出的单片集成 A/D 转换器转换时间可达 50ns 以内。逐次比较型 A/D 转换器次之，它们多数转换时间在 10~50μs 之间，也有达几百纳秒的。间接 A/D 转换器的速度最慢，如双积分 A/D 转换器的转换时间大都在几十毫秒至几百毫秒之间。在实际应用中，应从系统数据总的位数、精度要求、输入模拟信号的范围及输入信号极性等方面综合考虑 A/D 转换器的选用。

不同的 A/D 转换方式具有各自的特点，在要求转换速度高的场合，选用并行 A/D 转换器；在要求精度高的情况下，可采用双积分 A/D 转换器，当然也可选高分辨率的其他形式 A/D 转换器，但会增加成本。由于逐次比较型 A/D 转换器在一定程度上兼有以上两种转换器的优点，因此得到普遍应用。

A/D 转换器和 D/A 转换器的主要技术参数是转换精度和转换速度，在与系统连接后，转换器的这两项指标决定了系统的精度与速度。

某信号采集系统要求用一片 A/D 转换集成芯片在 ls(秒)内对 16 个热电偶的输出电压分时进行 A/D 转换。已知热电偶输出电压范围为 0~0.025V(对应于 0~450℃温度范围)，需要分辨的温度为 0.1℃，试问应选择多少位的 A/D 转换器，其转换时间为多少？

对于 0~450℃温度范围，信号电压范围为 0~0.025V，分辨温度为 0.1℃的要求，相当于 0.1/450=1/4500 的分辨率。12 位 A/D 转换器的分辨率为 $1/2^{12}=1/4096$，所以必须至少要选用 13 位的 A/D 转换器。

系统的采样速率为 16 次/每秒，采样时间为 62.5ms。对于这样慢的采样速度，任何一个 A/D 转换器都可以达到。

故选用 13 位或 13 位以上带有采样－保持(S/H)的逐次比较型 A/D 转换器或不带 S/H 的双积分式 A/D 转换器均可。

这里，采用遥控电压方式间接实现对直流电机的控制。具体来说，即使用射频信号(遥控距离较远，且可隔墙实现遥控控制任务)为数据载体，编码和解码(译码)使用 UM3758-108A，数模转换采用 DAC0832 集成电路，如图 11.5(发射电路)和图 11.6(接收电路)所示。

在该电路中，UM3758-108A 具有双向功能：既可作为编码器，又可作为解(译)码器($T/\overline{R}$ =1 时为编码模式，$T/\overline{R}$ =0 时为解(译)码模式)，采用标准的 24 脚 DIP 双列直插式封装，如图 11.7 所示。

UM3758-108A 具有 10 位 3 态编码地址，8 位锁存式并行数据输入(编码)/输出(译码)端子，能方便地实现多地址、多路数字信息传递和控制，可与有线载波及无线、红外等各种载体接口配合使用，实现远距离传输。外围电路简单，电源电压范围宽、功耗低，工作电压稳定可靠，适用与遥控遥测、数字寻呼、多路通信、集群报警及双工收发等系统。

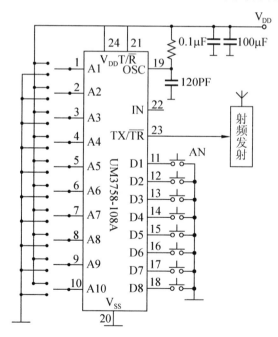

图 11.5 发射电路

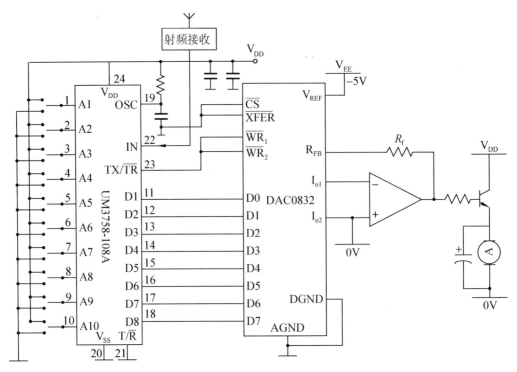

图 11.6 接收电路

图 11.7   UM3758-108A 编码和译码器

作编码器时，从 TX/$\overline{\text{TR}}$ 端输出的串行编码信号里包含了 $A_1 \sim A_{10}$ 的地址信息和 $D_1 \sim$ D_8 的数据信息；作解(译)码器接收信号时，来自编码器的串行编码信号从 IN 端输入(IN 端仅在译码时启用，编码时可悬空)。TX/$\overline{\text{TR}}$ 是复用输出端，编码时串行输出由 $A_1 \sim A_{10}$ 和 $D_1 \sim D_8$ 输入状态所形成的数据流；译码时输出译码成功标志脉冲，若译码有效，TX/$\overline{\text{TR}}$ 便由 1 跳变为 0，输出一个负脉冲，可驱动外接发光二极管发光指示，或做其他控制信号使用。

若编、解码器两者地址设置相同，信号幅度、相位满足要求，解码器正确解码，编码器的数据就会重现在解码器对应的数据线上。从编码器输出的串行编码信号可以直接使用线路传输到解码器，也可以将它调制到无线射频信号或红外线、超声波载频上传送。

DAC0832 是 8 位单通道 D/A 集成电路，为 20 脚双列直插式封装，如图 11.8 所示。主要特性如下。

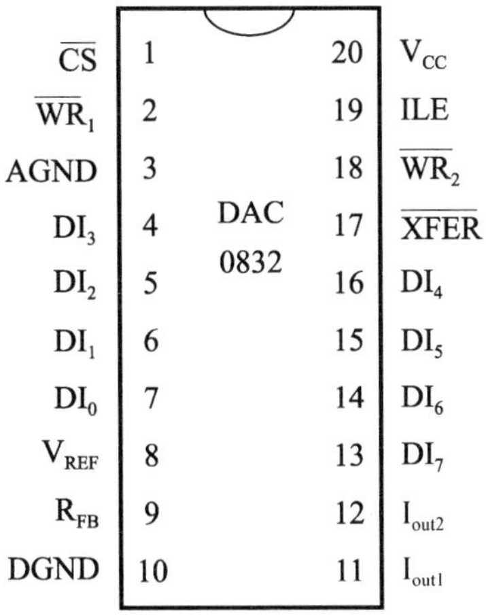

$\overline{\text{CS}}$	1		20	V_{CC}
$\overline{\text{WR}}_1$	2		19	ILE
AGND	3		18	$\overline{\text{WR}}_2$
DI_3	4	DAC	17	$\overline{\text{XFER}}$
DI_2	5	0832	16	DI_4
DI_1	6		15	DI_5
DI_0	7		14	DI_6
V_{REF}	8		13	DI_7
R_{FB}	9		12	I_{out2}
DGND	10		11	I_{out1}

图 11.8　DAC0832

(1) 8 位分辨率。

(2) 电流建立时间 1μs。

(3) 数据输入可采用双缓冲、单缓冲或直通方式。

(4) 输出电流线性度可在满量程下调节。

(5) 逻辑电平输入与 TTL 电平兼容。

(6) 单一电源供电(+5～+15V)。

(7) 低功耗，20mW。

DAC0832 的各引脚定义如下。

$\overline{\text{CS}}$：片选信号输入端，低电平有效。

$\overline{\text{WR}}_1$：输入寄存器的写选通输入端，负脉冲有效(脉冲宽度应大于 500ns)。当 $\overline{\text{CS}}$ 为 0，ILE 为 1，$\overline{\text{WR}}_1$ 有效时 DI_0～DI_7 状态被锁存到输入寄存器。

DI_0～DI_7：数据输入端，TTL 电平，有效时间应大于 90 ns。

V_{REF}：参考电压连接端，电压范围为 -10～+10 V。

R_{FB}：反馈电阻连接端，芯片内部此端与 I_{OUT}，接有一个 15kΩ的电阻。

I_{out1}：电流输出端，当输入全为 1 时，其电流最大。

I_{out2}：电流输出端，其值与 I_{out1} 端电流之和为一常数。

$\overline{\text{XFER}}$：控制数据传送，低电平有效。

$\overline{\text{WR}}_2$：DAC 寄存器的写选通输入端，负脉冲有效(脉冲宽度应大于 500ms)。当 $\overline{\text{XFER}}$ 为 0 且 $\overline{\text{WR}}_2$ 有效时，输入寄存器的状态被传到 DAC 寄存器中。

ILE：数据锁存允许信号输入端，高电平有效。

V_{CC}：电源输入端，电压范围+5～+15V。

AGND：模拟信号与基准电源参考地。

DGND：工作电源地与数字逻辑地。

特别提示

两地最好在基准电源处一点共地。

当 $\overline{CS}=0$，$\overline{WR_1}=0$ 且 ILE=1 时，外部数据传送到输入寄存器中锁存；当 $\overline{WR_2}=0$，$\overline{XFER}=0$ 时，输入寄存器中的数据被进一步锁存到 DAC 寄存器中并进行 D/A 转换。

为简单起见，本例中地址码全部接地，如果附近还有其他同类设备的话要注意编码器和解码器的地址码要相配对。当发送按钮 AN 按下时，编码器从 TX/TR 端输出串行编码信号，经调制后，从天线发送出去，如图 11.5 所示。

射频接收器把收到的信号经过检波等环节处理后恢复出与编码器输出串行信号相同的遥控信号，送入解码器的 IN 端。从解码器出来的数字信号进入 DAC0832 作数/模变换，如图 11.6 所示。

特别提示

DAC0832 的 $\overline{WR_1}$、$\overline{WR_2}$ 连接到解码器的 TX/TR 端，这样，只有当解码器解码正确、$DI_0 \sim DI_7$ 线上的数据刷新时 TX/TR 端为低电平，才能将新数据 $DI_0 \sim DI_7$ 写入 DAC0832 作数/模变换，否则 DAC0832 的输出将维持原值不变。

这里，运放用于电流/电压变换。外接的 R_f 与 DAC0832 内部的 R_{FB} 串联共同构成负反馈电阻。调节 R_f 的值，可以改变运算放大器输出电压 U_o 的满标值；将 U_o 送入射极跟随器，由射极输出可遥控电压，驱动直流电机。

该电路输出值严格对应于编码器输入的数据，只要改变编码器数据就能实现遥控调节。

思考与练习

1. 有一 8 位 T 形电阻网络 DAC，如图 11.2 所示。设 $U_{REF}=+5V$，$R_F=3R$，试求 $D_7 \sim D_0=11111111$、10000000、00000000 时的输出电压 U_o。

2. 某温度测量仪表量程为 0～150℃，采用铂热电阻传感器测量的温度经变换电路变成 4～20mA 电流，再经过 250Ω 电阻变成 1～5V 电压，用 8 位 ADC 转换成数字量供计算机处理。今计算机采样读得数字量为 A6H，问相应的温度为多少摄氏度？

3. DT-860 型数字万用表是一块三位半的仪表，已知直流电压挡标称量程为 0～20V，精度为 ±(0.5% U_X+1 字)，则其能测量的最大电压读数为多少？若测得某电压 U_X=12.53 V，则产生的绝对误差 ΔU_X 为多少？

项目 12

直流稳压电源

> 引言

  只要是电路，必然需要电源。由于交流电在电能输送和分配方面具有直流电不可比拟的优点，因此，一般电网所供给的是 220V 的交流电。在电子电路中，通常都需要低压直流稳压电源供电，很少直接使用 220V 这样的交流高电压，因此必须把 220V 交流电变成稳定的直流电。

教学目标

(1) 掌握直流稳压电源的组成。

(2) 了解开关型集成稳压电路的组成。

(3) 理解串联型稳压电路工作原理。

(4) 掌握集成稳压器的组成及使用方法。

一般情况下，市电电网只提供交流电，但很多电气设备需要直流电源供电，例如电解、电镀、蓄电池的充电、直流电动机的运转等。此外，在电子线路和自动控制装置中有些还需要电压非常稳定的直流电源。经济实用的方法是将电网提供的交流电变换成直流电。直流稳压电源就是能将交流电变成直流电的设备，如图 12.1 所示。

图 12.1　直流稳压电源

实现交流电流到直流电流的变换有两种方式，与之对应也就设计出了两种主流的直流稳压电源——线性稳压电源和开关稳压电源。根据变换原理线性稳压电源可分为串联稳压与并联稳压两种；开关电源也可分为降压稳压、升压稳压、反压稳压等几种。

一般来说，线性直流稳压电源主要由变压(Transformer)、整流(Rectifier)、滤波(Filter)和稳压(Regulator)这 4 部分组成，如图 12.2 所示。

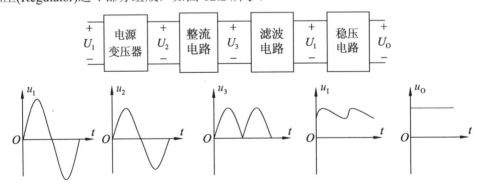

图 12.2　直流稳压电源的组成

开关稳压电源一般由整流(Rectifier)、滤波(Filter)和开关(Switching Regulator)这 3 部分电路构成，如图 12.3 所示。

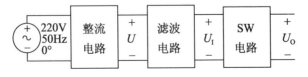

图 12.3　开关电源的组成

任务引入

试设计一个直流稳压电源，性能指标要求如下。

(1) 输出电压可调：$U_\text{o}=+3\sim+9\text{V}$。

(2) 最大输出电流：$I_\text{omax}=600\text{mA}$。

(3) 输出电压变化量：$\Delta U_\text{o}\leqslant15\text{mV}$。

(4) 稳压系数：$S_\text{V}\leqslant0.003$。

任务分析

直流稳压电源的设计可以分为以下 3 个步骤。

(1) 根据稳压电源的输出电压 u_o 和最大输出电流 I_omax 确定变压器的型号及电路形式。

(2) 根据稳压器的输入电压 u_1 确定电源变压器副边电压 u_2 的有效值 U_2；根据稳压电源的最大输出电流 I_omax，确定流过电源变压器副边的电流 I_2 和电源变压器副边的功率 P_2；根据 P_2，查资料找出变压器的效率 η，从而确定电源变压器原边的功率 P_1。然后根据所确定的参数，选择电源变压器。

(3) 确定整流二极管的正向平均电流 I_D、整流二极管的最大反向电压 U_RM 和滤波电容的电容值和耐压值。根据所确定的参数，选择整流二极管和滤波电容。

相关知识

电源变压器的作用是为用电设备提供所需的大小合适的交流电压；整流器和滤波器的作用是把交流电流变换成平滑的直流电流；稳压器的作用是克服电网电压、负载及温度变化所引起的输出电压变化，提高输出电压的稳定性。

一、电源变压器

电源变压器的作用是将来自电网的 220V 交流电压 u_1 变换为整流电路所需要的交流电压 u_2。电源变压器的效率为

$$\eta=\frac{P_2}{P_1}$$

式中，P_2 是变压器副边功率，P_1 是变压器原边功率。一般小型变压器的效率见表 12-1。

表 12-1　小型变压器的效率

副边功率 P_2	<10VA	10～30VA	30～80VA	80～200VA
效率 η	0.6	0.7	0.8	0.85

当计算出副边功率 P_2 以后，就可以根据上表算出原边功率 P_1。

二、整流电路

在模块 2 项目 4 中已经介绍过，利用具有单向导电性元件如二极管、可控硅等，可将交流电转换成单向脉动直流电(即整流)。完成整流作用的电路称为整流电路。整流电路按输入电源的相数可分为单相整流电路和三相整流电路；按电压输出波形的不同又可分为半波整流电路和全波整流电路。

1. 单相半波整流电路

单相半波整流电路是在交流电压整个周期内，在负载上得到一个单方向的脉动直流电(大小变化、方向不变)。由于流过负载的电流和加在负载两端的电压只有半个周期的正弦波，故称之为半波整流，如图 12.4 所示。

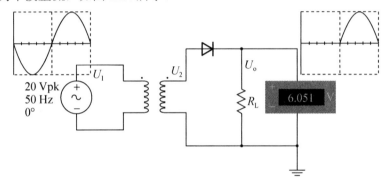

图 12.4　半波整流

图 12.4 中变压器副边电压 $u_2 = \sqrt{2}\,U_2\sin\omega t$，当 u_2 为正半周时，二极管处于正向导通状态；当 u_2 为负半周时，二极管处于反向截止状态，可见输出为单向脉动电压。通常负载上的电压用一个周期的平均值来说明它的大小，单相半波整流输出的平均电压为

$$U_o = \frac{1}{2\pi}\int_0^\pi \sqrt{2}U_2 \sin\omega t\,\mathrm{d}\omega t = \frac{\sqrt{2}}{\pi}U_2 = 0.45U_2$$

即，半波整流输出的直流电压 $U_o \approx 0.45U_2$。

流过整流二极管的平均电流 I 与流过负载的电流相等，即　$I = \dfrac{0.45U_2}{R_L}$。

当二极管截止时，它承受的反向峰值电压 U_{RM} 是变压器次级电压的最大值，即

$$U_{RM} = \sqrt{2}U_2$$

2. 单相桥式整流电路

单相桥式整流电路在交流电压整个周期内对负载都有单向脉动电压输出，故称之为全波整流，如图 12.5 所示。

全波整流输出的直流电压 $U_o \approx 0.9U_2$。

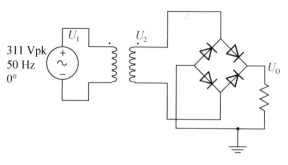

图 12.5　桥式整流

整流前的电压 u_2 和整流后的电压 u_o 的波形如图 12.6 所示。

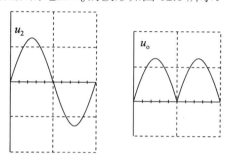

图 12.6　u_2 和 u_o 的波形

流过整流二极管的平均电流 I_D 等于负载电流的一半，即　$I_D = \dfrac{0.45U_2}{R_L}$。每个二极管截止时承受的反向峰值电压 $U_{RM} = \sqrt{2}U_2$。

与半波整流电路相比，桥式整流电路中电源的利用率提高了 1 倍，同时输出电压波动也小，因此得到了广泛应用。

特别提示

桥式整流电路的缺点是二极管使用得较多，电路连接复杂，容易出错。为了解决这一问题，生产厂家常将 4 个整流二极管集成在一起构成桥堆，其外形如图 12.7 所示。这是应用集成电路技术将 4 个 PN 结集成在同一硅片中，具有 4 根引出线。使用时将其中两根引线接交流电源，另外两根即为直流输出线。

图 12.7　整流桥

此外，生产厂家也将多个二极管串联在一起做成高压整流堆，它的反向工作电压高达 9000V 以上，应用在电视机、计算机 CRT 显示器等高压整流电路中。

三、滤波电路

通过整流电路获得的直流电流脉动成分较大，在某些应用中(如电镀、蓄电池充电等)可直接使用，但还有许多电子设备需要平稳的直流电源。这就需要增加滤波电路将交流成分滤除，以得到比较平滑的输出电压。

1. 电容滤波

滤波通常是利用电容的能量存储与转化功能来实现的。图 12.8 所示是单相桥式整流电容滤波电路。

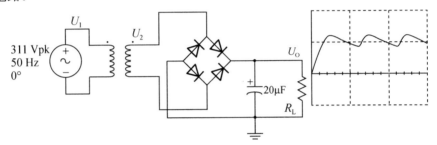

图 12.8　电容滤波

电容滤波是根据电容两端电压在电路状态改变时不能跃变的原理完成的。

负载未接入时，经过整流后的电流向电容充电，充电时间常数为 $\tau = RC$，其中 R 包括变压器二次侧绕组电阻和二极管的正向电阻。由于 R 较小且电容器无放电回路，故电容器两端电压被很快充至并保持在交流电压 u_2 的最大值 $\sqrt{2}U_2$。

接入负载后，在二极管导通时，u_2 一方面供电给负载，另一方面同时对电容器充电。充电电压随着电压 u_2 增大至最大值，而后 u_2 和电容上的电压都下降，当 u_2 小于电容上的电压时，二极管承受反向电压而截止，电容器对负载放电，负载中仍有电流通过，大小按电容放电规律下降；在 u_2 的下一个正半周内，当 u_2 大于电容上的电压时，二极管再次导通，电容器被再次充电，重复上述过程。负载上的电压如图 12.8 右侧 u_0 的波形所示。

采用电容滤波方式的特点是电路结构简单，当负载 R_L 较大时，滤波效果好。电路中决定放电快慢的是时间常数 $R_L C$，其值越大，放电速度越慢，输出波形越平滑。一般要求 $R_L C$ 的取值满足：$R_L C \geqslant (3 \sim 5)T/2$。

经电容滤波后，输出的直流电压 $U_0 = (1 \sim 1.2)U_2$，整流管承受的最高反向工作电压为 U_2。

在整流电路中，每只二极管均有半个周期处于导通状态，也称二极管的导通角 $\theta = \pi$。当加入电容滤波后，只有当 $U_2 > U_C$ 时，二极管才处于导通状态，因此每只二极管的导通角都小于 π。时间常数 $\tau = R_L C$ 的值越大，滤波效果越好，二极管的导通角 θ 将越小。

　**特别提示**

在电容滤波电路中输出电压增大，输出电流的平均值增大，而二极管的导通角却减小了。因此，整流二极管在短暂的导通时间内将有一个较大的平均冲击电流流过，对二极管的使用寿命不利，所以实际应用中应该选择较大容量的整流二极管。

2. 电感滤波

在桥式整流电路和负载电阻 R_L 之间串接一个电感 L 就组成了电感滤波电路，如图 12.9 所示。

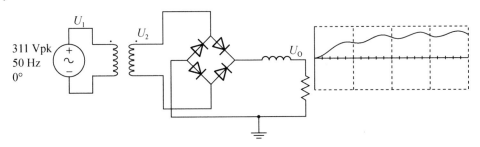

图 12.9 电感滤波

由于通过电感线圈的电流发生变化时，线圈中要产生自感电动势阻碍这个变化，因而使负载电流和负载电压的脉动大为减小。频率愈高，电感愈大，滤波效果愈好。当忽略电感 L 的电阻时，负载上输出的电压平均值和纯电阻(不加电感)负载基本相同，即 $U_L=0.9U_2$。

电感滤波的特点是整流管的导通角较大，峰值电流很小，输出电压比较平坦。其缺点是体积大，易引起电磁干扰。因此，电感滤波一般只适用于低电压大电流场合。

3. 电感电容滤波(LC 滤波)

为了进一步减小负载电压中的交流成分，在电感后再接一电容器就构成了电感电容滤波电路，如图 12.10 所示。

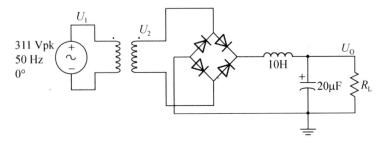

图 12.10 LC 滤波

LC 滤波器适用于电流较大、输出电压要求非常平稳的场合，用于高频电路时更为合适。

4. π型滤波电路

如果要求输出电压更加稳定，可以在 LC 滤波器的前面再并联上一个滤波电容，这样便构成了 π 型滤波器，如图 12.11 所示。它的滤波效果比 LC 滤波器更好，但整流二极管的冲击电流较大。

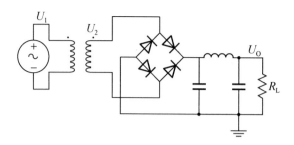

图 12.11 π 型滤波

由于电感线圈体积大而笨重，成本又高，所以有时候用电阻代替，这样便构成了π型 RC 滤波器，如图 12.12 所示。

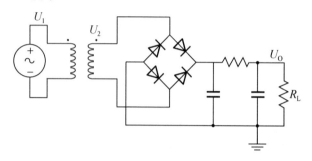

图 12.12 π 型 RC 滤波

电阻对于交、直流电流都具有同样的降压作用，但是当它和电容配合之后，就使脉动电压的交流分量较多地降落在电阻两端(因为电容的交流阻抗很小)，而较少地降落在负载上，从而起到了滤波的作用。R 愈大滤波效果愈好，但 R 太大，将使直流压降增加。这种滤波电路主要适用于负载电流较小而又要求输出电压脉动很小的场合。

四、稳压电路

整流输出电压经滤波后，脉动程度减小，波形变平滑。但是，当电网电压发生波动或负载变化较大时，其输出电压仍会随着波动。而电压的不稳定有时会产生测量和计算的误差，引起工作不稳定，在这种情况下，滤波电路是无能为力的，必须在滤波电路之后加上稳压电路。

1. 稳压管稳压电路

稳压管稳压是利用稳压管工作在反向稳压区时，稳压管两端电压 U_Z 的微小变化，会引起电流 I_Z 的较大变化这一特性完成的，如图 12.13 所示。右边是稳压管实物外形，下面分析工作原理。

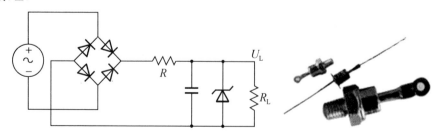

图 12.13 稳压管稳压电路

当负载电阻不变，电网电压上升时，负载两端电压随之增加。由稳压管的伏安特性可知，稳压管的电流 I_Z 会显著增加，结果使流过限流电阻 R 的压降增大，抵偿电源电压增加，使负载电压数值保持近似不变；如果交流电源电压降低，电压 U_L 也减小，稳压管的电流 I_Z 显著减小，通过限流电阻 R 的电流减小，R 上的压降减小，使负载电压 U_L 数值近似不变。

假设电网电压保持不变，负载电阻 R_L 减小，则负载电流将增大，限流电阻 R 上压降升高，输出电压 U_L 下降。由于稳压管反向并联在输出端，当稳压管两端电压有所下降时，电流 I_Z 将急剧减小，使得流过限流电阻 R 的电流基本维持不变，R 上电压也就维持不变，从而使输出电压 U_L 基本不变。当负载电阻增大时，稳压过程相反。

稳压管稳压电路的特点是电路简单，工作可靠，稳压效果也较好，但输出电压的大小要由稳压管的稳压值来决定，不能根据需要加以调节，此外，负载的变化也不能太大，否则电压稳定度不够高。

2. 串联型稳压电路

由于用稳压管组成的稳压电路无法实现大电流输出和输出电压的任意调节，所以常采用串联型晶体管稳压电路，如图 12.14 所示。

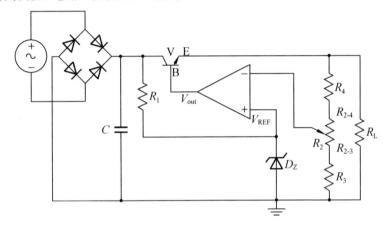

图 12.14　串联型稳压电路

串联型晶体管稳压电路由取样电路、基准电压电路、比较放大电路和调整电路等部分组成。

取样电路由 R_3、$R_{2\text{-}3}$、$R_{2\text{-}4}$ 和 R_4 串联组成，其作用是获取输出电压 U_o 的变化。

基准电压部分向运算放大器同相输入端提供基准电压 V_{REF}，由电阻 R_1 和稳压二极管 D_Z 组成的稳压电路来完成。R_1 为限流电阻，保证稳压二极管 D_Z 有合适的工作电流。

比较放大部分由集成运算放大器完成，其输出电压 $V_{out} = V_B$，$V_{out} = (1 + \dfrac{R_4 + R_{2\text{-}4}}{R_3 + R_{2\text{-}3}})V_{REF}$。

调整部分由调整管 V 完成。V 由运算放大器输出端控制，以抵消输出电压的波动。

串联型稳压电路工作的原理是当输出电压增大(或降低)时，采样电路将这一变化送到放大器的输入端，并与基准电压进行比较放大，使得放大器的输出电压即调整管的基极电压降低(或升高)，因电路采用的是射极输出的形式，故输出电压也必然随之降低(或升高)，从而使得输出达到稳定。

由于该电路的稳压是通过控制串联接在输入电压与负载之间的调整管 V 来实现的，故称之为串联型稳压电路。

3. 集成稳压电路

随着集成电路工艺的发展，串联型稳压电路中的调整环节、比较放大环节、基准电压环节、取样环节，甚至是它的附属电路都可以制作在一块硅片内，形成集成稳压组件，称为集成稳压电路或集成稳压器。集成稳压器具有体积小、可靠性高、使用灵活、价格低廉等优点。目前生产的集成稳压器种类很多，但按引出端不同可分为固定式和可调式两种。

1) 固定式集成稳压器

常用的固定式集成稳压器有 78×× 系列(输出正电压)和 79×× 系列(输出负电压)两类，如图 12.15 所示。其中 "××" 表示其输出固定电压值的大小，一般有 5、6、8、9、12、15、18、24V 等。例如 7812 就表示固定输出 12V 电压。

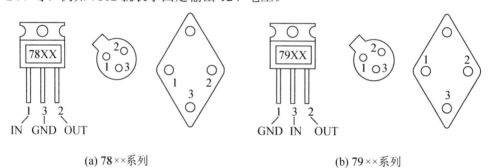

(a) 78×× 系列 　　　　　　　　　　　　(b) 79×× 系列

图 12.15　集成稳压电路

这种稳压器只有输入端、输出端和公共端 3 个引出端，所以也称为三端稳压块。输入端接整流滤波电路，输出端接负载，公共端接输入、输出的公共连接点。

使用时需要在输入端和输出端分别与公共端之间并联一个电容 C_i 和 C_o。C_i 用以抵消输入端较长接线的电感效应，防止自激振荡，一般在 $0.1\sim1\mu F$ 之间，典型值为 $0.33\mu F$；C_o 的作用是为了负载电流瞬时增减时不致引起输出电压有较大的波动，典型值为 $1\mu F$，如图 12.16 所示。

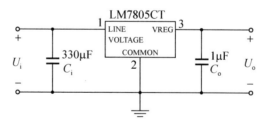

图 12.16　78 系列集成稳压块的使用方法

79×× 系列输出固定的负电压，其参数与 78×× 系列基本相同。

特别提示

使用集成稳压器时，要注意以下几点。

(1) 严格区分输入端与输出端，防止接反。当输出端电压超过输入电压时很容易击穿集成块内的调整管。

(2) 接地要良好，特别是通过散热器连接时。应考虑使用一段时间后，接点因氧化、振动等原因有可能导致接触不良的情况发生。

(3) 防止输入端发生短路，特别是稳压器输出端接有大电容时。若因停电、过载、保险烧断等，大电容的电荷释放之前，会使输出端电压高于输入端电压 7V 以上，导致调整管击穿损坏。为避免这种情况的发生，可在稳压器的输入、输出端反向接入保护二极管。

(4) 防止瞬态过电压损坏稳压器，可在输入端(贴近稳压块处)与公共端之间接入容量大于 $0.1\sim0.47\mu F$ 的电容加以解决。

上述三端稳压器的缺点是输入输出之间必须维持 $2\sim3V$ 的电压差才能正常工作，在电池供电的装置中不能使用。例如，7805 在输出电流是 1.5A 时自身的功耗达到 4.5W，不仅浪费能源还需要添加散热器散热。现在已经有低压差的产品问世，具有和 78×× 系列相同的封装，电压相同时，可以互换使用。

2) 可调式集成稳压器

三端可调输出电压集成稳压器是在三端固定式集成稳压器基础上发展起来的生产量大、应用面很广的产品，也有正电压输出(如 LM117、LM217 和 LM317 系列)和负电压输出(如 LM137、LM237 和 LM337 系列)两种类型。它既保留了三端稳压器的简单结构形式，又克服了固定式稳压器输出电压不可调的缺点。从内部电路设计及集成化工艺方面采用了先进的技术，性能指标比三端固定稳压器高一个数量级，输出电压在 1.25～37V 范围内连续可调。稳压精度高、价格便宜，称为第二代三端式稳压器，典型应用电路如图 12.17 所示。

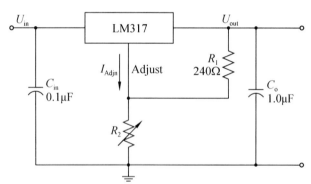

图 12.17　LM317 的标准应用

$$U_{\text{out}} = 1.25\text{V}\left(1 + \frac{R_2}{R_1}\right) + I_{\text{Adjn}}R_2$$

注：I_{Adjn} 的典型值是 $50\mu A$，在大多数的应用中可以忽略。

拓展阅读

开关稳压集成电路与稳压电源的主要技术指标

一、开关型稳压集成电路

开关稳压集成电路是另一大类集成型稳压电路，有非常多的型号可供选择。以图 12.18 所示的 78S40 来说，它可以通过外围器件设置成降压稳压电路、升压稳压电路、反压稳压电路。

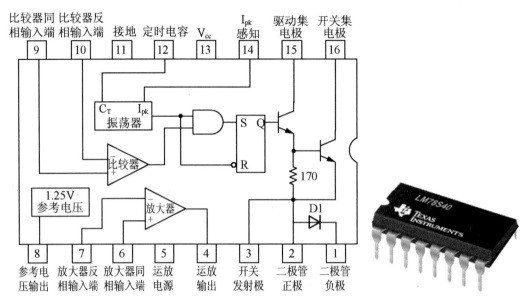

图 12.18　开关集成稳压电路 78S40

图 12.19 所示即为在 78S40 外围添加一些简单的元器件后所构成的降压稳压电路、升压稳压电路与反压稳压电路的参考电路。

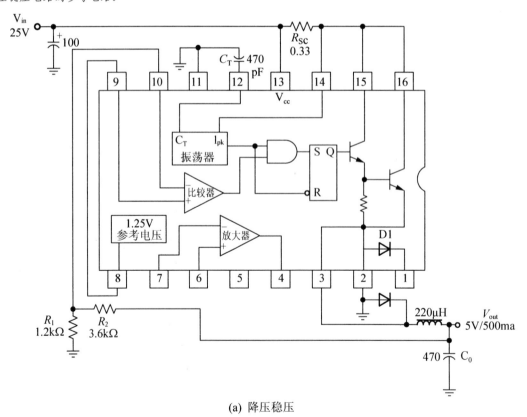

(a) 降压稳压

图 12.19　利用 78S40 构成的关稳压电路

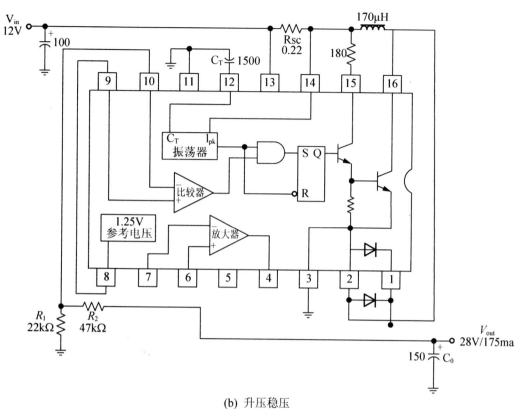

(b) 升压稳压

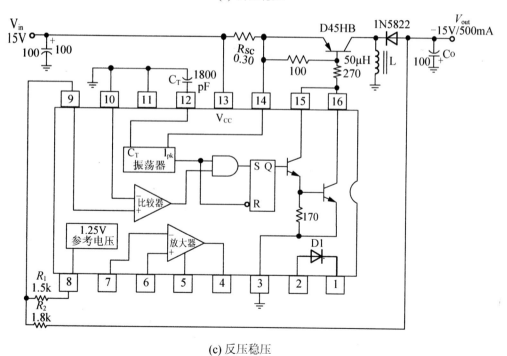

(c) 反压稳压

图 12.19 利用 78S40 构成的开关稳压电路(续)

二、稳压电源的主要技术指标

1. 特性指标

特性指标是表明稳压电源工作特征的参数，例如：输入、输出电压及输出电流、电压可调范围等。

2. 质量指标

质量指标是衡量稳压电源稳定性能状况的参数，如稳压系数、输出电阻、纹波电压及温度系数等。具体含义简述如下。

(1) 稳压系数 S_γ：指通过负载电流和环境温度保持不变时，稳压电路输出电压的相对变化量与输入电压的相对变化量之比。

即

$$S_\gamma = \frac{\Delta U_o / U_o}{\Delta U_I / U_I}$$

式中，U_I 为稳压电源的直流输入电压，U_o 为稳压电源直流输出电压，S_γ 数值越小，输出电压的稳定性越好。

(2) 输出电阻 r_o：指当输入电压和环境温度不变时，输出电压的变化量与输出电流变化量之比。

即

$$r_o = \Delta U_o / \Delta I_o$$

r_o 值越小，稳压电源带负载能力越强，对其他电路的影响越小。

(3) 纹波电压 S：指稳压电路输出端中含有的交流分量，通常用有效值或峰值表示。

纹波电压 S 值越小越好，否则会影响电子设备的正常工作(如在电视接收机中表现为交流"嗡嗡"声和光栅在垂直方向呈现 S 形扭曲)。

(4) 温度系数 S_T：指在 U_I 和 I_o 都不变的情况下，环境温度 T 变化时所引起的输出电压变化。

即

$$S_T = \Delta U_o / \Delta T$$

式中，ΔU 为漂移电压。S_T 越小，漂移越小，该稳压电路受温度的影响就越小。

另外，还有其他的质量指标，如负载调整率、噪声电压等。

任务实施

(1) 选择集成稳压器，确定电路形式。集成稳压器选用 LM317，其输出电压范围为：$U_o = 1.25 \sim 37\text{V}$，最大输出电流 I_{omax} 为 1.5A。所确定的稳压电源电路如图 12.20 所示。

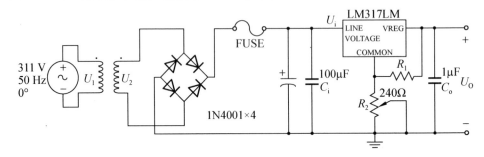

图 12.20　输出电压可调的稳压电源

(2) 选择电源变压器。由于 LM317 的输入电压与输出电压差($\Delta U = U_I - U_o$)：3～40V，故 LM317 的输入电压范围为

$$U_{omax} + (U_I - U_o)_{min} \leqslant U_I \leqslant U_{omin} + (U_I - U_o)_{max}$$

即 U_I 的选择范围：

$$9\text{V} + 3\text{V} \leqslant U_I \leqslant 3\text{V} + 40\text{V}$$

$$12V \leqslant U_I \leqslant 43V$$

由 $U_I = (1.1 \sim 1.2)U_2$ 得 $U_2 \geqslant \dfrac{U_{Imin}}{1.1} = \dfrac{12}{1.1} \approx 11V$，取 $U_2 = 12V$。

变压器副边电流：$I_2 = (1.5 \sim 2)I_{omax} \approx 1A$，取 $I_2 = 1.2A$，因此，变压器副边输出功率：

$$P_2 \geqslant I_2 U_2 = 14.4W$$

由于变压器的效率 $\eta = 0.7$，所以变压器原边输入功率 $P_1 \geqslant \dfrac{P_2}{\eta} = 20.6W$，为留有余地，选用功率为 25W 的变压器。

(3) 选用整流二极管和滤波电容。

由于　　　　　$U_{RM} > \sqrt{2}U_2 = \sqrt{2} \times 12 = 17V$，$I_{omax} = 0.6A$。

查手册，IN4001 的反向击穿电压 $U_{RM} \geqslant 50V$，额定工作电流 $I_D = 1A > I_{0max}$，故整流二极管选用 IN4001。

根据　　　　　$U_0 = 9V, U_1 = 12V, \Delta U_{op-p} = 15mV, S_v = 3 \times 10^{-3}$

和稳压系数的定义　　$S_v = \dfrac{\Delta U_o / U_o}{\Delta U_i / U_i}$

可求得：　　　　　$\Delta U_I = \dfrac{\Delta U_{op-p} U_1}{U_0 S_v} = \dfrac{0.015 \times 12}{9 \times 3 \times 10^{-3}} = 6.7V$

所以，滤波电容：

$$C = \dfrac{I_c t}{\Delta U_I} = \dfrac{I_{omax} \cdot \dfrac{T}{2}}{\Delta U_I} = \dfrac{0.8 \times \dfrac{1}{50} \times \dfrac{1}{2}}{6.7} = 1194\mu F$$

电容的耐压要大于 $\sqrt{2}U_2 = \sqrt{2} \times 12 = 17V$，故滤波电容 C 取容量为 1200μF，耐压为 25V 的电解电容。

思考与练习

1. 在图 12.21 中，已知 $R_L = 8\Omega$，直流电压表的读数为 12 V，试求：

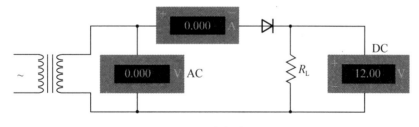

图 12.21　思考与练习 1 题

(1) 直流电流表的 A 读数。

(2) 整流电流的最大值。

(3) 交流电压表的读数。

(提示：直流表测得的是平均值，交流表测得的是有效值。)

2．在图 12.5 所示的单相桥式整流电路中，若有一个二极管断路，电路会出现什么现象？若有一个二极管短路或反接，电路又会出现什么现象？

3．在图 12.22 所示的桥式整流电容滤波电路中，$R_L=102$，$C=220\mu F$。试问：

(1) 变压器的变比是多少？工作正常时 $U_o=$?

(2) 如果测得 U_o 为下列数值，电路可能出现了什么故障？

①39.6   ②62.2   ③44   ④19.8

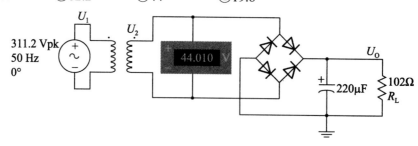

图 12.22　思考练习 3 题

附 录 1

电路板印制知识

印制电路板简称为 PCB(Printed Circuit Board)，又称为印制版，是电子产品的重要部件之一。电路原理图设计完成以后，还要设计印制电路板图，最后由制板厂家依据用户所设计的印制电路板图制作出印制电路板。

一、印制电路板结构

印制电路板的制作材料主要是绝缘材料、金属铜泊及焊锡等。一般来说，可分为单面板、双面板和多层板。

1. 单面板

一面敷铜，另一面没有敷铜的电路板。单面板只能在敷铜的一面放置元件和布线，适用于简单电路。

2. 双面板

双面板包括顶层(Top Layer)和底层(Bottom Layer)两层，两面敷铜，中间为绝缘层，两面均可以布线，一般需要由过孔或焊盘连通，可用于比较复杂的电路。

3. 多层板

一般指 3 层以上的电路板。它在双面板的基础上增加了内部电源层、接地层及多个中间信号层。

一般来说，双面板是比较理想的一种印制电路板。虽然随着电子技术的发展，电路集成度的提高，多层板的应用越来越广泛，但由于加工工艺难度提高，制作成本也很高。

二、元器件封装

元器件封装是指实际元器件焊接到电路板时所指示的外观和焊盘位置。不同的元件可以共用同一个封装，同一种元件也可以有不同形式的封装。元件的封装可以在设计电路原理图时指定，也可以在引进网络表时指定。

(1) 插针式元件封装，如图 F1.1 所示。

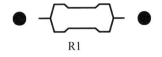  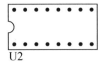 

图 F1.1　插针式

插针式元件在焊接时先将元件针脚插入焊盘导通孔，然后再上焊锡。由于插针式元件封装的焊盘导孔贯穿整个电路板，所以在其焊盘的属性对话框中，Layer 板层属性必须为 Multi Layer(多层)。

(2) 表贴式(SMD)元件封装，如图 F1.2 所示。

SMD 元件封装的焊盘只限于表面板层。在其焊盘属性对话框中，Layer 板层属性必须为单一表面，即 Top Layer(顶层)或者 Bottom Layer(底层)。

图 F1.2　表贴式

在 PCB 板设计中，常将元件封装所确定的元件外形和焊盘简称为 Component(元件)。

三、印制电路板图的基本元素

包括元件封装、铜膜导线、助焊膜、阻焊膜、层、焊盘、过孔和丝印层等。

1. 元件封装

(1) 插针式电阻类，如图 F1.3 所示。

图 F1.3　插针式电阻

(2) 电容类，分有极性与无极性两种，如图 F1.4 所示。

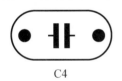

图 F1.4　电容

(3) 二极管类，如图 F1.5 所示。

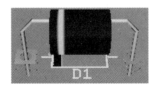

图 F1.5　二极管

(4) 晶体管类，如图 F1.6 所示。

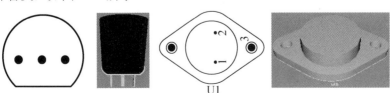

图 F1.6　晶体管

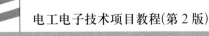

(5) 场效应管(FET)类，如图 F1.7 所示。

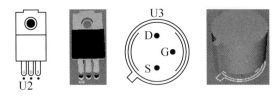

图 F1.7　场效应管

(6) 整流桥与集成稳压块类，如图 F1.8 所示。

图 F1.8　整流桥与集成稳压块

2. 铜膜导线

简称导线，用于连接各个焊盘，是印制电路板中最重要的部分。印制电路板设计都是围绕如何布置导线来进行的。

另外有一种线为预拉线，常称为飞线，飞线是在引入网络表后，系统根据规则生成的，用来指引布线的一种连线。

飞线与导线有本质的区别，飞线只是一种形式上的连线。它只是形式上表示出各个焊盘间的连接关系，没有电气连接意义。导线则是根据飞线指示的焊盘间的连接关系而布置的，是具有电气连接意义的连接线路。

3. 助焊膜和阻焊膜

助焊膜是涂于焊盘之上，用于提高可焊性能的一层膜，也就是在绿色板子上比焊盘略大的浅色圆。阻焊膜是为了使制成的板子适应波峰焊等焊接形式，要求板子上非焊盘处的铜箔不能粘焊，因此在焊盘以外的各部位都要涂覆一层涂料，用于阻止这些部位上锡。可见，助焊膜与阻焊膜这两种膜是一种互补关系。

4. 层

"层"是印制板材料本身实实在在的铜箔层。目前，在一些较新的电子产品中所用的印制板不仅上下两面可供走线，在板的中间还设有能被特殊加工的夹层铜箔。这些层因加工相对较难而大多用于设置走线较为简单的电源布线层，并常用大面积填充的办法来布线。上下位置的表面层与中间各层需要连通的地方用"过孔(Via)"来沟通。

注意：一旦选定了所用印制板的层数，务必关闭那些未被使用的层，以免布线出现差错。

5. 焊盘和过孔

焊盘的作用是放置焊锡、连接导线和元件引脚。选择元件的焊盘类型要综合考虑该元件的形状、大小、布置形式、振动、受热情况和受力方向等因素。

过孔的作用是连接不同板层的导线。过孔有 3 种：从顶层贯通到底层的穿透式过孔；从顶层通到内层或从内层通到底层的盲过孔以及内层之间的隐蔽过孔。

过孔从上面看上去，有两个尺寸，即通孔直径和过孔直径，通孔和过孔之间的孔壁，由与导线相同的材料构成，用于连接不同层的导线。

6. 丝印层

为方便电路的安装和维修，需要在印制板的上下两表面印制上所需要的标志图案和文字代号，例如元件标号和标称值、元件外廓形状和厂家标志、生产日期等等，这就是丝印层(Silkscreen Top/Bottom Overlay)。

四、布线

这里以与 Multisim 配套的 Ultiboard 为例简要介绍一下使用方法，详细操作可参阅《Ultiboard 用户手册》或软件在线帮助。

1. 创建电路板轮廓

起动 Ultiboard 后可以采用下列方法之一创建电路板轮廓。

(1) 采用画图工具画出电路板轮廓。

(2) 导入一个 DXF 文件。

(3) 使用 Board Wizard(电路板向导)。

这里以使用电路板向导为例加以介绍。

(1) 开启 Ultiboard 后(必要时新建一个空白文档)使用 Tools/Board Wizard 命令起动电路板向导。

(2) 在弹出的窗口中选中 Change the layer technology 复选框,设定准备印制电路板的结构(包括单层、双层和多层，默认为上次使用的结果)。设定好后单击 Next 按钮继续，进入 Shape of Board(电路板形状)对话框(如果选择的是多层板的话将进入 Lamination Settings 分层设置)。

(3) 在电路板形状设置对话框左边进行参数设定，如图 F1.9 所示，右边是对应预览效果。

在图 F1.9 中：Units 用来设定度量单位；Reference Point 用来设定对齐参考点；Clearance 表示放置元件区域与电路板边缘之间的距离。

如果选择的是矩形，需要设定 Width(宽)和 Height(高)；如果选择的是圆形需要设定 Diameter(直径)。

设置好后单击 Finish 按钮，电路板轮廓放置在设计图中。

如果在设计中发现参数设定不适合，可以进行如下操作。

(1) 移动电路板轮廓。

① 双击 Layer 选项卡中的 Board Outline，如图 F1.10 所示。

② 在工作空间中单击电路板轮廓上的任意位置，将电路板拖移到元件组的正下方位置。

(2) 改变参考点。

① 选择 Design/Set Reference Point 命令，参考点随附在光标上。

② 将光标移动到电路板轮廓的左下角，单击放置参考点。

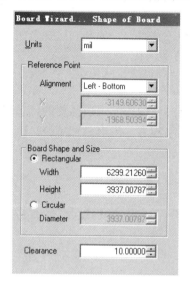

图 F1.9　电路板形状参数设置

图 F1.10　设计工具箱

2. 放置元件

(1) 选择 Place/From Database 命令(右键也可)，打开 Get a part from the Database 对话框。该对话框窗口分左、中、右 3 部分。左边是 Database(电子器件库)面板用于选择数据库；中间 Available Parts 面板用于显示左边选中库中对应的元件；右边是 Preview 预览窗口，用于显示在中间 Available Parts 面板中选中的元件。

(2) 选中所需元件后，单击 OK 按钮。Get a part from the database 对话框消失，提示输入 Refdes 和 Value：输入参考标号和值后，单击 OK 按钮。

(3) 在电路板上移动光标(元件随附在光标上)，移动到合适位置后，单击将其放置在电路板上。

(4) 再次出现 Enter Reference Designation for Component 对话框，此时参考标号自动增加。单击 OK 按钮可放置下一个同一元件；单击 Cancel 按钮结束。再单击 Cancel 按钮关闭 Get a part from the database 对话框。

3. 元件移动

可以采用和放置元器件一样的方法来移动元器件，也可以用另一种方法，即在 Parts 选项卡上，选择一个已经放置的元器件(由其边上的亮的绿灯指示)，将其拖移到新的位置。

特别提示

元件的标签是元件独立于其管脚的组成部分。当在电路板上选择元器件时，应保证选定了整个元器件，而不仅仅是它的标签。选定一个元器件后，还可以通过键盘上的方向键在电路板上移动该器件。

还可以先选定一组元件，然后一起移动它们。通过使用用下述方法之一来选定一组元件。

(1) 按下键盘上的 Shift 键，用鼠标单击多个元器件。

(2) 在多个元器件外面用鼠标拖一个框。

当拖动光标时，所有选定的元器件会一起移动(这些组合只是暂时的——一旦选中其他元器件，这个组的连接关系就丢失了。要保证一个组维持连接关系不变直至被移除，可以使用 Group Editor 来实现)；另外一种移动元器件组合的方法是使用 Edit/Align 命令。该命令对齐被选元器件的边缘，或者将它们相互隔开。

4. 布线

布线方法一般包括：手工布线、跟随布线和连接机器布线。

手工布线是完全人为放置的。甚至如果设定某个路径穿过一个元器件，则手动布线也会穿过该元器件。跟随布线在由鼠标移动所选定的两个管脚之间画出一条合法的布线(即你可以从一个管脚移动到另一个管脚，画出一条合法的布线)。连接机器布线是沿着最有效的路径连接两个管脚(也可以选择改变这种布线)。

放置布线时，在单击将其固定到某个点之前，通常可以通过倒退来删除某一段。手工布线时的每次单击，跟随布线或连接机器布线时的每次改变方向，都将产生一个独立的布线段。在布线上执行某种操作时应保证，要么选定合适的段，要么选定整条布线。

1) 手工布线

开始布线前要保证当前层是在 Copper 上(必要的话，按 F7 键显示整个设计)。

(1) 选择 Place/Line 命令。Line 命令可在所有层面上创建连线，选择层面不同结果也会有所不同。例如：如果选择的是丝印层，则将在 PCB 丝印层创建一个连线；如果选择的是敷铜层，则"连线"实际上是一个导线。

特别提示

如果定位元器件存在困难时，可使用 Parts 选项卡中的 Find 函数。在 Parts 选项卡中选定元器件，然后单击 Find and select the part 按钮，该元器件就显示在工作区中。必要的话，按 F8 键进行放大。

(2) 单击某个管脚，Ultiboard 会加亮所有与之具有共同连线的管脚。(加亮的颜色可以在 Preferences 对话框的 Colors 选项卡中改变)。沿任意方向移动光标，将绿色的线(布线)连接到被选择管脚上。每次单击都确定布线的一段。单击目标管脚，右击结束布线。

2) 放置跟随布线

确认在 Copper 层上，选择 Place/Follow-me 命令，单击第一个焊盘，出现一条高亮的绿线随着鼠标移动，单击第二个管脚，Ultiboard 会自动连接出一条合理的线。

特别提示

这里有点像 AotoCad 的捕捉功能：并不需要很准确地单击到某个管脚上——可以从单击某条飞线(预拉线)开始。

3) 放置连接机器布线

选择 Copper 层，选择 Place/Connection Machine 命令。单击飞线(ratsnest)的段，移动光标，当看到期望的走线时，单击固定(并不需要单击飞线或目标管脚)，右击结束布线。

5. 元件布板

Ultiboard 拥有高级元件自动布板功能。

(1) 在 Ultiboard 中打开一个网络表文件(该文件可由 Multisim 或其他原理图绘制工具生成。

(2) 选择 Autoroute/Start Autoplacement 命令，这些元件将会放置在电路板上。

特别提示

在元件自动布板之前，对那些希望在自动布板中维持不变的元器件，进行预布板并锁定。关于锁定元件的详细信息，可参阅《Ultiboard 用户手册》。

6. 自动布线

可以采用前面所介绍的方法在 Ultiboard 中放置布线，也可以采用下述方法自动布线。

(1) 选择 Autoroute/Start/Resume Autorouter 命令，工作空间变为自动布线模式，并开始自动布线。随着自动布线的进行，将会发现布线是放置在电路板上的。当自动布线完成时，自动布线模式结束，重新返回到工作区。

(2) 根据需要可以选择 Autoroute/Start Optimization 命令来优化布线。

可在任意时候中止自动布线，并做一些期望的手工改变。重新起动自动布线命令时，它会保存所作的改变并继续进行布线(记住锁定那些手工放置且不希望被自动布线命令移动的布线)。

可以使用 Routing Options 对话框来更改自动布板和自动布线的选项。

五、为制造/装配准备

Ultiboard 能够生成很多不同的输出格式，以支持生产与制造需要。

1. 清除电路板

在将电路板送出制版之前，应该清除所有的布线开端(即设计过程中没有任何终止连接的布线段)，以及留在电路板上未被使用的过孔。

(1) 选择 Edit/Copper Delete/Open Trace Ends 命令，可以删除设计中的所有布线开端。

(2) 选择 Design/Clean Unused Vias 命令，可以删除所有未与任何布线或敷铜区域相连的过孔。

2. 增加注释

注释可用于指示工程改变命令，使小组成员间的合作工作更为便利，或允许将背景信息附到设计图纸中。

可以将注释加到工作区，或者直接加到一个元件上。当加有注释的元器件移动时，注释随之移动。

3. 输出文件

输出文件是指从 Ultiboard 中生成一个某种格式的输出文件，该格式可以被电路板制造商识别。输出文件中包含了关于如何制造电路板的完整信息。可以输出的文件包括 Gerber RS-274X 和 RS-274D 文件，详细信息可参阅《Ultiboard 用户手册》。

六、在 3D 中观察设计

Ultiboard 可以在设计过程中的任意时刻，以三维虚拟方式观察电路板的外形，方法是使用 View/3D preview 命令，执行效果如图 F1.11 所示。

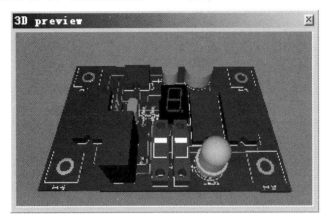

图 F1.11 在三维虚拟中观察电路板外形

附录 2

可编程逻辑器件技术介绍

随着电子技术的不断发展，EDA 技术的内涵也发生了两个方面的变化：一是电路元器件之间，即芯片外部设计自动化；二是以 FPGA/CPLD 为标志的可编程逻辑器件技术使得芯片内部设计自动化。

所谓可编程逻辑器件技术是指开发人员通过自己设计来定制内部的电路功能，使芯片成为设计者自己专用的集成电路芯片，其应用从简单的逻辑电路、时序电路设计到复杂的数字系统设计均可体现。

可编程逻辑器件具有设计灵活、仿真调试方便、体积小、容量大、I/O 接口丰富、成本低廉、易编程和可以加密等优点。其中在系统可编程(ISP)逻辑技术是可编程逻辑器件技术的又一个突出特点。ISP 技术工作电路集成在芯片内部，不需要配置编程器，将芯片安装到目标系统上后利用系统的工作电压实现对芯片的直接编程，打破了产品开发时必须先编程后装配的惯例，可以先装配后编程，成为产品后还可以在系统内反复编程和修改。

可编程逻辑器件分为数字可编程逻辑器件和模拟可编程逻辑器件两类。数字可编程逻辑器件技术的发展已相当成熟并得到了广泛应用；模拟可编程逻辑器件的发展要晚一些，现有芯片功能也比较单一。数字可编程逻辑器件按其密度可分为低密度 PLD 和高密度 PLD 两种。低密度 PLD 器件如早期的 PAL、GAL 等，它们的编程都需要专用编程器，属半定制 ASIC 器件；高密度 PLD 又称复杂可编程逻辑器件，如市场上十分流行的 CPLD、FPGA 器件，它们属于全定制 ASIC 芯片。相比而言，CPLD 适合于各种算法和组合逻辑电路设计，而 FPGA 更适合完成时序比较复杂的逻辑电路。由于 FPGA 芯片采用 RAM 结构，掉电后其内部程序将丢失，故在形成产品时一般都和其专用程序存储器配合使用，其芯片内部的电路文件(程序)可放置在磁盘、ROM 或 EEPROM 中，因而可以在 FPGA 芯片及其外围保持不动的情况下，通过更换存储器芯片实现新功能。电路设计人员在使用 CPLD/FPGA 器件进行电路设计时不需要过多考虑它们的区别，因为其电路设计和仿真方法都完全一样，不同之处只是芯片编译或适配时生成的下载文件不一样而已。

可编程器件 CPLD/FPGA 厂商众多，比较知名的有 Altera、Lattice、Xilinx 和 Actel 公司等。这些公司推出的芯片均配有功能强大的开发软件，不仅支持多种电路设计方法，如电路原理图、硬件描述语言 VHDL 等，而且还支持电路仿真和时序分析等，为用户开发和调试产品提供了极大的方便。

一、Max+Plus Ⅱ简介

1. Max+Plus Ⅱ 的特点

Max+Plus Ⅱ是 Altera 公司提供的 FPGA/CPLD 开发集成环境，具有以下特点。

1) 开放的界面

Max+Plus Ⅱ支持由 Cadence、Exemplarlogic、Mentor Graphics、Synplicty、Viewlogic 和其他公司所提供的 EDA 工具接口。

2) 与结构无关

Max+Plus Ⅱ系统核心 Complier 支持 Altera 公司的 FLEX10K、FLEX8000、FLEX6000、MAX9000、MAX7000、MAX5000 和 Classic 可编程逻辑器件，提供了世界上唯一真正与结构无关的可编程逻辑设计环境。

3) 完全集成化

Max+Plus II 的设计输入、处理与校验功能全部集成在统一的开发环境下,可以加快动态调试、缩短开发周期。

4) 丰富的设计库

Max+Plus II 提供丰富的库单元供设计者调用,其中包括 74 系列的全部器件和多种特殊的逻辑功能(Macro-Function)以及新型的参数化兆功能(Mage-Function)。

5) 模块化工具

设计人员可以从各种设计输入、处理和校验选项中进行选择从而使设计环境用户化。

6) 硬件描述语言(HDL)

Max+Plus II 软件支持各种 HDL 设计输入选项,包括 VHDL、Verilog HDL 和 Altera 自己的硬件描述语言 AHDL。

7) Opencore 特征

Max+Plus II 软件具有开放核的特点,允许设计人员添加自己认为有价值的宏函数。

2. Max+Plus II 功能简介

1) 原理图输入(Graphic Editor)

Max+Plus II 软件具有图形输入能力,用户可以方便地使用图形编辑器输入电路图。图中元器件不仅可以调用元件库中元器件,还可以调用该软件中符号功能形成的功能块。

2) 硬件描述语言输入(Text Editor)

Max+Plus II 集成的文本编辑器支持 VHDL、AHDL 和 Verilog 硬件描述语言的输入,同时还有一个语言模板使输入程序语言更加方便,该软件可以对这些程序语言进行编译并形成可以下载的配置数据。

3) 波形编辑器(Waveform Editor)

在进行逻辑电路行为仿真时,需要在所设计电路输入端加入一定的波形。波形编辑器可以生成和编辑仿真用的波形(*.SCF 文件),使用该编辑器工具条可以容易方便地生成波形和编辑波形。

特别提示

可以使用输入的波形(*.WDF 文件)经过编译生成逻辑功能块,相当于已知一个芯片的输入输出波形,但不知是何种芯片(使用该软件功能可以解决这个问题,设计出一个输入和输出波形相同的 CPLD 电路)。

4) 管脚(底层)编辑窗口(Floorplan Editor)

该窗口用于将已设计好的逻辑电路的输入输出节点赋予实际芯片引脚。通过鼠标拖拉,方便定义管脚的功能。

5) 自动错误定位

在编译源文件过程中,若源文件有错误,Max+Plus II 软件可以自动指出错误类型和错误所在的位置。

6) 逻辑综合与适配

该软件在编译过程中,通过逻辑综合(Logic Synthesizer)和适配(Fitter)模块,可以把最简单的逻辑表达式自动地吻合在合适的器件中。

7) 设计规则检查

选取 Compile\Processing\Design Doctor 菜单，可调出规则检查医生。该医生可以检查各个设计文件，以保证设计的可靠性。一旦选择该菜单，在编译窗口将显示出医生，用鼠标点击医生，该医生可以告诉你程序文件的健康情况。

8) 多器件划分(Partitioner)

如果设计不能完全装入一个器件，编译器中的多器件划分模块，可自动地将一个设计分成几个部分并分别装入几个器件中，并保证器件之间的连线最少。

9) 编程文件的产生

编译器中的装配程序(Assembler)将编译好的程序创建一个或多个编程目标文件。

10) 仿真

当设计文件被编译好，并在波形编辑器中将输入波形编辑完毕后，可以进行行为仿真。通过仿真可以检验设计的逻辑关系是否准确。

11) 分析时间(Analyze Timing)

该功能可以分析各个信号到输出端的时间延迟，可以给出延迟矩阵和最高工作频率。

12) 器件编程

当设计全部完成后，可以将形成的目标文件下载到芯片中，实际验证设计的准确性。

二、Max+Plus II 设计过程

使用 Max+Plus II 软件设计流程由以下几部分组成，如图 F2.1 所示。

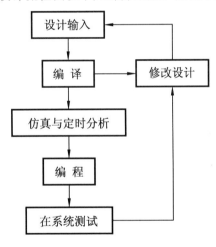

图 F2.1　开发流程图

(1) 设计输入：可以采用原理图输入、HDL 语言描述、EDIF 网表输入及波形输入等几种方式。

(2) 编译：首先根据设计要求设定编译参数和编译策略(如器件的选择、逻辑综合方式的选择等)，然后根据设定的参数和策略对设计项目进行网表提取、逻辑综合和器件适配，并产生报告文件、延时信息文件及编程文件，供分析仿真和编程使用。

(3) 仿真：仿真包括功能仿真、时序仿真和定时分析，可以利用软件的仿真功能来验证设计项目的逻辑功能是否正确。

(4) 编程与验证：用经过仿真确认后的编程文件通过编程器(Programmer)将设计下载到实际芯片中，最后测试芯片在系统中的实际运行性能。

在设计过程中，如果出现错误，则需重新回到设计输入阶段，改正错误或调整电路后重复上述过程。

图 F2.2 所示是 Max+Plus II 编译设计主控界面，它显示了 Max+Plus II 自动设计的各主要处理环节和设计流程，包括设计输入编辑、编译网表提取、数据库建立、逻辑综合、逻辑分割、适配、延时网表提取、编程文件汇编(装配)以及编程下载 9 个步骤。

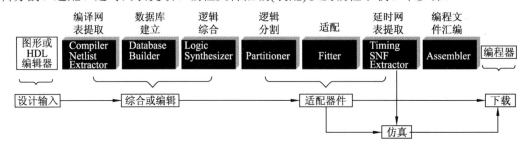

图 F2.2　编译主控界面

1. 设计步骤

(1) 输入项目文件名(通过 File→Project→Name 命令)。

(2) 输入源文件(图形、Vhdl、Ahdl、Verlog 和波形输入方式)，(Max+Plus II →Graphic Editor；Max+Plus II →Text Editor；Max+Plus II →Waveform Editor)。

(3) 指定 CPLD 型号(Assign→Device)。

(4) 设置管脚、下载方式和逻辑综合的方式，(Assign→Global Project Device Option，Assign→Global Logic Synthesis)。

(5) 保存并检查源文件(File→Project→Save & Check)。

(6) 指定管脚(Max+Plus II →Floorplan Editor)。

(7) 保存和编译源文件(File→Project→Save & Compile)。

(8) 生成波形文件(Max+Plus II →Waveform Editor)。

(9) 仿真(Max+Plus II →Simulator)。

(10) 下载配置(Max+Plus II →Programmer)。

2. 常用菜单简介

(1) Max+Plus II 菜单如下。

Hierarchy Display____塔形显示；

Graphic Editor_____图形编辑器；

Symbol Editor_____符号编辑器；

Text Editor_____文本编辑器；

Waveform Editor____波形编辑器；

Floorplan Editor_____管脚编辑器；

Compiler_____编译器；

Simulator_____仿真器；

Timing Analyzer_____时间分析；

Programmer_____程序下载；

Message Processor___信息处理。

(2) File 文件菜单，该文件菜单随所选功能的不同而不同。

Project：

Name…_____项目名称；

Set Project to Current File___将当前文件设置为项目；

Save&Check_____保存并检查文件；

Save&Compile_____保存并编译文件；

Save&Simulator_____保存并仿真文件；

Save,Compile,Simulator____保存，编译，仿真；

New…_____新文件；

Open…_____打开文件；

Delete File…____删除文件；

Retrieve…_____提取文件；

Close_____关闭文件；

Save_____保存文件；

Save As…_____换名存文件；

Info…_____信息；

Size…_____图纸尺寸；

Create Default Symbol_____创建当前模块图形符号；

Edit Symbol_____编辑当前模块图形符号；

Create Default Include File___创建当前包括文件；

Print…_____打印；

Print Setup…_____打印设置。

(3) Assign：指定菜单如下。

Device…_____指定器件；

Pin→Location→Chip…_____管脚，放置，芯片；

Timing Requirements…____时间需要；

Clique…_____指定一个功能组；

Logic Options…_____逻辑选择；

Probe…_____指定探头；

Connected Pins…_____连接管脚；

Global Project Device Options…_____设定项目中器件的参数；

Global Project Parameters…_____设置项目参数；

Global Project Timing Requirements…___设置时间参数；

Global Project Logic Synthesis…_____设置逻辑综合；

Ignore Project Assignments…_____忽略项目指定；

Clear Project Assignments…_____清除项目指定；

Back Annotate Project…_____返回项目指定；

Convert Obsolete Assignment Format＿＿转换指定格式。

(4) Options 选项菜单如下。

Font＿＿＿＿＿＿＿字形；

Text Size＿＿＿＿＿文本尺寸；

Line Style＿＿＿＿线型；

Rubberbanding＿＿＿＿橡皮筋；

Show Parameters＿＿＿＿显示参数；

Show Probe＿＿＿＿＿显示探头；

Show→Pins→Locations→Chips＿＿＿＿显示管脚，位置，芯片；

Show Cliques&Timing Requirements＿＿显示功能组，时间需求；

Show Logic Options＿＿＿＿＿＿＿＿显示逻辑设置；

Show All＿＿＿＿＿＿＿＿显示全部；

Show Guidelines…＿＿＿＿显示向导线；

User Libraries…＿＿＿＿用户库；

Color Palette…＿＿＿＿调色板；

Preferences…＿＿＿＿＿设置。

3．应用举例

下边以半加器电路设计为例介绍该软件的使用方法。

(1) 选择 File→Project→Name 命令建立一个新项目。

(2) 编辑电路架构——绘制电路图。

在 File 菜单中选择 New 命令，在弹出的窗口中选择 Graphic Editor File 选项，然后单击 OK 按钮，将会出现一个无标题的图形编辑窗口。

在图形编辑器空白处单击确定输入位置，然后执行 Symbol→Enter Symbol 命令或双击鼠标左键，出现 Enter Symbol 对话框，在 Symbol libraries 中选择..\maxplus2\max2lib\prim 选项。这时，所有基本逻辑函数将以列表方式显示，如图 F2.3 所示。

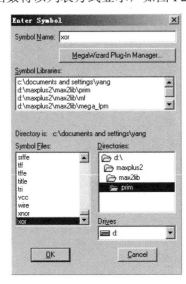

图 F2.3　元件选择

在 Symbol Files 中选择 xor 选项，黑点处即出现一异或门。同样方法选出 and2、input 和 output 元件。

使用左侧工具栏各工具按钮，连接各元件；在 input 及 output 元件的[PIN_NAME]上双击，分别键入输入、输出引脚的名称，最终完成的电路图设计，如图 F2.4 所示。

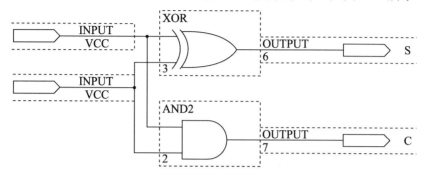

图 F2.4　半加器电路

(3) 储存、检查及编译。执行 File→Progect→Save & Complie 命令。存盘完成后，自动开启编译器执行电路的编译工作。

(4) 功能模拟。选择 MAX+Plus Ⅱ→Waveform Editor 命令开启波形编辑器。

在 Node 菜单下选择 Enter Nodes from SNF 命令，选取波形输入与观测点。

单击 List 按钮，列出所有观测点；再次单击 按钮选择所需观测点并确认无误后，单击 OK 按钮。

特别提示

根据需要可在 Options 下选择 Grid Size 选项修改时间格线的大小，预设值为 100.0ns。

在 File 菜单下选择 End Time 命令设定模拟时间，在此保留预设值 1.0μs。

设定输入脚的波形如图 F2.5 所示。

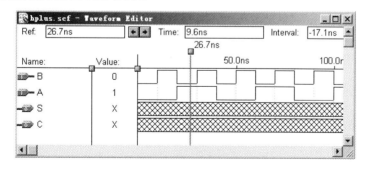

图 F2.5　输入脚的波形

执行 File→Save AS 命令，保存波形设定文件。

选择 MAX+Plus Ⅱ→Simulator 命令，开启功能模拟器，进行功能模拟。单击 Start 按钮开始模拟，单击 Open SCF 按钮查看模拟结果。

(5) 平面配置及编译方法如下。

① 使用 Assign→Device 命令选择 CPLD 芯片型号。

使用 Assign→Global Progect Device Options 命令设定电路结构资料载入及是否保留特殊接脚。

使用 Assign→Global Logic Sysnthesis 命令设定模拟组合电路功能。

选择 File→Project→Save & Check 命令保存及绘图结构检测。

② 选择 Max+Plus Ⅱ→Floorplan Editor 命令进行脚位定义。若无接脚名称，单击 按钮即可。

选择 Layout→Device View 命令将输入、输出脚位拖拉到合适位置。

选择 File→Project→Save & Compile 命令，完成平面配置及编译。

完成 Save & Compile 后，会在电路图上标出对应的脚位。

至此，完成了 Max+Plus Ⅱ的基本范例操作，下面要进行的就只是芯片烧录和电路实际测试了。

附录 3

维修电工取证试题及参考答案(电工电子部分)

一、填空题

1．交流电的三要素是指　最大值　、　频率　和　初相角　。

2．晶闸管导通的条件是在阳极加　正向电压　的同时,在门极加 适当的正向电压　晶闸管一旦导通,门极就失去　控制作用　。

3．三相交流电源对称的条件是　大小　相等、　频率　相等、　相位　互差　120°　。

4．电路中产生电流的条件是:电路必须　闭合　,电路中必须有　电源　。

5．在并联电路中,流过电阻的　电压　都相等而各电阻中的　电流　和　功率　分配则与电阻值成反比。

6．电容量能在一定范围内随意调整的电容器叫　可变　电容器。

7．在一个闭合回路中,电源的端电压应该等于电源　电动势　与　内压降　之差。

8．放大电路中的晶体管有　共发射极　、　共基极　和　共集电极　3 种接法。

9．晶闸管的 3 个电极分别是　阳极 A　、　阴极 K　和　门极 G　。

10．在电路中电感有抑制　高频　谐波电流的作用;电容有抑制　低频　谐波电流的作用。

11．用叠加原理分析电路,鉴定某个电源单独作用时,应将其余的恒压源作　全部短路　处理,将恒流源作　全部开路　处理。

12．兼有　N 沟道　和　P 沟道　两种增强型 MOS 电路称为 CMOS 电路。

13．单结晶体管的 3 个电极分别是　发射极 E　、　第一基极 B1　和　第二基极 B2　。

14．放大电路出现自激振荡的条件有　相位平衡　和　振幅平衡　两种条件。

15．电容器的容量大小不仅与　极板相对面积　成正比,与　极板间距离　成反比,还与　介电常数　有关。

16．一个集成运算放大器内部电路是由 3 个主要部分组成的,即　差动式输入　级、　中间放大　级和　输出　级。

17．一个串联反馈式稳压电路由　整流滤波　电路、　基准　电压、　取样　电路、　比较放大　电路和调整器件等几个部分组成。

二、选择题

1．在共发射极放大电路中,若静态工作点设置过低,易产生(C)。
　　A．饱和失真　　　B．交越失真　　　C．截止失真　　　D．直流失真

2．在共发射极放大电路中,静态工作点一般设置在(D)。
　　A．直流负载线的上方　　　　　　　B．直流负载线的中点上
　　C．交流负载线的下方　　　　　　　D．交流负载线的中点上

3．在硅稳压管稳压电路中,限流电阻的一个作用是(D)。
　　A．减小输出电流　　　　　　　　　B．减小输出电压
　　C．使稳压管工作在截止区　　　　　D．调节输出电压

4．抑制零点漂移现象最有效且最常见的方法是在电路中采用(D)。
　　A．正反馈　　　B．负反馈　　　C．降低电压　　　D．差动放大电路

5．单相半波整流电路,加电容滤波器后,整流二极管承受的最高反向电压将(C)。
　　A．不变　　　　　　　　　　　　　B．降低
　　C．升高　　　　　　　　　　　　　D．与单相半波整流电路相同

6. 硅稳压管加正向电压时，(C)。

    A. 立即导通   B. 超过 0.3V 导通

    C. 超过死区电压导通   D. 超过 1V 导通

7. 硅稳压二极管与整流二极管不同之处在于(B)。

    A. 稳压管不具有单向导电性

    B. 稳压管可工作在击穿区，整流二极管不允许

    C. 整流二极管可工作在击穿区，稳压管不能

    D. 稳压管击穿时端电压稳定，整流管则不然

8. 有两个电容器，C_1 为 300V、60μF，C_2 为 200V、30μF，①将两个电容器并联后其总的耐压为(C)；②串联后其总的耐压为(B)。

    A. 500V   B. 300V   C. 200V   D. 100V

9. 估测晶体管穿透电流时，(A)说明晶体管性能较好。

    A. 阻值很大，指针几乎不动   B. 阻值很小，指针缓慢摆动

    C. 阻值很小，指针较快摆动   D. 无法判定

10. 在 NPN 型晶体管放大电路中，如将其基极与发射极短路，晶体管所处的状态是(A)。

    A. 截止   B. 饱和   C. 放大   D. 无法判定

11. 晶体管内部 PN 结的个数有(B)个。

    A. 1   B. 2   C. 3   D. 4

12. 晶体二极管处于导通状态时，其伏安特性是(B)。

    A. 电压微变，电流微变   B. 电压微变，电流剧变

    C. 电压剧变，电流微变   D. 电压不变，电流剧变

13. 当反向电压小于击穿电压时二极管处于(B)状态。

    A. 死区   B. 截止   C. 导通   D. 击穿

14. 晶体二极管正向偏置是指(A)。

    A. 正极接高电位，负极接低电位   B. 正极接低电位，负极接高电位

    C. 二极管没有正负极之分   D. 二极管的极性任意接

15. 有保护接零要求的单相移动式用电设备，应使用三孔插座供电，正确的接线位置是(C)。

    A. 大孔接地，右下小孔接相线，左下小孔接工作零线

    B. 大孔接保护零线，右下小孔接工作零线，左下小孔接相线

    C. 大孔接保护零线，右下小孔接相线，左下小孔接工作零线

    D. 大孔和左下小孔接工作零线，右下小孔接相线

16. 保护接地的主要作用是降低接地电压和(A)。

    A. 减少流经人身的电流   B. 防止人身触电

    C. 减少接地电流   D. 短路保护

17. 电压源和电流源的等效对换是对(A)而言的。

    A. 电源以外的负载

    B. 内部电源

C．理想的电压源与理想的电流源之间等效变换

  D．整个电路

18．叠加原理为：由多个电源组成的(C)电路中，任何一个支路的电流(或电压)，等于各个电源单独作用在此支路中所产生的电流(或电压)的代数和。

  A．交流   B．直流   C．线性   D．非线性

19．变压器在传输电功率的过程中仍然要遵守(C)。

  A．电磁感应定律   B．动量守恒定律

  C．能量守恒定律   D．阻抗变换定律

20．多谐振荡器主要是用来产生(C)信号。

  A．正弦波   B．脉冲波   C．方波   D．锯齿波

21．在纯电容正弦交流电路中，减小电源频率时(其他条件不变)，电路中的电流将(B)。

  A．增大   B．减小   C．不变   D．不一定

22．在电阻、电感串联的交流电路中，电路中的总电流与总电压之间相位关系是(B)。

  A．电压超前总电流 90°   B．总电压超前总电流的角度大于 0°小于 90°

  C．电流与总电压同相位   D．总电压滞后总电流的角度大于 0°小于 90°

23．电路中有正常工作的电流，则电路的状态为(B)。

  A．开路   B．通路   C．短路   D．任意状态

24．在晶体管放大电路中，当集电极电流增大时，晶体管将发生(A)。

  A．集电极电压下降   B．集电极电压上升

  C．基极电流不变   D．基极电压不变

25．线圈中自感电动势的大小与线圈(C)无关。

  A．电流的变化率   B．匝数

  C．电阻   D．周围的介质

26．单相正弦交流电压的最大值为 311V，它的有效值是(B)。

  A．200V   B．220V   C．380V   D．250V

27．当 $t = 0.01s$ 时，电流 $i = 10\sin 314t$ 的值为(D)。

  A．3.14   B．10   C．−10   D．0

28．在晶体管放大电路中，集电极电阻 R_c 的主要作用是(B)。

  A．为晶体管提供电极电流   B．把电流放大转换成电压放大

  C．稳定工作点   D．降低集电极电压

29．两个电阻，若 $R_1 : R_2 = 2 : 3$，将它们并联接入电路，则它们两端的电压及通过的电流强度之比分别是(C)。

  A．2 : 3，3 : 2   B．3 : 2，2 : 3

  C．1 : 1，3 : 2   D．2 : 3，1 : 1

30．在电阻 R 上串联一电阻，欲使 R 上的电压是串联电路总电压的 $1/n$，则串联电阻的大小应等于 R 的(C)倍。

  A．$n+1$ B．n C．$n-1$ D．$1/n$

31. $\sum I = 0$ 适用于(D)。

    A．节点   B．复杂电路的节点

    C．闭合曲面   D．节点和闭合曲面

32. 一个电阻接在内阻为 0.1Ω，电动势为 1.5V 的电源上时流过电阻的电流为 1A，则该电阻上的电压等于(B)V。

    A．1   B．1.4   C．1.5   D．0.1

33. 在进行电压源与电流源之间等效时，与理想电压源相并联的电阻或电流源(A)处理。

    A．作开路   B．作短路   C．不进行   D．可作任意

34. 关于电位的概念，(C)的说法是正确的。

    A．电位就是电压   B．电位是绝对值

    C．电位是相对值   D．参考点的电位不一定等于零

35. 一直流电通过一段粗细不均匀的导体时，导体各横截面上的电流强度(C)。

    A．与各截面面积成正比   B．与各截面面积成反比

    C．与各截面面积无关   D．随截面面积变化而变化

36. 电流的方向就是(C)。

    A．负电荷定向移动的方向   B．电子定向移动的方向

    C．正电荷定向移动的方向   D．正电荷定向移动的相反方向。

37. 对电感意义的叙述，(A)的说法不正确。

    A．线圈中的自感电动势为零时，线圈的电感为零

    B．电感是线圈的固有参数

    C．电感的大小决定于线圈的几何尺寸和介质的磁导率

    D．电感反映了线圈产生自感电动势的能力

38. 若将一段电阻为 R 的导线均匀拉长至原来的两倍，则其电阻值为(C)。

    A．$2R$ B．$R/2$ C．$4R$ D．$R/4$

39. 在低频放大器中晶体管若出现故障，一般情况下测量(A)。

    A．集电极电流   B．基极电流

    C．发射极电流   D．根据情况而定

40. 为提高电感性负载的功率因数，给它并联了一个适合的电容，使电路的：①有功功率(C)，②无功功率(B)，③视在功率(B)，④总电流(B)，⑤总阻抗(A)。

    A．增大   B．减小   C．不变

41. 组合逻辑门电路在任意时刻的输出状态只取决于该时刻的(C)。

    A．电压高低   B．电流大小   C．输入状态   D．电路状态

42. 在运算电路中，集成运算放大器工作在线性区域，因而要引入(B)，利用反馈网络实现各种数学运算。

    A．深度正反馈   B．深度负反馈   C．浅度正反馈   D．浅度负反馈

43. 射极输出器(B)放大能力。

    A．具有电压   B．具有电流   C．具有功率   D．不具有任何

44．若用万用表测得某晶体二极管正反向电阻均很小或为零，则说明该管子(C)。

    A．很好   B．已失去单向导电性

    C．已经击穿   D．内部已断路

45．数字式万用表一般都是采用(C)显示器。

    A．半导体式   B．荧光数码

    C．液晶数字式   D．气体放电管式

三、判断题

1．三端集成稳压器的输出电压是不可以调整的。 ⋯⋯⋯⋯⋯⋯⋯⋯⋯⋯⋯⋯(×)

2．电容器具有隔直流、通交流作用。 ⋯⋯⋯⋯⋯⋯⋯⋯⋯⋯⋯⋯⋯⋯⋯⋯⋯(√)

3．只有电子才能形成电流。 ⋯⋯⋯⋯⋯⋯⋯⋯⋯⋯⋯⋯⋯⋯⋯⋯⋯⋯⋯⋯⋯(×)

4．在一个闭合电路中，当电源内阻一定时，电源的端电压随电流的增大而减小。(√)

5．在任何闭合回路中，各段电压的和为零。 ⋯⋯⋯⋯⋯⋯⋯⋯⋯⋯⋯⋯⋯⋯⋯(×)

6．两只标有"220V，40W"的灯泡串联后接在220V的电源上，每只灯泡的实际功率是20W。 ⋯⋯⋯⋯⋯⋯⋯⋯⋯⋯⋯⋯⋯⋯⋯⋯⋯⋯⋯⋯⋯⋯⋯⋯⋯⋯⋯⋯⋯⋯⋯⋯(×)

7．并联电路中的总电阻，等于各并联电阻和的倒数。 ⋯⋯⋯⋯⋯⋯⋯⋯⋯⋯⋯(×)

8．在n个电动势串联的无分支电路中，某点的电位就等于该点到参考点路径上所有电动势的代数和。 ⋯⋯⋯⋯⋯⋯⋯⋯⋯⋯⋯⋯⋯⋯⋯⋯⋯⋯⋯⋯⋯⋯⋯⋯⋯⋯⋯(×)

9．两根平行的直导线同时通入相反方向的电流时，其间作用力相互排斥。⋯⋯⋯(×)

10．感抗是表示电感线圈对交流电起阻碍作用大小的一个物理量。 ⋯⋯⋯⋯⋯(√)

11．在交流电路中，因电流的大小和方向不断变化，所以电路中没有高低电位之分。 ⋯⋯⋯⋯⋯⋯⋯⋯⋯⋯⋯⋯⋯⋯⋯⋯⋯⋯⋯⋯⋯⋯⋯⋯⋯⋯⋯⋯⋯⋯⋯⋯⋯⋯(×)

12．正弦交流电的最大值也是瞬时值。 ⋯⋯⋯⋯⋯⋯⋯⋯⋯⋯⋯⋯⋯⋯⋯⋯⋯(×)

13．正弦交流电在变化的过程中，有效值也发生变化。 ⋯⋯⋯⋯⋯⋯⋯⋯⋯⋯(×)

14．交流电的有效值是交流电在一个周期内的平均值。 ⋯⋯⋯⋯⋯⋯⋯⋯⋯⋯(×)

15．正弦交流电压的平均值是指在半个周期内所有瞬时值平均值。 ⋯⋯⋯⋯⋯(√)

16．铁磁材料的相对磁导率远远大于1。 ⋯⋯⋯⋯⋯⋯⋯⋯⋯⋯⋯⋯⋯⋯⋯⋯(√)

17．当线圈中的电流一定时，线圈的匝数越多，磁通势越大。 ⋯⋯⋯⋯⋯⋯⋯(√)

18．通电直导体在磁场中与磁场方向垂直时，受力最大，平行时受力为零。⋯⋯(√)

19．电磁感应现象就是变化磁场在导体中产生感应电动势的现象。 ⋯⋯⋯⋯⋯(√)

20．在交流电路中，通常都是用有效值进行计算的。 ⋯⋯⋯⋯⋯⋯⋯⋯⋯⋯⋯(√)

21．在电阻、电感串联的交流电路中，阻抗随着电源频率的升高而增大，随频率的下降而减小。 ⋯⋯⋯⋯⋯⋯⋯⋯⋯⋯⋯⋯⋯⋯⋯⋯⋯⋯⋯⋯⋯⋯⋯⋯⋯⋯⋯⋯⋯⋯(√)

22．电流表要与被测电路并联。 ⋯⋯⋯⋯⋯⋯⋯⋯⋯⋯⋯⋯⋯⋯⋯⋯⋯⋯⋯⋯(×)

23．二极管正向导通后，正向管压降几乎不随电流变化。 ⋯⋯⋯⋯⋯⋯⋯⋯⋯(√)

24．晶体二极管整流电路是利用PN结的单向导电性来实现整流的。 ⋯⋯⋯⋯⋯(√)

25．如果一交流电通过一电阻，在一个周期时间内所产生的热量和某一直流电电流通过同一电阻在相同的时间内产生的热量相等，那么，这个直流电的量值就称为交流电的有效值。 ⋯⋯⋯⋯⋯⋯⋯⋯⋯⋯⋯⋯⋯⋯⋯⋯⋯⋯⋯⋯⋯⋯⋯⋯⋯⋯⋯⋯⋯⋯⋯⋯⋯⋯(√)

26．磁感应强度 B 的大小与磁导率大小无关。 ·· (×)

27．在直流电路的电源中，把电流流出的一端叫电源的正极。 ····································· (√)

28．在相同的输入电压条件下，单相桥式整流电路输出的直流电压平均值是半波整流电路输出的直流电压平均值的 2 倍。 ·· (√)

29．电容滤波电路中 R_L 值越大，滤波效果越好。 ·· (√)

30．单相桥式整流电路流过每只二极管的平均电流只有负载电流的一半。 ··············· (√)

31．变压器可以改变直流电压。 ·· (×)

32．叠加原理不仅适用于电压和电流的计算，也适用于功率的计算。 ························ (×)

33．磁路和电路有相似之处，即可认为磁通对应于电流，磁动势对应电动势，磁阻对应电阻。 ··· (√)

34．晶闸管和二极管一样具有单向导电型，但是晶闸管的导通要受到控制极上的控制电压的控制。 ··· (√)

35．稳压电源输出的电压值是恒定不变的。 ·· (×)

36．在串联反馈式稳压电路中，可以不设置基准电压电路。 ··· (×)

37．二极管最主要的特性就是单向导电的特性。 ·· (√)

38．对感性电路，若保持电源电压不变而增大电源频率，则此时电路中的总电流减小。 ·· (√)

39．三相对称电路分析计算可以归结为一相电路计算，其他两相可依此滞后 120°直接写出。 ··· (√)

40．在变压器二次电压相同的情况下，二极管单相半波整流输出电压平均值是桥式整流电路输出平均值的 1/2，而输出电压的最大值是相同的。 ·· (√)

41．电感电路中存在的无用功率属于无用功，应尽量减少。 ··· (×)

42．电容器是一个储能元件，电感器也是一个储能元件。 ··· (√)

43．负载的功率因数越高，电源设备的利用率就越高。 ··· (√)

44．电容元件储存磁场能，电感元件储存电场能。 ·· (×)

45．提高功率因数，常用的技术措施是并联电容。 ·· (√)

46．电动势的方向规定为由高电位指向低电位。 ·· (×)

47．"安培定则"用于判定电流产生磁场的方向。 ·· (√)

48．单相半波整流二极管承受反向电压值为变压器二次电压的 $2\sqrt{2}$ 倍。 ·················· (×)

49．串联电容器的等效电容量总是大于其中任意一个电容器的电容量。 ······················ (×)

50．在电路中，电位具有相对性，电压也具有相对性。 ··· (×)

51．D 触发器具有锁存数据的功能。 ··· (√)

52．由多级电压放大器组成的放大电路，其总电压放大倍数是每一级放大器电压放大倍数的乘积。 ··· (√)

53．偏置电阻是影响放大器静态工作的重要因素，但不是唯一因素。 ························ (√)

54．晶体管发射区掺杂浓度远大于基区掺杂浓度。 ·· (√)

55．在实际工作中，NPN 型晶体管和 PNP 型晶体管可直接替换。 ······························ (×)

56．稳压管若工作在击穿区，必然烧毁。 ·· (×)

57．整流电路是把正弦交流电变换成脉动直流电的电路。 ··· (√)

58. 电容滤波器会产生浪涌电流。 ·· (√)

59. 在硅稳压管稳压电路中，稳压管必须与负载串联。 ················· (×)

60. 单管共发射极放大电路，输入信号相等输出信号相位相同。 ········· (×)

61. 射极输出器中输出信号与输入信号相位相反。 ····················· (×)

62. CMOS 集成门电路的输入阻抗比 TTL 集成门电路高。 ············· (√)

63. 在阻容耦合放大电路中，耦合电容的作用就是用来传输信号。 ······· (×)

64. 在实际的电压源与实际的电流源之间可以互相等效。 ··············· (√)

65. 晶闸管导通后，若阳极电流小于导通后维持电流，晶闸管必然自行关断。····· (√)

66. 晶体管作开关应用时，是工作在饱和状态和截止状态的。 ··········· (√)

67. 在正弦交流电路中，流过电容的电流在相位上超前于电容两端电压的相位。·(√)

68. 晶体管放大电路通常都是采用双电源方式供电。 ··················· (×)

69. 晶体管放大的实质是将低电压放大成高电压。 ····················· (×)

70. 多谐振荡器又称为无稳态电路。 ································· (√)

参 考 文 献

[1] 康华光. 电子技术基础[M]. 北京：高等教育出版社，2009.

[2] 童诗白，华成英. 模拟电子技术基础[M]. 北京：高等教育出版社，2006.

[3] 曾秦煌. 电工学[M]. 北京：高等教育出版社，2003.

[4] 李忠国. 数字电子技能实训[M]. 北京：人民邮电出版社，2006.

[5] 任雨民. 电工电子技术基础[M]. 西安：西北大学出版社，2008.

[6] 李若英. 电工电子技术基础[M]. 重庆：重庆大学出版社，2005.

[7] 李丽. 电工与电子技术[M]. 北京：石油工业出版社，2007.

[8] 渠云田. 电工电子技术[M]. 北京：高等教育出版社，2004.

[9] 何社成. 报警·提示·告知应用电路[M]. 济南：山东科学技术出版社，2007.

[10] 卿太全. 常用数字集成电路原理与应用[M]. 北京：人民邮电出版社，2006.

[11] 廖先云. 电子技术实践与训练[M]. 北京：高等教育出版社，2000.

[12] 肖景和. 集成运算放大器应用精粹[M]. 北京：人民邮电出版社，2006.

[13] 张军. 电工识图入门[M]. 合肥：安徽科学技术出版社，2007.

[14] 叶晓慧. 电子技术基础[M]. 武汉：华中科技大学出版社，2007.

[15] 罗勇. 电工电子技术[M]. 武汉：武汉理工大学出版社，2008.

[16] 杜德昌. 电工电子技术及应用学习指导与练习[M]. 北京：高等教育出版社，2003.

[17] 何书森. 实用数字电路原理与设计速成[M]. 福州：福建科学技术出版社，2000.

[18] 朱建堃. 电工学电子技术导教导学导考[M]. 西安：西北工业大学出版社，2007.

[19] 贾学堂. 电工学习题与精解[M]. 上海：上海交通大学出版社，2005.

[20] 颜伟中. 建筑电工技术[M]. 北京：高等教育出版社，2000.

[21] 卢菊洪. 电工电子技术基础[M]. 北京：北京大学出版社，2007.

[22] 李晓明. 电工电子技术(上册)[M]. 北京：北京大学出版社，2003.

[23] 毕淑娥. 电工电子技术基础[M]. 哈尔滨：哈尔滨工业大学出版社，2008.

[24] 尚文忠. 煤矿供电[M]. 北京：中国劳动社会保障出版社，2008.

[25] 程震先，恽雪如. 数字电路实验与应用[M]. 北京：北京理工大学出版社，1993.

[26] 胡斌. 电子技术学习与突破[M]. 北京：人民邮电出版社，2006.

[27] 李中发. 电工电子技术基础[M]. 北京：中国水利水电出版社，2003.

[28] 周永金. 电工电子技术基础[M]. 西安：西北大学出版社，2005.

[29] 林平勇. 电工电子技术[M]. 北京：高等教育出版社，2004.

[30] 吴广祥. 电工电子技术[M]. 郑州：黄河水利出版社，2008.

[31] 戴曰梅. 电工基础[M]. 北京：机械工业出版社，2009.

[32] 何习佳. 电工电子技术[M]. 武汉：华中科技大学出版社，2005.

[33] 杨欣. 实例解读模拟电子技术[M]. 北京：电子工业出版社，2013.

北京大学出版社高职高专机电系列规划教材

序号	书号	书名	编著者	定价	印次	出版日期
		"十二五"职业教育国家规划教材				
1	978-7-301-24455-5	电力系统自动装置(第2版)	王 伟	26.00	1	2014.8
2	978-7-301-24506-4	电子技术项目教程(第2版)	徐超明	42.00	1	2014.7
3	978-7-301-24475-3	零件加工信息分析(第2版)	谢 蕾	52.00	2	2015.1
4	978-7-301-24227-8	汽车电气系统检修(第2版)	宋作军	30.00	1	2014.8
5	978-7-301-24507-1	电工技术与技能	王 平	42.00	1	2014.8
6	978-7-301-24648-1	数控加工技术项目教程(第2版)	李东君	64.00	1	2015.5
7	978-7-301-25341-0	汽车构造(上册)——发动机构造(第2版)	罗灯明	35.00	1	2015.5
8	978-7-301-25529-2	汽车构造(下册)——底盘构造(第2版)	鲍远通	36.00	1	2015.5
9	978-7-301-25650-3	光伏发电技术简明教程	静国梁	29.00	1	2015.6
10	978-7-301-24589-7	光伏发电系统的运行与维护	付新春	33.00	1	2015.7
11	978-7-301-24587-3	制冷与空调技术工学结合教程	李文森等	28.00	1	2015.5
12		电子EDA技术(Multisim)(第2版)	刘训非			2015.5
		机械类基础课				
1	978-7-301-13653-9	工程力学	武昭晖	25.00	3	2011.2
2	978-7-301-13574-7	机械制造基础	徐从清	32.00	3	2012.7
3	978-7-301-13656-0	机械设计基础	时忠明	25.00	3	2012.7
4	978-7-301-13662-1	机械制造技术	宁广庆	42.00	2	2010.11
5	978-7-301-19848-3	机械制造综合设计及实训	裘俊彦	37.00	1	2013.4
6	978-7-301-19297-9	机械制造工艺及夹具设计	徐 勇	28.00	1	2011.8
7	978-7-301-18357-1	机械制图	徐连孝	27.00	2	2012.9
8	978-7-301-25479-0	机械制图——基于工作过程(第2版)	徐连孝	62.00	1	2015.5
9	978-7-301-18143-0	机械制图习题集	徐连孝	20.00	1	2013.4
10	978-7-301-15692-6	机械制图	吴百中	26.00	2	2012.7
11	978-7-301-22916-3	机械图样的识读与绘制	刘永强	36.00	1	2013.8
12	978-7-301-23354-2	AutoCAD应用项目化实训教程	王利华	42.00	1	2014.1
13	978-7-301-17122-6	AutoCAD机械绘图项目教程	张海鹏	36.00	3	2013.8
14	978-7-301-17573-6	AutoCAD机械绘图基础教程	王长忠	32.00	2	2013.8
15	978-7-301-19010-4	AutoCAD机械绘图基础教程与实训(第2版)	欧阳全会	36.00	3	2014.1
16	978-7-301-22185-3	AutoCAD 2014机械应用项目教程	陈善岭 徐连孝	32.00	1	2016.1
17	978-7-301-24536-1	三维机械设计项目教程(UG版)	龚肖新	45.00	1	2014.9
18	978-7-301-17609-2	液压传动	龚肖新	22.00	1	2010.8
19	978-7-301-20752-9	液压传动与气动技术(第2版)	曹建东	40.00	2	2014.1
20	978-7-301-13582-2	液压与气压传动技术	袁 广	24.00	5	2013.8
21	978-7-301-24381-7	液压与气动技术项目教程	武 威	30.00	1	2014.8
22	978-7-301-19436-2	公差与测量技术	余 键	25.00	1	2011.9
23	978-7-5038-4861-2	公差配合与测量技术	南秀蓉	23.00	4	2011.12
24	978-7-301-19374-7	公差配合与技术测量	庄佃霞	26.00	2	2013.8
25	978-7-301-25614-5	公差配合与测量技术项目教程	王丽丽	26.00	1	2015.4
26	978-7-301-25953-5	金工实训(第2版)	柴增田	38.00	1	2015.6
27	978-7-301-13651-5	金属工艺学	柴增田	27.00	2	2011.6
28	978-7-301-17608-5	机械加工工艺编制	于爱武	45.00	2	2012.2
29	978-7-301-23868-4	机械加工工艺编制与实施(上册)	于爱武	42.00	1	2014.3
30	978-7-301-24546-0	机械加工工艺编制与实施(下册)	于爱武	42.00	1	2014.7
31	978-7-301-21988-1	普通机床的检修与维护	宋亚林	33.00	1	2013.1
32	978-7-5038-4869-8	设备状态监测与故障诊断技术	林英志	22.00	3	2011.8
33	978-7-301-22116-7	机械工程专业英语图解教程(第2版)	朱派龙	48.00	2	2015.5
34	978-7-301-23198-2	生产现场管理	金建华	38.00	1	2013.9
35	978-7-301-24788-4	机械CAD绘图基础及实训	杜 洁	30.00	1	2014.9
		数控技术类				
1	978-7-301-17148-6	普通机床零件加工	杨雪青	26.00	2	2013.8
2	978-7-301-17679-5	机械零件数控加工	李 文	38.00	1	2010.8

序号	书号	书名	编著者	定价	印次	出版日期
3	978-7-301-13659-1	CAD/CAM 实体造型教程与实训(Pro/ENGINEER 版)	诸小丽	38.00	4	2014.7
4	978-7-301-24647-6	CAD/CAM 数控编程项目教程(UG 版)(第 2 版)	慕 灿	48.00	1	2014.8
5	978-7-5038-4865-0	CAD/CAM 数控编程与实训(CAXA 版)	刘玉春	27.00	3	2011.2
6	978-7-301-21873-0	CAD/CAM 数控编程项目教程(CAXA 版)	刘玉春	42.00	1	2013.3
7	978-7-5038-4866-7	数控技术应用基础	宋建武	22.00	2	2010.7
8	978-7-301-13262-3	实用数控编程与操作	钱东东	32.00	4	2013.8
9	978-7-301-14470-1	数控编程与操作	刘瑞已	29.00	2	2011.2
10	978-7-301-20312-5	数控编程与加工项目教程	周晓宏	42.00	1	2012.3
11	978-7-301-23898-1	数控加工编程与操作实训教程(数控车分册)	王忠斌	36.00	1	2014.6
12	978-7-301-20945-5	数控铣削技术	陈晓罗	42.00	1	2012.7
13	978-7-301-21053-6	数控车削技术	王军红	28.00	1	2012.8
14	978-7-301-25927-6	数控车削编程与操作项目教程	肖国涛	26.00	1	2015.7
15	978-7-301-17398-5	数控加工技术项目教程	李东君	48.00	1	2010.8
16	978-7-301-21119-9	数控机床及其维护	黄应勇	38.00	1	2012.8
17	978-7-301-20002-5	数控机床故障诊断与维修	陈学军	38.00	1	2012.1
		模具设计与制造类				
1	978-7-301-23892-9	注射模设计方法与技巧实例精讲	邹继强	54.00	1	2014.2
2	978-7-301-24432-6	注射模典型结构设计实例图集	邹继强	54.00	1	2014.6
3	978-7-301-18471-4	冲压工艺与模具设计	张 芳	39.00	1	2011.3
4	978-7-301-19933-6	冷冲压工艺与模具设计	刘洪贤	32.00	1	2012.1
5	978-7-301-20414-6	Pro/ENGINEER Wildfire 产品设计项目教程	罗 武	31.00	1	2012.5
6	978-7-301-16448-8	Pro/ENGINEER Wildfire 设计实训教程	吴志清	38.00	1	2012.8
7	978-7-301-22678-0	模具专业英语图解教程	李东君	22.00	1	2013.7
		电气自动化类				
1	978-7-301-18519-3	电工技术应用	孙建领	26.00	1	2011.3
2	978-7-301-25670-1	电工电子技术项目教程(第 2 版)	杨德明	49.00	1	2016.1
3	978-7-301-22546-2	电工技能实训教程	韩亚军	22.00	1	2013.6
4	978-7-301-22923-1	电工技术项目教程	徐超明	38.00	1	2013.8
5	978-7-301-12390-4	电力电子技术	梁南丁	29.00	3	2013.5
6	978-7-301-17730-3	电力电子技术	崔 红	23.00	1	2010.9
7	978-7-301-19525-3	电工电子技术	倪 涛	38.00	1	2011.9
8	978-7-301-24765-5	电子电路分析与调试	毛玉青	35.00	1	2015.3
9	978-7-301-16830-1	维修电工技能与实训	陈学平	37.00	1	2010.7
10	978-7-301-12180-1	单片机开发应用技术	李国兴	21.00	2	2010.9
11	978-7-301-20000-1	单片机应用技术教程	罗国荣	40.00	1	2012.2
12	978-7-301-21055-0	单片机应用项目化教程	顾亚文	32.00	1	2012.8
13	978-7-301-17489-0	单片机原理及应用	陈高锋	32.00	1	2012.9
14	978-7-301-24281-0	单片机技术及应用	黄贻培	30.00	1	2014.7
15	978-7-301-22390-1	单片机开发与实践教程	宋玲玲	24.00	1	2013.6
16	978-7-301-17958-1	单片机开发入门及应用实例	熊华波	30.00	1	2011.1
17	978-7-301-16898-1	单片机设计应用与仿真	陆旭明	26.00	2	2012.4
18	978-7-301-19302-0	基于汇编语言的单片机仿真教程与实训	张秀国	32.00	1	2011.8
19	978-7-301-12181-8	自动控制原理与应用	梁南丁	23.00	3	2012.1
20	978-7-301-19638-0	电气控制与 PLC 应用技术	郭 燕	24.00	1	2012.1
21	978-7-301-18622-0	PLC 与变频器控制系统设计与调试	姜永华	34.00	1	2011.6
22	978-7-301-19272-6	电气控制与 PLC 程序设计(松下系列)	姜秀玲	36.00	1	2011.8
23	978-7-301-12383-6	电气控制与 PLC(西门子系列)	李 伟	26.00	2	2012.3
24	978-7-301-18188-1	可编程控制器应用技术项目教程(西门子)	崔维群	38.00	2	2013.6
25	978-7-301-23432-7	机电传动控制项目教程	杨德明	40.00	1	2014.1
26	978-7-301-12382-9	电气控制及 PLC 应用(三菱系列)	华满香	24.00	2	2012.5
27	978-7-301-22315-4	低压电气控制安装与调试实训教程	张 郭	24.00	1	2013.4
28	978-7-301-24433-3	低压电器控制技术	肖朋生	34.00	1	2014.7
29	978-7-301-22672-8	机电设备控制基础	王本轶	32.00	1	2013.7
30	978-7-301-18770-8	电机应用技术	郭宝宁	33.00	1	2011.5
31	978-7-301-23822-6	电机与电气控制	郭夕琴	34.00	1	2014.8
32	978-7-301-17324-4	电机控制与应用	魏润仙	34.00	1	2010.8
33	978-7-301-21269-1	电机控制与实践	徐 锋	34.00	1	2012.9

序号	书号	书名	编著者	定价	印次	出版日期
34	978-7-301-12389-8	电机与拖动	梁南丁	32.00	2	2011.12
35	978-7-301-18630-5	电机与电力拖动	孙英伟	33.00	1	2011.3
36	978-7-301-16770-0	电机拖动与应用实训教程	任娟平	36.00	1	2012.11
37	978-7-301-22632-2	机床电气控制与维修	崔兴艳	28.00	1	2013.7
38	978-7-301-22917-0	机床电气控制与 PLC 技术	林盛昌	36.00	1	2013.8
39	978-7-301-26499-7	传感器检测技术及应用(第 2 版)	王晓敏	45.00	1	2015.11
40	978-7-301-20654-6	自动生产线调试与维护	吴有明	28.00	1	2013.1
41	978-7-301-21239-4	自动生产线安装与调试实训教程	周 洋	30.00	1	2012.9
42	978-7-301-18852-1	机电专业英语	戴正阳	28.00	2	2013.8
43	978-7-301-24764-8	FPGA 应用技术教程(VHDL 版)	王真富	38.00	1	2015.2
44	978-7-301-26201-6	电气安装与调试技术	卢 艳	38.00	1	2015.8
45	978-7-301-26215-3	可编程控制器编程及应用(欧姆龙机型)	姜凤武	27.00	1	2015.8
		电子信息、应用电子类				
1	978-7-301-19639-7	电路分析基础(第 2 版)	张丽萍	25.00	1	2012.9
2	978-7-301-19310-5	PCB 板的设计与制作	夏淑丽	33.00	1	2011.8
3	978-7-301-21147-2	Protel 99 SE 印制电路板设计案例教程	王 静	35.00	1	2012.8
4	978-7-301-18520-9	电子线路分析与应用	梁玉国	34.00	1	2011.7
5	978-7-301-12387-4	电子线路 CAD	殷庆纵	28.00	4	2012.7
6	978-7-301-12390-4	电力电子技术	梁南丁	29.00	2	2010.7
7	978-7-301-17730-3	电力电子技术	崔 红	23.00	1	2010.9
8	978-7-301-19525-3	电工电子技术	倪 涛	38.00	1	2011.9
9	978-7-301-18519-3	电工技术应用	孙建领	26.00	1	2011.3
10	978-7-301-22546-2	电工技能实训教程	韩亚军	22.00	1	2013.6
11	978-7-301-22923-1	电工技术项目教程	徐超明	38.00	1	2013.8
12	978-7-301-26076-0	电子技术应用项目式教程(第 2 版)	王志伟	40.00	1	2015.9
13	978-7-301-22959-0	电子焊接技术实训教程	梅琼珍	24.00	1	2013.8
14	978-7-301-17696-2	模拟电子技术	蒋 然	35.00	1	2010.8
15	978-7-301-13572-3	模拟电子技术及应用	刁修睦	28.00	3	2012.8
16	978-7-301-18144-7	数字电子技术项目教程	冯泽虎	28.00	1	2011.1
17	978-7-301-19153-8	数字电子技术与应用	宋雪臣	33.00	1	2011.9
18	978-7-301-20009-4	数字逻辑与微机原理	宋振辉	49.00	1	2012.1
19	978-7-301-12386-7	高频电子线路	李福勤	20.00	3	2013.8
20	978-7-301-20706-2	高频电子技术	朱小祥	32.00	1	2012.6
21	978-7-301-18322-9	电子 EDA 技术(Multisim)	刘训非	30.00	2	2012.7
22	978-7-301-14453-4	EDA 技术与 VHDL	宋振辉	28.00	1	2013.8
23	978-7-301-22362-8	电子产品组装与调试实训教程	何 杰	28.00	1	2013.6
24	978-7-301-19326-6	综合电子设计与实践	钱卫钧	25.00	2	2013.8
25	978-7-301-17877-5	电子信息专业英语	高金玉	26.00	2	2011.11
26	978-7-301-23895-0	电子电路工程训练与设计、仿真	孙晓艳	39.00	1	2014.3
27	978-7-301-24624-5	可编程逻辑器件应用技术	魏 欣	26.00	1	2014.8
28	978-7-301-26156-9	电子产品生产工艺与管理	徐中贵	38.00	1	2015.8

如您需要更多教学资源如电子课件、电子样章、习题答案等，请登录北京大学出版社第六事业部官网 www.pup6.cn 搜索下载。
如您需要浏览更多专业教材，请扫下面的二维码，关注北京大学出版社第六事业部官方微信（微信号：pup6book），随时查询专业教材、浏览教材目录、内容简介等信息，并可在线申请纸质样书用于教学。

感谢您使用我们的教材，欢迎您随时与我们联系，我们将及时做好全方位的服务。联系方式：010-62750667，329056787@qq.com，pup_6@163.com，lihu80@163.com，欢迎来电来信。客户服务 QQ 号：1292552107，欢迎随时咨询。